21世纪高等学校数字媒体专业系列教材

网络流媒体

王春媛 金婕 吴扬 / 编著

清华大学出版社

北京

内 容 简 介

流媒体技术是一种专门用于网络多媒体信息传播和处理的重要技术。随着网络带宽的增大、互联网技术日益增强,流媒体的应用越来越广泛。全书共8章,系统地介绍了网络流媒体的几个关键技术及最新技术的发展和应用情况。首先介绍了流媒体技术的基本概念,然后分别介绍了流媒体的压缩编码技术、流媒体的传输协议、移动流媒体技术以及P2P流媒体技术,之后从实际应用出发,详细介绍了流媒体播放器、流媒体传输协议分析以及流媒体编辑制作等内容,以达到学以致用的目的。

本书以理论为基础,重点在于实际应用,内容紧跟时代潮流,适合作为大中专院校计算机、电子信息技术及应用等相关专业的教材,同时也可供网络流媒体技术的初学者阅读参考。

图书在版编目(CIP)数据

网络流媒体/王春媛,金婕,吴扬编著.—北京:清华大学出版社,2022.2
21世纪高等学校数字媒体专业系列教材
ISBN 978-7-302-59144-3

Ⅰ.①网… Ⅱ.①王… ②金… ③吴… Ⅲ.①多媒体技术—高等学校—教材 Ⅳ.①TP37

中国版本图书馆 CIP 数据核字(2021)第 182826 号

责任编辑:黄 芝 薛 阳
封面设计:刘 键
责任校对:郝美丽
责任印制:沈 露

出版发行:清华大学出版社
    网 址:http://www.tup.com.cn,http://www.wqbook.com
    地 址:北京清华大学学研大厦 A 座 邮 编:100084
    社 总 机:010-62770175 邮 购:010-83470235
    投稿与读者服务:010-62776969,c-service@tup.tsinghua.edu.cn
    质量反馈:010-62772015,zhiliang@tup.tsinghua.edu.cn
    课件下载:http://www.tup.com.cn,010-83470236
印 装 者:北京国马印刷厂
经 销:全国新华书店
开 本:185mm×260mm 印 张:14.5 字 数:356 千字
版 次:2022 年 2 月第 1 版 印 次:2022 年 2 月第 1 次印刷
印 数:1～1500
定 价:49.80 元

产品编号:078498-01

教材建设是高校教学建设的主要内容之一。20 世纪 80 年代，高等院校几百位富有教学经验的专家们编写、出版了一大批教材；此外，很多院校根据学校的特点和需要，陆续编写了大量的教材，这些教材对高校的教学工作发挥了极好的作用。近年来，随着教学改革不断深入，科学技术飞速进步，特别是电子信息技术发展日新月异的今天，有的教材内容已经比较陈旧、落后，难以适应教学要求，撰写新的符合要求的教科书是高校电子信息相关专业教学工作的新要求。

随着现代科学技术的不断发展以及人们在日常生活中对多媒体信息的不断需求，网络流媒体技术在近年来得到了迅速的发展。多媒体以其信息量大、应用范围广等一系列优点，成为人类获取信息的重要来源和利用信息的重要手段，然而在流媒体技术出现之前，人们必须要先下载这些多媒体内容到本地计算机，在漫长的等待之后（因为受限于带宽，下载通常要花较长的时间），才可以看到或听到媒体传达的信息。流媒体就是指采用流式传输技术在网络上连续实时播放的媒体格式，如音频、视频或多媒体文件。流媒体技术就是把连续的影像和声音信息经过压缩处理后放到网站服务器上，由视频服务器向用户计算机顺序或实时地传送各个压缩包，让用户一边下载一边观看、收听。流媒体技术不是一种单一的技术，它是网络技术及视/音频技术的有机结合。互联网的迅猛发展和普及为流媒体应用发展提供了强大的市场动力，流媒体业务正变得日益流行。流媒体技术广泛应用于多媒体新闻发布、在线直播、网络广告、电子商务、视频点播、远程教育、远程医疗、监控服务、定位服务、网络电台、实时视频会议等互联网信息服务的方方面面。流媒体技术的应用将为网络信息交流带来革命性的变化，对人们的工作和生活将产生深远的影响。

本书的编写具有以下特点：①结构合理，内容由浅入深，讲解循序渐进；②立足于基本理论，面向应用实践，以必需、够用为尺度，以掌握概念、强化应用为重点，加强理论知识和实际应用的统一；③叙述翔实，易于学习，强化实践，使读者能较快地掌握网络流媒体技术的基本理论、方法、实用技术及一些实践应用；④语言通俗，图文并茂。本书既可作为计算机应用、电子信息相关专业本科生的教学用书，也可作为有关专业人士的参考资料。

本书共分为 8 章：第 1 章综合介绍了流媒体技术的基本概念和原理；第 2 章系统介绍了 MPEG、H.26x 系列等流媒体压缩编码技术；第 3 章介绍了流媒体的传输协议；第 4 章和第 5 章分别介绍了移动流媒体技术和 P2P 流媒体技术；第 6 章介绍了流媒体视频播放器；第 7 章介绍了网络数据报分析软件 Wireshark；第 8 章介绍了视频制作编辑软件 Premiere。

本书第 1、2、4、5 章由王春媛编写,第 3、6、7 章由金婕编写,第 8 章由吴扬编写。在编写过程中,本书参考了大量资料,得到多位同仁的帮助。余嘉昕、钱悦、李新增、张嘉、陈美好等参与了本书的资料整理和排版工作,在此致以真挚的谢意。

由于时间仓促,加之编者水平有限,所以不足和疏漏之处在所难免。在此,诚恳地期望得到各领域的专家和广大读者的批评指正。

编　者

2021 年 9 月

从文本信息的传播交流,到语音信息的传播交流,再到图片信息的传播交流,后来发展为视频交流、三维动画交流,视听功能越来越多,越来越清晰高效。人们对于视觉和听觉上的享受也越来越高,追求更高效率的信息交流分享。流媒体是指将视频、三维动画等媒体数据压缩后,经过网上分段发送数据,在网上即时传输以供观赏的一种技术与过程。此技术使得数据包得以像流水一样发送,如果不使用此技术,就必须在使用前下载整个媒体文件。实现流式传输主要有两种方式:顺序流式传输和实时流式传输。采用哪种方式依赖于具体需求,下面就对这两种方式进行概述。

顺序流式传输是顺序下载,用户在观看在线媒体的同时下载文件,在这一过程中,用户只能观看下载完的部分,而不能直接观看未下载部分。也就是说,用户总是在一段延时后才能看到服务器传送过来的信息。由于标准的 HTTP 服务器就可以发送这种形式的文件,它经常被称为 HTTP 流式传输。由于顺序流式传输能够较好地保证节目播放的质量,因此比较适合在网站上发布的、可供用户点播的、高质量的视频。顺序流式文件放在标准 HTTP 或 FTP 服务器上,易于管理,基本上与防火墙无关。顺序流式传输不适合长片段和有随机访问要求的视频,如讲座、演说与演示,它也不支持现场广播。

实时流式传输必须保证匹配连接带宽,使媒体可以被实时观看到。在观看过程中,用户可以任意观看媒体前面或后面的内容,但在这种传输方式中,如果网络传输状况不理想,则收到的图像质量就会比较差,实时流式传输需要特定服务器,如 QuickTime Streaming Server、Real Server 或 Windows Media Server。这些服务器允许对媒体发送进行更多级别的控制,因而系统设置、管理比标准 HTTP 服务器更复杂。实时流式传输还需要特殊网络协议,如 RTSP(Real Time Streaming Protocol)或者 MMS(Microsoft Media Server)。在有防火墙时,有时会对这些协议进行屏蔽,导致用户不能看到一些地点的实时内容,实时流式传输总是实时传送,因此特别适合现场事件。

本章对于流媒体技术的历史、发展、概念和技术进行了简单的阐述,重点关注流媒体的数据压缩技术、传输方式、移动流媒体技术、流媒体播放器和流媒体协议分析方法等。

1.1 流媒体发展史

网络技术、通信技术、多媒体技术的快速发展影响和推动了互联网的发展,不仅联网的方式越来越多,网络的带宽也大大提升。现在,因特网除了可以提供如传统的网络通信(如E-mail)、浏览信息等服务,还新增了电子商务、远程教育、视频点播等新兴的服务应用。

网络应用的种类越来越多,流媒体技术的出现给传统媒体的传播方式和视频播放方式带来了颠覆性改变。传统传输网络音视频等多媒体信息要经过几十分钟甚至几小时的时间下载文件然后观看,但流媒体技术使用实时流式传输,用户只用等待几秒或十几秒的时间就能观看音视频,节省了大量的等待时间。

同时,流媒体技术的广泛运用把广播、电视与网络都联系了起来,使它们相辅相成,进行良性竞争。流媒体技术与网络的结合催生了新的音视频节目模式和运营方式,如点播收费。传统媒体和网络媒体的友好合作促进了未来网络和传统媒体的发展。

1.1.1 流媒体的含义

流媒体的英语是 Streaming Media,Streaming 即流,Media 即媒体,这就是"流媒体"一词的由来。这一技术能使各种媒体文件在网络上实时传输,无须等待下载就能播放。

流的含义从广义上来说,是使音视频能以稳定数据流来回传输的方式的总称;从狭义上来说,它是与传统下载—回放(Download-Playback)方式不同的一种媒体格式,使其能以流的形式传播。

流媒体文件格式使文件能够进行流式传输和播放。流式传输方式是把多媒体文件用特定的压缩方法压缩成一个个压缩包放在服务器上,播放时以包为单位传输给用户终端,用户终端解压这些文件包后观看视频,同时后续剩余的包不断地从服务器传输过来让终端下载。

流媒体技术让观众不再被动地接收广播电视上播放的内容,而是可以直接选择自己想看的内容,这样就提高了观众的选择度,观众的喜好变得更加重要,可以主导媒体内容的生产偏向,直接影响了媒体的产生和发展。

1.1.2 流媒体系统的组成

流媒体系统包括以下 5 方面的内容。

(1) 编码工具:用于创建、捕捉和编辑多媒体数据,形成流媒体格式。

(2) 流媒体数据:已制作的音视频文件,实时播放的音视频数据等。

(3) 服务器:存储流媒体数据和控制流媒体播放的服务器。

(4) 网络:适合多媒体传输协议甚至是实时传输协议的网络。

(5) 播放器:供客户端播放多媒体数据的软件。

这 5 个流媒体系统组成部分,一些是部署在服务器端的,一些是部署在客户端的,而且不同的流媒体标准和不同公司的解决方案会在某些方面有所不同。

1.1.3 流媒体传输流程

流媒体传输方式是把整个多媒体文件用特定的压缩方式压缩成许多数据包放在服务器上,再从服务器连续地实时传输这些数据包,之后终端利用对应的解压设备或软件解压这些传输过来的数据包。流媒体服务器与用户终端数据交换的具体过程如图 1.1 所示。

用户与 Web 服务器之间的信息传递通过 HTTP/TCP,当用户想观看视频时用户终端会发送请求给服务器并用 Web 浏览器启动合适的媒体播放器,在 RTP/UDP 的基础上媒体播放器解压数据压缩包来实时播放。用户终端的媒体播放器会在播放的同时实时发送反馈信息给服务器,服务器就根据这一信息调整向终端传输的数据流从而达到更好的传输接收效果。

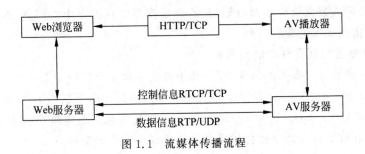

图 1.1 流媒体传播流程

1.1.4 流媒体面对的问题

流媒体技术不是一种单一的技术,它是网络技术及视/音频技术的有机结合。在网络上实现流媒体技术,需要解决流媒体的制作、发布、传输及播放等方面的问题,而这些问题则需要利用视音频技术及网络技术来解决,具体如下。

1. 流媒体制作技术方面需解决的问题

在网上进行流媒体传输,所传输的文件必须制作成适合流媒体传输的流媒体格式文件。因为通常格式存储的多媒体文件容量十分大,若要在现有的窄带网络上传输则需要花费十分长的时间,若遇网络繁忙,还将造成传输中断。另外,通常格式的多媒体也不能按流媒体传输协议进行传输。因此,对需要进行流媒体格式传输的文件应进行预处理,将文件压缩生成流媒体格式文件。这里应注意两点:一是选用适当的压缩算法进行压缩,这样生成的文件容量较小;二是需要向文件中添加流式信息。

2. 流媒体传输方面需解决的问题

流媒体的传输需要合适的传输协议,在因特网上的文件传输大部分都是建立在 TCP 的基础上,也有一些是以 FTP 的方式进行传输,但采用这些传输协议都不能实现实时的传输。随着对流媒体技术的深入研究,支持实时传输的多个协议被提出。

为何要在 UDP 而不在 TCP 上进行实时数据的传输呢?这是因为 UDP 和 TCP 在实现数据传输时的可靠性方面有很大的区别。TCP 中包含专门的数据传送校验机制,当数据接收方收到数据后,将自动向发送方发出确认信息,发送方在接收到确认信息后才继续传送数据,否则将一直处于等待状态。而 UDP 则不同,UDP 本身并不能做任何校验。由此可以看出,TCP 注重传输质量,而 UDP 则注重传输速度。因此,对于对传输质量要求不是很高,而对传输速度则有很高要求的视音频流媒体文件来说,采用 UDP 则更合适。在 UDP 之上,对于实时流媒体传输需要建立连接、沟通播放软件、支持网络延迟造成的乱序等,除此之外,还需要支持流服务的应用层流媒体协议。

3. 流媒体的传输过程中需要缓存的支持

因为因特网是以数据报为单位进行异步传输的,因此多媒体数据在传输中要被分解成许多数据报,由于网络传输的不稳定性,各个数据报选择的路由不同,所以到达客户端的时间次序可能发生改变,甚至产生丢包的现象。为此,必须采用缓存技术来纠正由于数据到达次序发生改变而产生的混乱状况,利用缓存对到达的数据报进行正确排序,从而使视音频数据能连续正确地播放。缓存中存储的是某一段时间内的数据,数据在缓存中存放的时间是暂时的,缓存中的数据也是动态的、不断更新的。流媒体在播放时不断读取缓存中的数据进行播放,播放完后该数据便被立即清除,新的数据将存入到缓存中。因此,在播放流媒体文件时并不需要占用太大的缓存空间。

4. 流媒体播放方面需解决的问题

随着抖音、快手等自媒体的出现,流媒体播放器不再完全依赖于 Real System、Windows Media Technology、QuickTime 和 Adobe Flash 等传统媒体内容制作工具、服务器端或客户端播放软件。随着 FFmpeg(Fast Forward mpeg)被越来越多地应用在各大视频网站,如何利用 FFmpeg 开放平台设计个性化的播放软件将成为一个研究热点。

1.2　流媒体数据压缩技术

表示、传输和处理大量数字化了的声音/图片/影像视频信息,数据量是非常大的。例如,一幅具有 640×480 分辨率的真彩色图像(24 位/像素),它的数据量约为每帧 7.37Mb。若要达到每秒 25 帧的全动态显示要求,每秒所需的数据量为 184Mb,而且要求系统的数据传输速率必须达到 184Mb/s。对于音频也是如此,若用 16 位/样值的 PCM 编码,采样速率选为 44.1kHz,则双声道立体声声音每秒将有 176KB 的数据量。由此可见,音频、视频的数据量非常大。而网络带宽是有限的,如果不进行处理,过大的数据量将严重影响到流媒体数据的实时传送。因此,为了达到令人满意的图像、视频画面质量和听觉效果,必须解决视频、图像、音频信号数据的大容量存储和实时传输问题。解决的方法除了提高计算机本身的性能及通信信道的带宽外,更重要的是对多媒体进行有效的压缩。

数据中常存在一些多余成分,即冗余度。如在一份计算机文件中,某些符号会重复出现、某些字符总是在各数据块中可预见的位置上出现等,这些冗余部分便可在数据编码中除去或减少。其次,相邻的数据之间常存在着相关性,如图片中常常有色彩均匀的背景,电视信号的相邻两帧之间可能只有少量的变化景物是不同的,声音信号有时具有一定的规律性和周期性等,可利用某些变换尽可能地去掉这些相关性。此外,人们在欣赏音像节目时,由于耳、目对信号的时间变化和幅度变化的感受能力都有一定的极限,可将信号中这部分感觉不出的分量压缩掉或"掩蔽掉"。

因此,本书主要讨论多媒体数据的压缩编码技术,包含三个主要部分,首先介绍数据压缩编码的基本原理,包括数据冗余的基本概念以及常见的压缩编码方式,然后介绍几种常见的压缩编码标准,主要包括 MPEG 系列以及 H.26X 系列,其中分别介绍了各个压缩编码标准的基本定义及其技术特点。

1.3　流媒体网络传输协议

实时流式传输必须保证匹配连接带宽,使媒体可以被实时观看到,因此需要支持实时传输方式所需的协议。TCP 若要传输实时数据需要巨大的开销,因此流式传输一般采用 HTTP/TCP(RTCP)来传输控制信息,采用 RTP/UDP 来传输实时音视频数据信息。随着高清视频图像的出现,实时视频流的数据会越来越多,而缓冲区的规模将越来越大。但是对于一些需要实时交互的场合(如视频聊天、视频会议等),如果缓冲区过大,又会产生过大的延时,出现卡顿等现象。因此,适合流媒体传输的网络协议成为解决问题的关键,本书将简要介绍四种流媒体网络传输协议——RTP、RTCP、RTSP、RSVP。

1. 实时传输协议（RTP）

RTP(Real-time Transport Protocol,实时传输协议)是因特网上针对多媒体数据流的一种传输协议,RTP 被定义为在一对一或一对多的传输情况下工作,它提供时间标志、序列号以及其他能够保证实时数据传输的标志,其目的是提供时间信息和实现流同步。

2. 实时传输控制协议（RTCP）

RTCP(Real-time Transport Control Protocol,实时传输控制协议)和 RTP 一起提供流量控制和拥塞控制服务。在 RTP 会话期间,各参与者周期性地传送 RTCP 包。RTCP 包中含有已发送数据报的数量、丢失数据报的数量等统计资料。因此,服务器可以利用这些信息动态地改变传输速率,甚至改变有效载荷类型。RTP 和 RTCP 配合使用,能有效地反馈和最小化开销使传输效率最佳化,因此特别适合传送流媒体实时数据。

3. 实时流协议（RTSP）

RTSP(Real Time Streaming Protocol,实时流协议)是由 Real Networks 和 Netscape 共同提出的,该协议定义了一对多应用程序如何有效地通过 IP 网络传送多媒体数据。RTSP 在体系结构上位于 RTP 和 RTCP 之上,它使用 TCP 或 RTP 完成数据传输。

4. 资源预留协议（RSVP）

RSVP(Resource Reservation Protocol,资源预留协议)是因特网上的资源预留协议,能在一定程度上为流媒体的传输提供服务质量标准,它不负责传输数据。

1.4　移动流媒体技术

随着通信技术的不断发展,移动互联网技术逐渐成熟,人们将流媒体技术从固定网络向移动互联网方面发展,这种基于移动互联网的移动流媒体技术在传输多媒体内容时更具有实时性、移动性和便携性。总的来说,移动流媒体技术有以下三个特点。

(1) 可以实现实时播放音视频和多媒体内容,并且可以点播,具有交互性。

(2) 音视频文件下载的同时播放,在用户终端上播放的同时,剩余的文件包陆续从服务器上被下载下来,大幅缩短了启动时延,使用户不用等整个文件下载完后才能观看,节约了大量时间。

(3) 用户可能会接收、处理和回放一个流媒体文件,但是这个文件不会被保存在用户终端中,它会在被播放完后立即清除。

只有同时符合这三个特点才能被称为流媒体。

这些技术特点证明流媒体技术适合移动终端耗能低、体积小的要求,从而使它在移动网络中有广泛的发展前景。在移动网络不断发展的现在,移动流媒体技术已经广泛应用在生活中,发展第五代移动通信技术的脚步已经到来,移动流媒体技术在此条件下能被应用在更多地方。

本书主要讨论移动通信技术的产生和发展,以及随之应运而生的移动流媒体技术。重点介绍 2G 的 GSM 系统、3G 的 WCDMA 系统、4G 的 TD-LTE 系统和 5G 移动通信网络系统的网络结构和关键技术,然后介绍移动流媒体系统和业务,主要包括流媒体体系——P2P、HTTP、RTP,移动流媒体系统结构,移动流媒体业务分类和功能,之后探讨在5G网络时代下,移动流媒体未来的前景、应用和发展趋势。其中,基于P2P的流媒体技术出现的时间不长,但其发展速度却很迅猛,它通过利用互联网中的各个节点进行对等计算,充分挖掘了互联网的空闲资源,P2P技术在利用率、扩展性、容错等方面具有巨大优势。将P2P引入到流媒体服务当中,可以充分发挥以往被忽略的众多客户机的作用,即让客户端缓存一部分信息,充当一部分服务,使服务分散化,从而减轻服务器的负载和网络带宽占用。基于此,本书将围绕P2P流媒体系统中的关键技术单设一章展开论述。

1.5 流媒体播放器

随着无线通信技术和网络技术的不断进步,人们所能获得的网络带宽和服务质量逐渐提高,这对于流媒体技术的普及和发展起到了推波助澜的作用。同时,随着抖音、快手等自媒体网站的涌现,流媒体的网站建设和维护成为一个热门的应用研究领域。结合前面所讲的流媒体的传输技术、流媒体的数据压缩技术,本书将简要介绍流媒体播放器的设计方法和技术,使读者能够初步了解流媒体播放器的设计。

人们目前使用的很多视频网站软件都是基于FFmpeg多媒体视频处理工具,例如暴风影音、QQ影音、KMP、GOM Player、PotPlayer(2010)Google、Facebook、YouTube、优酷、爱奇艺、土豆等。不同于以往流媒体播放器解决方案,包括Real System、Windows Media Technology、QuickTime和Adobe Flash,这些完整的解决方案是由媒体内容制作工具、服务器端、客户端软件三部分组成的。这些完整的解决方案采用不同的流媒体技术,可适应实际中各种不同网络的带宽需求,自动并持续地调整数据流的流量,使音视频和三维动画的回放在网上轻松实现。这些完整的解决方案以其成熟稳定的技术性能被很多媒体网站比如互联网巨人美国在线(AOL)、ABC和Time Life等公司使用。我国很多影视、音乐点播和春节晚会、世博会开幕式的网上直播也都使用了相应的系统。但其缺点就是软件是一个黑匣子,只能使用并且需要缴纳昂贵的软件版权费等。

但是FFmpeg却是一个开源的、功能丰富的多媒体视频处理工具,可以用来记录、转换数字音频、视频,并能将其转换为流的开源计算机程序。FFmpeg采用GNU LGPL(GNU Lesser General Public License,GNU 宽通用公共许可证)或 GNU GPL(GNU General Public License,GNU 通用公共许可证)。它也提供了录制、转换以及流化音视频的完整解决方案。由于FFmpeg强大的流媒体视音频解码功能,几乎所有视频软件都离不开它。FFmpeg视频采集功能非常强大,不仅可以采集视频采集卡或USB摄像头的图像,还可以进行屏幕录制,同时还支持以RTP方式将视频流传送给支持RTSP的流媒体服务器,支持直播应用。FFmpeg还可以轻易地实现多种视频格式之间的相互转换(如 WMA、RM、AVI、MOD 等);对于选定的视频,FFmpeg也可以截取指定时间的缩略图;FFmpeg还可以给视频添加水印等。

本书以多媒体播放器为例,阐述了FFmpeg环境的建立、库函数的使用和播放器软件的设计方法和设计流程,希望有兴趣的读者能够以本书的例子为基础,设计自己的多媒体内容制作工具、服务器端和客户端软件。

1.6　流媒体协议分析

流媒体应用数据需要在有线或者无线网络上传输,所以流媒体应用的开发也离不开流媒体传输协议的分析。流媒体应用的开发者需要分析流媒体在传输时采用何种传输协议能够满足流媒体实时性的需求;另外,随着网络流媒体的广泛应用,对于流媒体网站的日常维护工作也变得越来越重要。因此,本书除了对流媒体关键技术的介绍之外,还增加了对于流媒体协议的分析章节,将详细描述如何有效地利用网络分析软件(如 Wireshark)来进行流媒体协议的分析,以便当流媒体服务出现故障时,采用网络协议分析软件 Wireshark 进行故障的分析。

Wireshark 是一个网络数据报分析软件。网络数据报分析软件的功能是截取网络数据报,并尽可能显示出最为详细的网络数据报资料。Wireshark 使用 WinPCAP 作为接口,直接与网卡进行数据报文交换。在过去,网络数据报分析软件是非常昂贵的,或是专门属于盈利用的软件,Ethereal 的出现改变了这一切。在 GNU GPL 的保障范围下,使用者可以免费取得软件与其源代码,并拥有针对其源代码修改及定制化的权利。数以千计的人曾参与 Ethereal 的开发,多半是因为希望能让 Ethereal 截取特定的、尚未包含在 Ethereal 默认网络协议中的数据报。2006 年 6 月,Ethereal 更名为 Wireshark,成为全世界最广泛的网络数据报分析软件之一。

网络管理员使用 Wireshark 来检测网络问题,网络安全工程师使用 Wireshark 来检查资讯安全相关问题,开发者使用 Wireshark 来为新的网络协议除错,普通使用者使用 Wireshark 来学习网络协议的相关知识。Wireshark 不是入侵侦测系统(Intrusion Detection System,IDS),对于网络上的异常流量行为,Wireshark 不会产生警示或是任何提示。然而,仔细分析 Wireshark 截取的数据报能够帮助使用者对于网络行为有更清楚的了解。Wireshark 不会对网络数据报产生内容的修改,它只会反映出流通的数据报资讯,Wireshark 本身也不会送出数据报至网络上。

因此,本书将介绍流媒体应用环境的搭建与用网络协议分析软件 Wireshark 对流媒体传输协议 RTSP/RTP/RTCP 分析的基本方法。

1.7　用 Premiere 制作视频

现如今的环境下单一静态的图片和文字已经不能够在快节奏的社会背景中保持长时间的驻足,取而代之的是各类型的短视频层出不穷,诸如此类的还有微电影动画的兴起,或是近年发展迅猛的网络云课堂都采用的是视频授课。伴随着美拍、快手、抖音等一系列 App 的相继出现,以及互联网中自媒体的兴起与短视频爱好者数量不断上升的趋势,大众越来越认同观看视频的效果比单纯静态图片带给人的冲击力更强。此外,各种微电影比赛、广告创意比拼、网络剧等开始争先恐后地发展,一部分追求视频效果质量的短视频拍摄者会不满足于对拍摄完素材只进行简单衔接就展示于众,掀起了以 Premiere 为最熟知的一批视频编辑类软件的又一轮热潮。

较为热门的视频编辑软件除了 Premiere 外,流行度高的还有 Adobe After Effects、Vegas、Eduis 等。Premiere 与 Adobe After Effects 的区别在于它更适用于剪辑,或者稍加一些特效就可以辅助于视频整体的完整和流程。而 After Effects 只能用作于局部处理和特效加深,换言之就是 Premiere 整体处理完的视频可以使用 After Effects 去提升、精修。如果不使用 After Effects 只使用 Premiere,一个视频的主体流程大致还存在,只是不够精细精彩。After Effects 可以说是制作动态视频编辑的辅助工具,一般较多用于处理多段视频音频的复合编辑。After Effects 的工作方式是编辑一个个的单独素材,不是很适用于篇幅较长的视频;Premiere 是将需要用到的素材按照时间线的顺序排列编辑为一个视频。总的来说,Premiere 与 After Effects 相比会更简单更好上手,更容易地处理设计完一整个视频,但是缺少了 After Effects 的精细化处理,这两者的功能在使用中有时会有交集,但是实际方向却大相径庭。而与 Vegas 相比,Premiere 的操作界面清晰简明,并且可以和丰富的 Adobe 家族相辅相成,可通过兼容性极佳的家族内其他软件实现更多有趣的功能,若是操作过程中需要 After Effects、Photoshop 等软件的支持,Premiere 可以直接非常便捷地导入 After Effects 的工程文件或是 Photoshop 的图层。而且 Premiere 中自带的"效果"数量几乎是 Vegas 的两倍;在变速方面,Premiere 没有什么较大的限制,而 Vegas 最多也只能增长四倍的速度。

本书以 Premiere Pro CC 2020 视频编辑软件为例,介绍视频编辑制作的基本流程和操作步骤,希望有兴趣的读者能够以此为基础,设计制作自己的音视频多媒体文件。

1.8 流媒体文件格式

流媒体系统的主要作用是处理如音视频动画这种高实时性要求的媒体数据,但一般这些媒体信息容量都十分大,因此它们都需要经过压缩处理,压缩成特定的文件格式存储下来,如常见的 *.mpg、*.mp3 这种媒体压缩格式。但若想在因特网上实时传输,这些媒体格式依然无法实现实时传输,还需要再把它们分成一个个小块这样的媒体流格式来传输,如现在因特网上广泛流行的 *.rm、*.rmvb、*.asf 等格式。媒体的发布格式本身不描述具体的音频、视频数据,也不提供具体的编码方法。它将不同的媒体内容集中到一起,按用户指定的任意顺序播放。下面对这些媒体格式分别进行介绍。

1.8.1 压缩媒体文件格式

实时媒体的原始数据容量都十分大,因此需要压缩来避免直接传输占用用户终端大量的内存空间,且在没有高宽带的情况下巨大的数据信息传输会耗费大量的时间。压缩媒体数据就是扔掉冗余信息并尽可能地保存媒体内容信息,使形成的压缩文件容量小很多,不但利于传输,还省下了很多内存空间。

压缩编码一般都是以压缩算法为基础实现的,例如,Real Video 基于小波变换算法,Windows Media 则是基于 MPEG-4 的压缩算法。压缩媒体文件(压缩文件)是多媒体数据经过压缩编码后形成的媒体文件,这类文件都有扩展名,根据扩展名就能区分出这一文件使用的压缩算法、对象和厂商系统,还能看出它的压缩文件格式。

1.8.2　流式文件格式

在局域网中可以采用文件共享的方式共享文件,但想在广域网上实现还是要采用文件传输的方式。因此,为了保证共享文件的质量,就要减少播放时延和节省用户终端内存空间,并保证实时流式传输下的播放质量。流式文件格式在文件信息中添加了一些如版权和计时这类的附属信息,在一定程度上解决了前面这些问题。下面是几种常见的流式文件格式的介绍。

1. Real Networks 的 RM 格式

Real Media(RM)实现了在任何网络带宽下都能进行多媒体的回放,采用了音视频流和同步回放技术,目前是因特网上主流的跨平台客户/服务器结构应用规范。在 Real Media 这一规范标准中主要有三类文件:Real Audio、Real Video 和 Real Flash。Real Audio 根据名字就可得知,是用来传输高品质音质的音频信息的。同理,Real Video 是用来传播视频信息的。而 Real Flash 则是 Real Networks 公司与 Macromedia 公司联合推出的能以高比例压缩动画的动画格式。而 Real Player 可以用来进行网上点播,点播一些实时音视频和动画。在用户的线路允许的条件下,通过 Real Player 上网查找和点播各种广播电视节目可以不用下载音视频内容就能实现。在广域网中,Real Video 为解决网络速率低影响信息实时传输和播放的问题,会自动地根据当前的信息传输速率而改变文件的压缩比例。它想不间断地播放视频可以用 56k Modem 拨号上网,但是这样的图像质量无法和 MPEG-2、DIVX 等比较。

Real Audio 文件格式简称 RA 格式,Real Video 文件格式简称 RV 格式,根据其英译可以得出 RA/RV 格式是一种流式音频/视频文件格式。根据之前的介绍就可知这两种格式的作用和传递的信息内容。智能流(Sure Stream)技术使一个文件能在不同网络带宽下传输,让不同性质的用户接收。这一技术把不同压缩比例的信息存储在同一个文件中放在服务器上,当用户发出了请求给服务器,服务器就会根据用户的宽带容量信息,把流式文件中适合这一宽带的那一部分传输给用户终端。

RP(Real Pix)格式是 Real Media 所有文件格式中的一种,它可以直接在因特网上把图片文件流式传输到用户终端。这种格式的文件是一种把其他媒体(如音频)与图片捆绑在一起产生的多媒体文件。用户只需要懂一些简单的操作步骤就可以用文本编辑器编辑制作出 *.rp 文件。Real 服务器能把 Real Pix 文件发送到 Real Player 上供人点播,但因为它是这一系列中刚刚出现的媒体标准格式,所以无法在 Real Player 5.0 之前的版本上播放。

2. Microsoft 的 ASF 格式

ASF(Advanced Streaming Format)是一种不需要特殊服务器和播放器就能直接在网上播放的媒体压缩格式,Microsoft 为了和 Real Player 竞争创造出了这一格式。ASF 格式的压缩算法是 MPEG-4,如果不考虑文件大小,这个格式的压缩质量和 VCD 不相上下,比 *.rm 视频格式好很多。Microsoft 曾表明 ASF 能在各种宽带的网络和传输协议下传输数据。ASF 还可用于指定实况演示。ASF 既可以通过网络流式传输数据,也可以在本地播放。任何编解码器都可以解压缩 ASF 流,ASF 流中含带的信息会帮助用户选择合适的编解码器来解压缩它,同时,它也可以在任何传输协议中传输数据。

3. QuickTime 的 MOV 格式

QuickTime 由苹果公司开发,是一种有着先进音视频功能的音视频文件格式。它能在 Apple Mac OS、Microsoft Windows 等主流操作系统平台上使用。QuickTime 之后又创造了一种多媒体文件格式 QuickTime Movie,这种文件格式的存储弹性很强。其因自身强大的功能(较微软早期推出的 AVI 更强)而备受用户欢迎,越来越多的用户把媒体数据存成这一格式。此格式同样也不受系统平台、系统开放性和系统可延伸性的限制,作为分散式多媒体系统的传输环境十分理想。因其越来越受欢迎和优点众多,越来越多的厂商和软件开发人员以及系统平台支持使用它,使其跨平台能力也不断增强。

4. Flash 的 SWF 格式

SWF 是 Flash 软件的一种流式动画文件格式,源文件为 * . fla 格式,是以 Micromedia 公司的 Shockwave 技术为基础实现的,用户只要在终端安装 Shockwave 插件就能播放 SWF 格式的文件。它因为体积小、功能强、交互能力好等优点,被用在越来越多的网络动画制作中。目前,Flash 在因特网中的主要应用如下。

(1)网上的 MTV:采用 Flash 技术制作的 MTV 交互性强、传播速度快并且表现形式生动活泼。

(2)网上游戏。

(3)网上动画。

(4)网上交互式网页:采用 Flash 技术来制作网站,如大部分大学开始使用它来开发整门课程的网络课件。

5. Flash 的 FLV 格式

在 Flash MX 出现之前,Flash 的视频由一帧帧图片组成,因此它的视频文件容量巨大,导入困难,这样就造成了文件巨大,应用范围变小。Micromedia 公司在 Flash MX 推出之后,学习了 Sorenson 公司的压缩算法,并在其基础上改造创新出了自己的流视频文件格式 FLV。FLV 格式文件可以做到几百帧的动画几秒就导入成功,它在 Flashcom 服务器上采用 RTMP 可以轻松导入 Flash。

6. MetaStream 的 .mts 格式

MetaCreation 公司新开发的技术 MetaStream 是一种能够制造流式 3D 开发文件的技术,这一技术的应用在 Intel 构架的基础上实现,在因特网上浏览流式三维网页得以实现。它能创建、浏览和发布可缩放的 3D 图形,还可以用来开发端游等。

7. Authorwave 的 .aam 多媒体教学课件格式

从目前的状况来看,我国大多使用如 Authorwave 等的多媒体制作工具来制作 CAI 课件。这类课件一般会被 Shockwave 技术和 Web Package 软件压缩成可以在网上传播的流式多媒体文件格式,如 .aam 和 .aas 格式。

1.9　流媒体的应用

本节主要介绍流媒体有哪些应用类型,并描述一些常见的流媒体应用。

1.9.1　流媒体的应用类型

流媒体的应用可以根据多种角度来分类,如传输模式方面、实时性方面和交互性方面。传输模式主要有点到点和点到多点这两种方式。点到点的传输模式一般使用单播(Unicast)传输来实现,点到多点的传输方式一般使用组播(Multicast)传输来实现,若网络无法支撑组播传输,则用多个单播传输来代替。实时性方面有实时内容和非实时内容两种。实时内容(实况内容)是媒体信息实时产生并采集播放的,如新闻直播、情景实况等;非实时内容是预先制作好的内容放在服务器上随时都可以观看。交互性则分为可交互和不可交互。可交互是指流媒体的传输为双向的,不可交互指流媒体的传输为单向的。

1.9.2　常见的流媒体应用

常见的流媒体应用主要有以下几种。

(1) 视频点播(VOD):视频点播十分常见,是应用范围最广的应用。一般来说,视频点播中的视频内容都是非实时性的且不可交互,其流媒体的传输是单向的,采用点对点的传输方式。但现实中可能会为了节省带宽,把相邻的多个点播请求合并在一起以组播的形式传输。

(2) 视频广播:视频广播是视频点播的扩展,也不具有交互性。把节目源整合在一个频道里,用户在收听广播时加入想看节目的频道就可以了。

(3) Internet TV:Internet TV 与电视很相似,是把正在播出的节目实时编码和压缩放在它上面。但 Internet TV 可以给观众展示不同视角的实况转播。

(4) 视频监视:不同地点的摄像镜头通过网络实时地采集和传输当地的图像情景,在很远的地方就可以监视其他地方的情况。与传统的基于电视系统的监视不同,这种监视更为灵活方便。

(5) 视频会议:视频会议与视频电话相似,可能是两个人或多个人共同使用,因此,它必定是可交互的流媒体应用,当两个人使用时就以点对点的方式传输,多人时就以广播的方式传输。

(6) 远程教学:远程教学的功能复杂多样,因此它有多种模式。当学生想选择一门课程的回放和录制时,使用的是点播技术。当学生想看老师正在上课的内容时,使用的是以广播方式实现的直播技术。当学生之间想和老师进行课程学习交流时,采用的是像视频会议一样的模式。以视频为主的网课正与时俱进,一跃成为大部分上班族及部分学生族获取感兴趣专业知识的渠道。尤其是 2020 年的情况非常特殊,受疫情影响,国内所有学校延期多个月开学;在这段空白时间很多教育机构开始纷纷转战网络云课堂。

(7) 电视上网:消费者可以通过控制遥控器,在电视上订购食品、搜寻信息、玩在线游戏、使用电子邮件甚至和家人朋友聊天联系举行电视会议等,相当于把因特网搬到了他们的电视中。

(8) 音乐播放:用户在音乐中心点播各类音乐节目和播放歌曲。

(9) 在线电台:在线电台扩展了广播电台的覆盖范围,不再局限于用收音机收听广播,也可以在网络上实时收听节目形成网络电台,在直播结束后还可以在网络上点播直播回放内容,拓宽了受众范围,使收听节目更加方便快捷。

总之,目前基于流媒体的应用种类繁多、发展迅速,为用户提供了多种服务和选择,增强了对用户的吸引力。

习　　题

1. 请简述流媒体技术的基本定义。
2. 请简述流媒体系统的主要构成。

互联网时代已经随着网络技术的飞速发展使用了越来越多的多媒体资源,多媒体内容包含语音、文字、图像、视频等。其中,图像和视频的数据量巨大,对现有的信息数据的传输和存储技术带来了不小的挑战。相比于短时间内提高网络通信信道的带宽和成倍地拓宽硬盘存储空间,压缩编码技术具有成效快、花费低、易实现等诸多优点,研发更高数据压缩标准是一种更为直接有效的办法。通过对数字信息的压缩,量化压缩编码进行存储和传输,不仅减少了数据的存储压力,也减少了传输的数据量,从而大大提高了通信信道的传输效率。因此,流媒体压缩编码技术必然成为当今流媒体技术中必不可少的环节。

2.1　视频压缩编码的基本原理

视频是将连续的图片组合按帧序列顺序播放而成,每个单独的图像因为在人眼上具有视觉停留的特性,所以通过精准的播放速率即可在人眼上形成视频效果,此时每一帧独立的图像就变成了连续播放的动画视频。通过对相邻的图像进行分析,可以发现其相似度极高,数字视频压缩的基础即原始视频数据中存在大量的冗余,通过分析像素数据之间的关联性,可实现不同像素之间的数据导出,从而提高数据的压缩效率。

2.1.1　数据的冗余

视频数据中的冗余大体上可以分为以下几种。

(1) 空间冗余。在数字视频序列中,规则对象和规则背景的表面物理特性是相关的,这就意味着在光强度以及颜色和饱和度都相同的情况下,视频数据会产生大量的空间冗余,即空间相关性。在对视频进行数字化采样时并没有利用这种现象,而是原原本本地记录了每一个像素的值,这就造成了数据的冗余。实际上,利用像素的这种相关性可以有效地减少数据的长度。例如,游程编码,各种变换编码,以及帧内预测编码等都利用了像素的空间相关性。

(2) 时间冗余。视频序列是由连续的图像组成的,在短的时间间隔内,图像的内容变化一般不大,这是因为图像中具有前部和后部的相同的移动对象和背景,区别只是图像中对象位置的差异;对于大多数像素,亮度和色度信息基本相同,改变的只是它们其中的一部分,这种在相邻帧的图像中具有高度的相似性称为帧间相关或时间相关性。在原始数据中完整地记录每一帧图像的每一个像素的值,就造成了数据的冗余。去除数据中的时间冗余一般采用帧间预测加运动补偿的方法,也有一些三维变换方法。

(3) 信息熵冗余,又称为编码冗余。信息熵是指一组数据承载的平均信息量。这里的信息量是指从 N 个不相等的可能事件中选择一个事件所需的信息度量,也就是说,标识 N

个事件中的特定事件所需的最小问题数。把原始数据看作由符号组成的序列,各个符号在原始数据中出现的频率是不同的。在原始数据中都是用相同的二进制位数来表示各个符号,这种方法虽简单方便,但无形中增加了总体数据的长度。霍夫曼编码和算术编码等变长码编码方法,根据各个符号出现的频率,用较少的二进制位数表示出现频率高的符号,用较多的位数表示出现频率低的符号,可以有效地减少数据的总长度。

(4) 知觉冗余。知觉冗余是指原始数据中包含一些人们感觉不到的信息。这主要是由人类视觉系统特性决定的。首先,在某些数字化过程中,出于高保真的要求,保留了一些处于人类视觉分辨力以下的信号。这种超出人们感知能力部分的编码就称为知觉冗余。例如,视频在采样时对亮度和色度采用 8 位或 10 位,而人们的视觉分辨力只有在观察图像中的大面积像块时,才能分辨出全部 256 个灰度级,一般情况下只能分辨出 64 个灰度等级,此差额即为视觉冗余。再例如,人的眼睛对色度比对亮度要迟钝,对色度在空间、时间、饱和度上的分辨力都要比亮度弱很多。对视觉生理-心理学的深入研究表明,人类视觉系统对空间细节、运动和灰度 3 方面的分辨力是相互有关系的,人类视觉系统具有亮度掩蔽特性、空间掩蔽特性和时间掩蔽特性。亮度掩蔽特性是指在背景较亮或者较暗时,人眼对亮度不敏感的特性;空间掩蔽特性是指随着空间变化频率的提高(相邻像素的值差别很大),人眼对细节的分辨能力下降的特性;时间掩蔽特性是指随着时间变化频率的提高(画面运动剧烈,变化很快),人眼对细节的分辨能力下降的特性。如果能充分利用人类视觉系统的生理特性,适当降低对某些参数的分辨率要求,就可以进一步降低数码率。

(5) 结构冗余。有些图像或者图像的一部分存在内在的结构,例如,某些纹理图像是由很小的单元不断重复构成的,还有一些由山脉、海岸线,以及某些有分形特征的图形组成的图像。这些图像的表面结构和纹理呈显著分布模式,通过图像的像素值,利用适当方法即可生成图像,可以达到很大的压缩比。找出视频序列内在结构,描述这种结构,并用最合适的编码方法编码视频序列的各个部分,这就是基于对象的视频编码方法的精髓。

(6) 知识冗余。人们在观察一幅图像时,提取到的有用信息与图像包含的信息相比一般是很少的。一个重要原因是图像包含的多数信息我们事先都知道了。图像中携带了人们已经知道的信息,这就是知识冗余。例如,人的一些基本特征大家都是知道的,因此对一个人的外表及其动作,可以用一些参数描述出来,在解码时根据这些参数重新构造出原始图像就可以了。在 MPEG-4 中,对人的面部就采用了这种方法。

(7) 重要性冗余。对一幅图像或者一段视频序列,人们对其不同部分的关注程度是不一样的。一般来讲,图像的中心部分比边缘部分更重要,视频中运动的部分比静止的部分更重要。如果不考虑各个部分的重要程度,分配同样多的位数,就会产生重要性冗余。

数字视频压缩的目的就是要通过去除数据中的这些冗余从而减少需要的比特数。针对信息熵冗余的压缩方法发展得最完善,目前最好的方法是基于上下文的算术编码方法。针对空间冗余、时间冗余、视觉冗余的压缩方法发展得也比较好,人们已经提出了许许多多的方法,目前比较好的有离散余弦变换、小波变换、帧间预测和运动补偿,以及变换后的各种量化方案等。结构冗余、知识冗余和重要性冗余处理起来非常复杂,往往需要计算机视觉和人工智能方面的技术,相关的算法在性能上还有很大提高的余地。

2.1.2　压缩编码算法概述

在视频和图像压缩中,根据重建后视频、图像是否能恢复压缩前的状态,即解码后是否有损失,将压缩方法分为有损压缩和无损压缩。在一些对实时性要求较高、可以允许解码过程中有一定损失的情况下,有损压缩更适合,如视频会议等。然而,对于类似于医学图像、卫星遥感、指纹识别等领域,对失真比较敏感,需要采用无损压缩,以避免解码过程中产生失真。由于无损压缩不能有任何损失,因此压缩比相对于有损压缩更小。

1. 无损压缩

无损压缩是指压缩后的数据再进行重构以后的数据与原来的数据完全一样。但是无损压缩会占用大量空间,且压缩率不高是其首要缺陷。与有损压缩格式相比,无损压缩格式的压缩容量要差得多,通常约为 60%。无损压缩的经典算法有以下几种。

1) 行程长度编码

行程长度编码(Run Length Encoding,RLE)是最简单的统计编码,分为固定长度和不确定长度两种。对于计算机编码中的字符串来说,连续出现的字符会被替换为该字符出现的最大长度,从而减少了每个字符造成的开销。而对于图片而言,其中所包含的像素值相邻出现就可以看成是一个个连续字符串,因此可以通过大量的替换来减少所需要处理的数据量。应当指出,并非所有情况都适合行程长度编码,从编码原理可以看出,对于具有大量连续出现的符号,此方法更好,但是相邻符号不同或连续、连续出现次数少时,效果不如直接编码好,因此需要根据图像本身的特征进行选择。对于更平滑并且连续出现大量相同像素的图像使用行程长度编码,可以大大提高压缩效率。

2) 霍夫曼编码

霍夫曼编码(Huffman Coding)是霍夫曼在 1952 年基于 Shannon 和 Fano 提出的可变长度编码方法。它用于无损数据压缩,也称为哈夫曼编码。霍夫曼编码的基本步骤如下:首先把扫描的图像数据统计不同像素值的出现次数,再根据相同像素值的出现概率的大小不同长度地分配独特的码字的概率。较短的霍夫曼代码字表分配较长的码字,从而获得图像出现的像素值的一个较小的概率。记录用于每个像素的代码字的编码的图像数据,和实际的像素值和码字之间的对应关系被记录在该代码表中。实验结果表明,可变长度编码方法的顺序被输出到分配不同长度的码字的发生概率,最短输出码字的平均码长,最接近源熵。

3) 算术编码

算术编码(Arithmetic Coding)也是用于无损压缩的熵编码方法,通过对输入信息进行整体编码,编码结果是 0~1 的十进制数。算术编码的结果为十进制,从而避免了霍夫曼编码的缺点,即编码长度必须为整数位,并且编码效率更高。然而,由于算术编码需要连续地计算编码符号的区域划分,所以复杂度高于可变长度编码。

4) 词典编码

词典编码(Dictionary Coding)中的字典由索引和键值组成。对于要编码的字符串,需要先在字典中查找,然后替换为与字符串对应的索引值。一般来说,索引值小于字符串数据量,因此可以达到编码压缩的目的。该方法的优点是,最初不知道输入信息的每个符号的统计概率,因此可以通过使用词典编码来避免此缺陷。词典代码有很多种,包括 LZ77、LZ78、

LZSS、LZW 等。具体操作不相同,但核心思想相同。

2. 有损压缩

有损压缩是指使用压缩数据进行重建,重建后的数据与原始数据虽然不同,但是不会导致人们误解原始数据中表示的信息。有损压缩的优点是,在某些情况下,与任何已知的无损方法相比,它可以获得的文件大小要小得多,同时又可以满足系统的需求。例如,当用户获取有损压缩文件以节省下载时间时,在数据级别上,解压缩后的文件和原始文件可能看起来有所不同,但出于大多数实际目的,人耳或人眼无法区分。

有损方法通常用于压缩声音、图像和视频。有损视频编解码器几乎总是比音频或静止图像获得更好的压缩率。音频可以达到 10∶1 的压缩率而不会出现明显的质量下降,而视频可以达到非常大的压缩率,而对质量下降的观察很少。有损压缩图像的特征是保持颜色的逐渐变化并消除图像中颜色的突然变化。生物学上的大量实验证明,人脑将使用最接近邻域的颜色来填充丢失的颜色。例如,对于蓝天背景上的白云,有损压缩方法是删除图像中场景边缘的某些颜色部分。在屏幕上查看此图片时,大脑会使用场景中看到的颜色来填充缺失的颜色部分。有损视频压缩经常如音频那样,能够得到原始大小的 1/10,但是不可否认,利用有损压缩技术会影响视频质量。另外,如果使用了有损压缩的视频仅在屏幕上显示,可能对视频质量影响不太大,至少对于人类眼睛的识别程度来说区别不大,因为人的眼睛对光线比较敏感,光线对景物的作用比颜色的作用更为重要。可是,如果要把一帧经过有损压缩技术处理的视频用高分辨率打印机打印出来,那么质量就会有明显的受损痕迹。有损压缩的几种经典算法如下。

1) 预测编码

预测编码分为帧内预测和帧间预测两种,是消除视频中冗余信息的重要方法之一。针对空间冗余有帧内预测编码,针对时间冗余有基于运动估计和运动补偿技术的帧间预测编码。预测编码利用信号间存在的相关性,即利用前一个或若干个信号对当前信号进行预测,然后将信号原始值与预测值做差,再对预测残差进行后续编码。如果预测准确,那么得到的残差会很小,可以有效地提高压缩比。

2) 变换编码

绝大多数图像都有一个共同的特征:平坦区域和内容缓慢变化区域占据一幅图像的大部分,而细节区域和内容突变区域则占小部分。也可以说,图像中直流和低频区占大部分,高频区占小部分。这样,空间域的图像变换到频域或所谓的变换域,会产生相关性很小的一些变换系数,并可对其进行压缩编码,即所谓的变换编码。

现实中,往往采用混合编码方法,即对图像先进行带有运动补偿的帧间预测编码,再对预测后残差信号进行 DCT 变换。这种混合编码方法已成为许多视频压缩编码国际标准的基本框架。

3) 运动估计和运动补偿技术

运动估计(Motion Estimation)和运动补偿(Motion Compensation)是消除图像序列时间方向相关性的有效手段。上文介绍的方法是在一帧图像的基础上进行,通过这些方法可以消除图像内部各像素间在空间上的相关性。实际上,图像信号除了空间上的相关性之外,还有时间上的相关性。例如,对于像新闻联播这种背景静止,画面主体运动较小的数字视频,每一幅画面之间的区别很小,画面之间的相关性很大。对于这种情况没有必要对每一帧图像单独进行编码,而是可以只对相邻视频帧中变化的部分进行编码,从而进一步减小数据量,这方面的工作是由运动估计和运动补偿来实现的。

运动估计技术一般将当前的输入图像分割成若干彼此不相重叠的小图像子块,例如,一帧图像的大小为 $1280\times720\text{px}$,首先将其以网格状的形式分成 40×45 个尺寸为 $16\times16\text{px}$ 的彼此没有重叠的图像块,然后在前一个图像或者后一个图像某个搜索窗口的范围内为每一个图像块寻找一个与之最为相似的图像块。这个搜寻的过程称作运动估计。通过计算最相似的图像块与该图像块之间的位置信息,可以得到一个运动矢量。这样在编码过程中就可以将当前图像中的块与参考图像运动矢量所指向的最相似的图像块相减,得到一个残差图像块,由于残差图像块中的每个像素值很小,所以在压缩编码中可以获得更高的压缩比。这个相减过程叫作运动补偿。由于编码过程中需要使用参考图像来进行运动估计和运动补偿,因此参考图像的选择显得很重要。

4)混合编码

在实际应用中,以上几种方法常常是不可分离的,通常将它们结合起来以达到最好的压缩效果。如图 2.1 所示为混合编码模型,该模型普遍适用于 MPEG-1,MPEG-2,H.264 等标准。

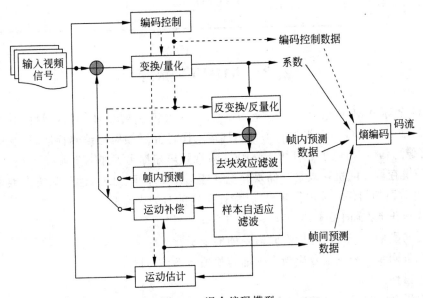

图 2.1　混合编码模型

有专家曾经强调过"标准化是产业化的前提"。所以一项技术在能够广泛应用于工业生产和生活中之前,必须有一个全世界统一的工业标准,众多压缩编码技术的归宿是一个国际标准。在数字视频技术的标准化过程中,国际电信联盟(ITU)、国际标准化组织(ISO)和国际电工委员会(IEC)这三个国际组织起到了关键作用。已经建立的国际标准中包括对静态图像进行压缩编码的 JPEG 标准,对运动图像及其伴音进行压缩编码的 MPEG 标准,以及为可视通信服务的 H.261、H.263、H.264 标准和最新出现的超媒体标准 MHEG,等等。普遍使用的是 MPEG-4 与 H.264 编解码技术,因为 MPEG-4/H.264 编码技术比较成熟,相应的编解码芯片厂商也较多,因此使用最为广泛,不同厂家设备之间的兼容性也好。但随着

500W/800W/1200W 等高清摄像机推广应用,网络传输带宽与录像存储空间却承受着严峻的考验,优化算法、提高压缩效率、减少时延的需求使 H.265 编码技术标准应势而生,它将在未来逐步地被广泛使用。ITU-T 制定的标准,命名为 H.26X,而 ISO/IEC 也即 MEPG 专家组制定的,命名为 MPEG-X。在 MPEG 研究到 MPEG-4 时,ITU-T 和 MPEG 两个专家组联合开发出 H.264/MPEG-4 AVC,简称 H.264/AVC。视频编码标准发布历史如表 2.1 所示,下面就从 MPEG-1 编解码标准开始,介绍其中比较重要的几个编解码标准。本章将着重介绍 ISO/IEC 的 MPEG 系列标准以及 ITU 的 H.26X 系列标准。

表 2.1 视频编码标准发布时间表

标 准 名 称	组　　织	年　　份
H.120	CCITT	1984
H.261	ITU-T	1988
MPEG-1	ISO/IES	1991
MEPG-2	ISO/IES	1994
H.263	ITU-T	1995
MPEG-4	ISO/IES	1999
H.264/AVC	ITU-T 和 ISO/IES	2003
H.265/HEVC	JCT-VC	2013

2.2 MPEG 标准

MPEG 全称为 Moving Picture Experts Group,组建于 1988 年 10 月,目的是为传送音视频制定标准。MPEG 专家组建立了一系列运动图像和音频压缩编码标准,广泛应用于数字存储、图像通信、广播电视等领域。MPEG 对视频压缩提出了如下要求。

(1) 随机存取。随机存取是存储媒介上视频信息必不可少的特性。随机存取要求能在压缩位流中对视频的任一帧进行解码,且能在限定的时间内完成。

(2) 快速正向/逆向搜索。

(3) 逆向重播。交互式应用有时需要逆向重播。

(4) 视听同步。视频信号应当准确地与相关音频信号同步。

(5) 容错性。

(6) 编码/解码延迟。MPEG 允许一个较长的延迟,即不超过 1s。

除了上述要求外,还要求视频压缩技术具有可编辑性和灵活的格式,要求在硬件实现时成本不会太高。因此,MPEG 标准的视频压缩编码技术主要利用了具有运动补偿的帧间压缩编码技术以减小时间冗余度,利用 DCT 技术以减小图像的空间冗余度,利用熵编码则在信息表示方面减小了统计冗余度。这几种技术的综合运用,大大增强了压缩性能。

2.2.1 MPEG-1 标准及技术特点

MPEG-1 编解码标准是 MPEG 专家组在 1992 年发布的第一个音视频编码标准。它可以实现视频压缩后码率为 1.5Mb/s,用于视频传输和视频存储,但在编码前必须将视频图像转换成逐行扫描图像。MPEG-1 可以使用的存储介质和信道有 CD-ROM、数字音频磁带

（DAT）、温彻斯特硬盘、可读写光盘、ISDN、局域网等。这些存储介质和信道都能极好地适用于速率为 1～1.5Mb/s 的视频压缩技术。应用 MPEG-1 技术最成功的产品非 VDC 莫属。VCD 作为价格低廉的影像播放设备，得到广泛的应用，可实现录像机的正放、图像冻结快进、快退和慢放功能以及随机存储功能。MPEG-1 也被用于数字电话网络上的视频传输，如非对称数字用户线路（ADSL）、视频点播（VOD），以及教育网络等。

MPEG-1 编解码标准分为以下五部分。

（第一部分）系统（将视音频数据和其他数据同步存储到一起）

（第二部分）视频（压缩视频内容）

（第三部分）音频（压缩音频内容）

（第四部分）一次性测试（测试标准实现的正确性）

（第五部分）参考软件（举例说明如何根据标准来编解码）

这里的第三部分，即音频，又分为三层，分别为 MPEG-1 Layer 1/2/3，这里的 MPEG-1 Layer 3，也就是非常著名的 MP3，它已经被广泛使用。MPEG-1 标准的视频编解码主要从以下两个方面着手。

（1）在空间方向上，采用了和 JPEG 类似的算法来去掉空间冗余数据。

（2）在时间方向上，采用运动补偿算法去掉时间冗余数据。

基于这两个方面，MPEG 开发了两项重要的技术，一是定义了视像数据的结构，二是定义了图像的三种类型。这两种技术一直沿用，后面出的标准 H.264/AVC 也是在这两个技术之上扩展和延续的。下面分别来看这两项技术以及 MPEG-1 编码的层次结构。

1. 视像数据结构

MPEG 专家组把视像片段看成是一系列静态图像（Picture）组成的视像序列（Sequence），然后把这个视像序列分成许多图像组（Group of Picture，GOP），把 GOP 里的每一帧图像分成许多像片（slice），每个像片由 16 行组成。然后把像片分为 16×16px 的宏块（Macroblock，MB），进而把宏块分为 8×8px 的图块（Block）。这样当子采样格式为 4∶2∶0时，16×16px 的宏块就包含 16×16 个 Y 样本和 8×8 个色度（Cb 和 Cr）样本。而这些样本，可以分为 Y 图块和 Cb、Cr 图块，如图 2.2 和图 2.3 所示。

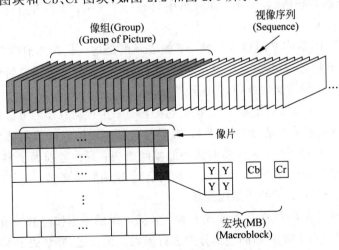

图 2.2　视像数据组织

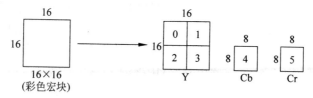

图 2.3　宏块的结构(方块中的数字是图块编号)

所以像 JPEG 和大多数的编解码器,都是以宏块为基本单位进行编码的,当子采样格式为 4∶0∶0、4∶2∶2、4∶4∶4 时,宏块中色度样本的数目也会变大或变小。

2. 视频图像的三种类型

为了保证视频质量不变,而又能够获得比较大的压缩比,MPEG 专家组把图像分为三种类型,如图 2.4 所示:I(Intra-picture)帧、B(Bidirectionally-predictive picture)帧、P(Predicated picture)帧,然后采用不同的算法分别对它们进行压缩。

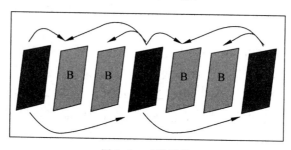

图 2.4　三类图像

(1) 帧内图像 I,简称为 I 图像或 I 帧。I 帧包含完整内容的图像,用于为其他帧图像的编解码作参考,这也就是常说的关键帧。解码时只需要本帧数据就可以完成。

I 帧的特点:它是一个全帧压缩编码帧,将全帧图像信息进行 JPEG 压缩编码及传输;解码时仅用 I 帧的数据就可重构完整图像;描述了图像背景和运动主体的详情;不需要参考其他画面而生成;是 P 帧和 B 帧的参考帧(其质量直接影响到同组中以后各帧的质量);I 帧是帧组 GOP 的基础帧(第一帧),在一组中只有一个 I 帧;不需要考虑运动矢量;所占数据的信息量比较大。

(2) 预测图像 P,简称 P 图像或 P 帧。P 帧表示的是这一帧跟之前的一个关键帧(或 P 帧)的差别,而对 P 帧进行编码,其实就是对它们之间的差值进行编码。解码时需要用之前缓存的画面叠加上本帧定义的差别,生成最终画面。

P 帧的特点:是 I 帧后面相隔 1~2 帧的编码帧;采用运动补偿的方法传送它与前面的 I 帧或 P 帧的差值及运动矢量(预测误差);解码时必须将 I 帧中的预测值与预测误差求和后才能重构完整的 P 帧图像;属于前向预测的帧间编码;只参考前面最靠近它的 I 帧或 P 帧;可以是其后面 P 帧的参考帧,也可以是其前后的 B 帧的参考帧;可能造成解码错误的扩散;由于是差值传送,P 帧的压缩比较高。

(3) 双向预测图像 B,简称 B 图像或 B 帧。B 帧记录的是本帧与前后帧的差别,对 B 帧进行编码,就是对它和 I 帧、P 帧的差值分别进行编码。换言之,要解码 B 帧,不仅要取得之前的缓存画面,还要解码之后的画面,通过前后画面与本帧数据的叠加取得最终的画面。

B 帧的特点：B 帧是由前面的 I 帧或 P 帧和后面的 P 帧来进行预测的；传送的是它与前面的 I 帧或 P 帧和后面的 P 帧之间的预测误差及运动矢量；是双向预测编码帧；压缩比最高，因为它只反映参考帧间运动主体的变化情况，预测比较准确；不是参考帧，不会造成解码错误的扩散。

I 帧提供了随机访问点，结合规定的目录结构可以完成快速正向/逆向搜索。P 帧和 B 帧可以提供解码器在时间分辨率和解码复杂性上的灵活性，I 帧、P 帧和 B 帧出现的频率是可以选择的。当参考图之间 B 帧的数目太多时，会减少 B 帧与参考帧之间的相关性，前后帧之间的相关性与被编码视频的运动速度有关。对大多数视频序列来说，参考帧以大约 0.1s 的间隔隔开比较合适。双向预测编码可解决"暴露"问题，即某物体在前一帧未显示出来，但在后一帧却"暴露"出来，双向预测能更准确地找出运动矢量，并只有在视频存储、VOD 等非实时通信及数字广播电视中应用。会议电视、可视电话等实时通信中不宜应用 B 帧，因为实时通信后一帧处在当前帧之后，当前帧编码时它尚未出现。

图 2.5 展示了 I 帧图像的压缩编码算法，这也是使用与 JPEG 类似的压缩算法来减少空间冗余数据的。

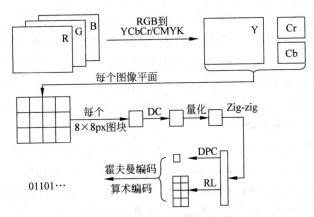

图 2.5 I 帧图像的压缩编码算法

基本过程如下：①将图像进行颜色空间变换，如将 RGB 空间转换为 YCrCb 空间表示的图像；②将图像划分为宏块，每个宏块包含 16×16 像素点，每个宏块根据图像子采样进一步划分成 8×8px 的图块。如采用 4：1：1 的图像子采样，一个宏块包括 4 个 Y 块，1 个 Cr 块和 1 个 Cb 块；③对每个图块进行 DCT 变换，之后经过量化的交流分量系数按照 Z 字形排序，再使用无损压缩技术进行编码。DCT 变换后经过量化的直流分量系数用差分脉冲编码（DPCM），交流分量系数用行程长度编码，形成中间编码格式；④最后用霍夫曼编码或者算术编码。

预测 P 帧的编码也是以宏块为基本编码单元，需要两种参数：当前要编码的图像宏块与参考图像宏块之间的差值以及宏块间的移动矢量。如图 2.6 所示，假设编码图像宏块 M_{PI} 是参考图像宏块 M_{RJ} 的最佳配块，它们的差值就是这两个宏块中相应像素值之差。对所求的差值进行彩色空间转换，并做 4：1：1 的子采样得到 Y、Cr、Cb 的分量值，然后仿照 JPEG 压缩算法对差值进行编码，计算出的移动矢量也要进行霍夫曼编码。

在 MPEG-1 中，压缩后的 I 帧的数据量最大，而 B 帧的数据量最小。并且平均压缩比

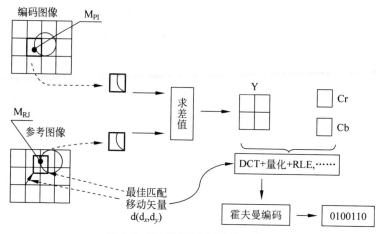

图 2.6　P 帧图像的压缩编码算法

为 27∶1,这也就是使用 MPEG-1 标准能获得的压缩比。无论哪种编码模式,都是以宏块为单位编码的,而且采用的都是 DCT 变换。在 MPEG-1 中,并没有说明运动矢量的求取方法,这给编码器的实现带来了灵活性,有利于厂家之间的竞争。但是无论用什么方法实现编码器,编码器的输出都是标准的 MPEG 码流。对宏块数据本身或者预测误差,经 DCT 后进行视觉加权标量量化,然后进行行程长度编码和熵编码。对帧内块和非帧内块,MPEG-1 采用了不同的量化矩阵。另外,根据人类视觉对误差的敏感程度与图像内容的关系,对不同内容的块可以调节量化器步长,这是 MPEG-1 采用的新技术。

3. MPEG-1 编码层次结构

MPEG 专家组严格制定了数据位流的语法,而没有规定具体使用的算法细节,才能使众多企业、组织、个人设计的编解码器得以通用。所谓数据流,也即使用 MPEG-1 标准编码之后得到的输出数据流,也即解码器的输入流。MPEG-1 对数据流结构做了详细的规定,按层次分为 6 层,从上到下分别为序列层、GOP 层、图像层、像片层、宏块层、图块层,用于防止误码在一帧内扩散,如图 2.7 所示。

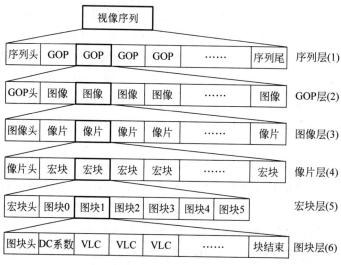

图 2.7　数据流结构

2.2.2 MPEG-2 标准及技术特点

MPEG 组织于 1994 年正式推出 MPEG-2 压缩标准,以实现视/音频服务与应用互操作的可能性,最典型和成功的应用就是 DVD 产品。MPEG-2 标准包括系统层、视频层、音频层等 9 个部分,本节主要讲述 ISO/IEC 13818 Part2 视频部分。MPEG-2 标准定义了一个标准的 MPEG-2 码流中每一位的具体含义、MPEG-2 码流的结构以及视频解码的过程。MPEG-2 标准是针对标准数字电视和高清晰度电视在各种应用下的压缩方案和系统层的详细规定,编码码率为 3~100Mb/s,标准的正式规范在 ISO/IEC 13818 中。MPEG-2 不是 MPEG-1 的简单升级,而是在系统和传送方面做了更加详细的规定和进一步的完善。MPEG-2 主要应用于数字存储媒体、视频广播和通信,存储媒体可以直接与 MPEG-2 解码器相连,或者通过总线、局域网、电信网等通信手段与其相连。MPEG-2 标准支持固定比特率传送、可变比特率传送、随机访问、信道跨越、分级编码、比特流编辑以及一些特殊功能,如快进播放、快退播放、慢动作、暂停和画面凝固等。MPEG-2 特别适用于广播级的数字电视的编码和传送,被认定为 SDTV 和 HDTV 的编码标准。

为了实现标准的语法体系的实用性,定义了类(Profile)和级别(Level)的方式来限定有限数目的语法子集。MPEG-2 标准定义了 7 种 Profile 和 4 种 Level,Profile 是 MPEG-2 标准中定义的语法子集,也就是码流的复杂程度(偏向于功能性约束),Level 是对比特流语法中各个参数进行限定的集合(偏向于参数限定)。在固定码流的语法结构以后,码流参数的取值仍然影响编码和解码过程,所谓码流参数就是指图像分辨率、帧速率等。所以,在每个 Profile 中定义了 Level,以限定码流的参数。MPEG-2 可以处理逐行和隔行扫描的视频,颜色格式仍然采用(Y,Cb,Cr)格式,但是采样比例可以有三种,即 4:2:0、4:2:2、4:4:4。MPEG-2 通过 Level 来支持各种分辨率和帧速率。

1. 数据包与数据流

MPEG 以开放系统互连(Open System Interconnection,OSI)为目标,争取全球标准化。在详细规定视音频编码算法的基础上,为传输和交换编码数据流(比特流、码流、流)创造统一条件,以利于接收端重建为指导,按照既定的参数给数据流以一定程度的"包装"。因此,MPEG-2 系统应完成的任务有:规定以包方式传输数据的协议;为收发两端数据流同步创造条件;确定将多个数据流合并和分离(即复用和解复用)的原则;提供一种进行加密数据传输的可能性。

MPEG-2 的编码系统如图 2.8 所示,由两部分组成:视频编码和声音编码,以及数据打包和多路数据复合。

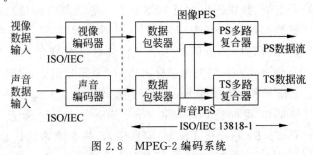

图 2.8 MPEG-2 编码系统

24

图 2.8 中虚线左边是音视频编码部分,右边是数据打包的部分,也即 MPEG-2 标准的技术特点。符合标准的数字视频数据和数字音频数据分别通过图像编码和声音编码之后,生成视频基本流 ES 和音频基本流 ES。在视频 ES 中还要加入一个时间基准,即加入从视频信号中取出的时钟。然后,再分别通过各自的数据包形成器,将相应的 ES 打包成打包基本流(PES)包,并构成 PES。在数据打包时,MPEG-2 将视频数据、声音数据和其他数据组合在一起,生成适合存储或传输的基本数据流,而我们使用的存储和传输两个词,也就是数据流的两种类型:PS(Program Stream,节目数据流),由一个或多个打包的基本数据流(PES)组合生成的数据流,用在如 DVD 存储系统中;TS(Transport Stream,数据传输流),同样也有一个或多个 PES 组合生成的数据流,用于数字电视广播或因特网传输等传输系统。之后,节目复用器和传输复用器分别将视频 PES 和音频 PES 组合成相应的 PS 包和TS 包,并构成 PS 和 TS。显然,不允许直接传输 PES,只允许传输 PS 和 TS;PES 只是 PS 转换为 TS 或 TS 转换为 PS 的中间步骤或桥梁,是 MPEG 数据流互换的逻辑结构,本身不能参与交换和互操作。

根据数字通信信息量可以逐段传输的机理,将已编码数据流在时间上以一定重复周期结构分割成不能再细分的最小信息单元,这个最小信息单元就定义为数据包,几个小数据包(Data Packet)又可以打包成大数据包(Data Pack)。用数据包传输的优点是:网络中信息可占用不同的连接线路和简单暂存;通过数据包交织将多个数据流组合(复用)成一个新的数据流;便于解码器按照相应顺序对数据包进行灵活的整理。数据包为数据流同步和复用奠定了基础,因此,MPEG-2 系统规范不仅采用了 PS、TS 和 PES 三种数据包,而且也涉及PS 和 TS 两种可以互相转换的数据流。显然,以数据包形式存储和传送数据流是 MPEG-2 系统的要点,为此,MPEG-2 系统规范定义了三种数据包及两种数据流。

1) 打包基本流

将 MPEG-2 压缩编码的视频基本流(Elementary Stream,ES)数据分组为包长度可变的数据包,称为打包基本流(Packetized Elementary Stream,PES),即打包了的专用视频、音频、数据、同步、识别信息数据通道。所谓 ES,是指只包含 1 个信源编码器的数据流,即 ES 是编码的视频数据流或编码的音频数据流或其他编码数据流的统称。每个 ES 都由若干个存取单元(Access Unit,AU)组成,每个视频 AU 或音频 AU 都是由头部和编码数据两部分组成的。通过打包,就将 ES 变成仅含有 1 种性质 ES 的 PES 包,如仅含视频 ES 的 PES 包、仅含音频 ES 的 PES 包或仅含其他 ES 的 PES 包。

1 个 PES 包是由包头、ES 特有信息和包数据 3 个部分组成。由于包头和 ES 特有信息二者可合成 1 个数据头,所以可认为 1 个 PES 包是由数据头和包数据(有效载荷)两个部分组成的。包头由起始码前缀、数据流识别及 PES 包长信息 3 部分构成。包头中的包起始码可用于识别数据包所属数据流(视频、音频或其他)的性质及序号。ES 特有信息是由 PES 包头识别标志、PES 包头长信息、信息区和用于调整信息区可变包长的填充字节 4 部分组成的 PES 包控制信息。其中,PES 包头识别标志由 12 个部分组成:加扰控制信息、优先级别指示、数据适配定位指示符、版权指示、原版或拷贝指示、显示时间标记(Presentation Time Stamp,PTS)/解码时间标记(Decode Time Stamp,DTS)标志、基本流时钟基准(Elementary Stream Clock Reference,ESCR)信息标志、基本流速率信息标志、数字存储媒体(DSM)特技方式信息标志、附加的拷贝信息标志、循环冗余校验(Cyclic Redundancy

Check,CRC)信息标志、扩展标志。有扩展标志,表明还存在其他信息。例如,在有传输误码时,通过数据包计数器,使接收端能以准确的数据恢复数据流,或借助计数器状态识别出传输时是否有数据包丢失。其中,PTS/DTS标志是解决视音频同步显示、防止解码器输入缓存器上溢或下溢的关键所在。PTS表明显示单元出现在系统目标解码器(System Target Decoder,STD)的时间,DTS表明将存取单元全部字节从STD的ES解码缓存器移走的时刻。PTS/DTS标志表明对确定事件或确定信息解码的专用时标的存在,依靠专用时标解码器可知道该确定事件或确定信息开始解码或显示的时刻。

2) 节目数据流

将具有共同时间基准的一个或多个PES组合(复合)而成的单一的数据流称为节目流(PS)。PS包由包头、系统头、PES包3部分构成。包头由PS包起始码、系统时钟基准(System Clock Reference,SCR)的基本部分、SCR的扩展部分和PS复用速率4部分组成。PS包起始码用于识别数据包所属数据流的性质及序号。SCR是为解决压缩编码图像同步问题,在统一系统时钟(Single System Time Clock,SSTC)条件下在PS包头插入时间标志。PS复用速率用于指示其速率大小。

PS的形成分为两步完成。第一步是将视频ES、音频ES、其他ES分别打包成视频PES包、音频PES包、其他PES包,使每个PES包内只能存在一种性质的ES;每个PES包的第一个AU的包头可包含PTS和DTS;每个PES包的包头都有用于区别不同性质ES的数据流识别码。这些使解复用和不同ES之间同步重放成为可能。第二步是通过PS复用器将PES包复用成PS包,即将每个PES包再细分为更小的PS包。PS包头含有从数字存储媒介(Digital Storage Medium,DSM)进入系统解码器各个字节的解码专用时标,即预定到达时间表,它是时钟调整和缓存器管理的参数。PS解复用器实际上是系统解复用器和拆包器的组合,即解复用器将MPEG-2的PS分解成一个个PES包,拆包器将PES包拆成视频ES和音频ES,最后输入各自的解码器。系统头提供数据流的系统特定信息,包头与系统头共同构成一帧,用于将PES包数据流分割成时间上连续的PS包。可见,一个经过MPEG-2编码的节目源是由一个或多个视频ES和音频ES构成的,由于各个ES共用一个时钟,可保证解码端视音频的同步播出。

例如,一套电影经过MPEG-2编码,转换成1个视频ES和4个音频ES。显然,PS包长度比较长且可变,用于无误码环境,适合于节目信息的软件处理及交互多媒体应用。但是,PS包越长,同步越困难,在丢包时数据的重新组成也越困难。显然,PS用于存储(磁盘、磁带等)、演播室、MPEG-1数据流。

3) 数据传输流

将具有共同时间基准或具有独立时间基准的一个或多个PES组合而成的单一的数据流称为数据传输流(TS)。TS实际上是面向数字化分配媒介(有线、卫星、地面网)的传输层接口。对具有共同时间基准的两个以上的PES先进行节目复用,然后再对相互可有独立时间基准的各个PS进行传输复用,即将每个PES再细分为更小的TS包。

TS包由包头、自适应区和包数据3部分组成。TS包的包头由同步字节、传输误码指示符、有效载荷单元起始指示符、传输优先、包识别(Packet Identification,PID)、传输加扰控制、自适应区控制和连续计数器8个部分组成。其中,可用同步字节位串的自动相关特性,检测数据流中的包限制,建立包同步;传输误码指示符,是指有不能消除的误码时,采用误码校正解码器可表示 1b 的误码,但无法校正;有效载荷单元起始指示符,表示该数据包是否存在确定的起始信息;传输优先,是给 TS 包分配优先权;PID 值是由用户确定的,解码器根据 PID 将 TS 上从不同 ES 来的 TS 包区别出来,以重建原来的 ES;传输加扰控制,可指示数据包内容是否加扰,但包头和自适应区永远不加扰;自适应区控制,用 2b 表示有否自适应区,即(01)表示有有用信息无自适应区,(10)表示无有用信息有自适应区,(11)表示有有用信息有自适应区,(00)无定义;连续计数器可对 PID 包传送顺序计数,根据计数器读数,接收端可判断是否有包丢失及包传送顺序错误。显然,包头对 TS 包具有同步、识别、检错及加密功能。TS 包自适应区由自适应区长、各种标志指示符、与插入标志有关的信息和填充数据 4 部分组成。其中,标志部分由间断指示符、随机存取指示符、ES 优化指示符、PCR 标志、接点标志、传输专用数据标志、原始 PCR 标志、自适应区扩展标志 8 个部分组成。重要的是标志部分的 PCR 字段,可给编解码器的时钟提供同步资料,进行同步。

由此可见,虽然 PS 和 TS 都是对 PES 的重新封装,但是它们的包结构不同。PS 的包结构是可变长度的,而 TS 的包结构是固定长度的。这就造成了它们的抗干扰性能的不同,比如 PS 如果在传输信道上丢失掉某一同步信息,那么接收端就会无法同步,造成严重的信息丢失,所以 PS 没有应用在传输领域。而与之相对的,TS 是固定长度的包结构,即使丢失某一个包,通过后面包的同步信息,也能恢复同步。这也就是 MPEG2-TS 格式比较有名的特点,可以从视频流的任一片段独立解码。所以它使用在传输系统上,无可厚非。

2. 视频数据位流结构

MPEG-2 编码器的输出为 ES 基本流,因此,数据位流的结构既不是 PS 也不是 TS,而是图像 ES 的结构。ES 码流采用视像序列层、GOP 组层、图像层、像片层、宏块层、图块层 6 层结构,如图 2.9 所示。一个视频序列由 G 个图像组(GOP)组成,每个组包含 P 帧图像(Picture),每帧图像分成 S 条像片(Slice),每条像片分成 M 个宏块(Macroblock),每个宏块包含 4 个 8×8px 的亮度 Y 图块和 1 个 8×8px 的 Cr 图块,1 个 8×8px 的 Cb 图块[有的资料中为方便,会直接给出 2 个 8×8px 的色度(Cr,Cb)图块]。当然这里的子采样格式为 4∶2∶0,意味着每 8px,采集 2 个色度样本,也即 4 个(Cr、Cr、Cb、Cb)色差样本。平均每 4px,采集 4 个 Y、1 个 Cr、1 个 Cb。

3. 视频质量的分层编码

MPEG-1 标准是从空间冗余和时间冗余两方面来去除冗余数据。在 MPEG-2 中,去除时间冗余方法又有了新的提高。因为去除时间冗余数据的主要目标为 B 帧和 P 帧,而编码这两种帧数据的主要工作就是找到最佳匹配宏块。而跟找最佳匹配宏块相关的,就是下面两个重要概念。

(1)移动估算(ME):这个其实就是计算移动矢量的过程,移动矢量的计算精度越高,参考图像宏块与预测图像宏块之间的差值就越小。

(2)运动补偿(MC,也称移动补偿):计算当前编码宏块与参考图像宏块之间像素值之差的过程。之所以用补偿这个词,是因为在编码时使用的移动矢量和像素值差,在重构当前帧图块时,其实是相当于补偿量来处理的。

分层编码的方法非常重要,也是现在实时码流切换的基础。视频质量分层编码,意味着编码器可以提供不同等级的视频服务质量,以适应各种传输速率的网络环境。当然它会增加编码和解码的复杂性,而且由于更加复杂,意味着编码流程也多,所以压缩效率会有些降

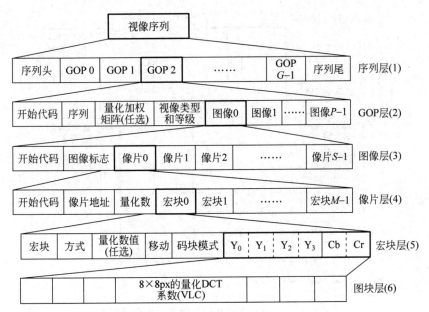

图 2.9 MPEG-2 视像数据位流的结构

低。码流的分层结构是 MPEG-2 标准的又一个特点,MPEG-2 的视频编码数据流分为基本层和增强层。基层编码能够实现自给自足,编码、传输和解码可以独立完成,解码后可以得到较低(分辨率、帧速率、信噪比)质量的视频,基本层的语法与 MPEG-1 规定的视频流语法一致,以此兼容 MPEG-1。增强层需要依赖于基层或先前的增强层才能完成,增强层包含对基本层的补充数据,利用增强层可以获得更高质量的视频,增强层有三种,即空间分辨率增强层、时间分辨率增强层和信噪比增强层。如图 2.10 所示,图中的下面部分即基层编码器,添加了右上角方框中的 SNR 增强编码器之后,这个整体就变为 SNR(信噪比)可变编码器,可以对原始视频在空间分辨率上进行下采样,获得较低分辨率的视频后进行编码作为基本层,然后用基本层解码得到的数据对原来高分辨率的视频进行预测,对预测误差进行编码后作为增强层与基本层一起传输,这种增强层就是空间分辨率增强层。也可以对原始视频在时间分辨率上进行下采样,获得较低帧速率的视频后进行编码作为基本层,然后用基本层解码得到的数据对未在基本层中被编码的帧进行预测,对预测误差进行编码后作为增强层与基本层一起传输,这种增强层就是时间分辨率增强层。另外,在对视频数据的第一次编码时可以使用较大的量化步长,使得编码后的位速率很低,当然量化噪声也很大,这样的码流作为基本层,然后对量化误差再次用较小的量化步长进行量化并编码,作为增强层,这就是信噪比增强层。码流的分层结构,使得码流在传输和解码时有了更强的适应性,在传输时码流可以根据信道的传输速度选择合适的层次传输,在解码时解码器可以根据自身的能力有选择地解码。

图 2.10 中,Q 为量化,IQ(Inverse Quantization)为逆量化,DCT 为离散余弦变换,IDCT 为逆离散余弦变换,MCP(Motion Compensated Predictor)为移动补偿预测器,ME 为移动估算器,VLE 为可变长度编码器,VLD(Variable Length Decoder)为可变长度解码器,FM(Frame Memory)为帧存储器。

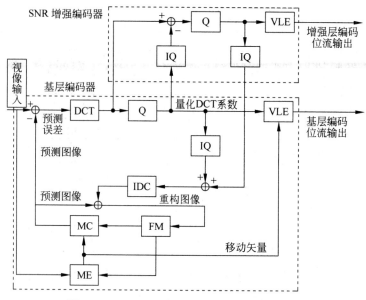

图 2.10 MEPG-2 的基层编码器与增强编码器

2.2.3 MPEG-4 标准及技术特点

虽然 MPEG-1 和 MPEG-2 标准获得了极大的成功,但是随着网络、有线/无线通信技术的发展,许多新的应用对视频编码提出了更高的要求,这些要求是传统的视频编码标准如H.261、MPEG-1、MPEG-2、H.263 不能满足的。例如,数字图书馆需要基于内容进行存储和检索,这就要求视频数据是按照对象的形式组织的,每个对象用纹理、形状和运动来描述。演播室以及电影、电视的后期制作需要按照对象(包括形状和纹理)对视频进行编辑,为了产生某些特技效果,我们希望把一些人工合成的视频对象添加到场景中,在移动多媒体应用中需要基于内容的交互和基于内容的可分级编码,以便把有限的数据传输率分配给场景的不同部分来满足个性化的需求,这些应用都要求视频能够按照对象的形式进行访问。

MPEG-4 于 1999 年年初正式成为国际标准,与前面两个标准相比,MPEG-4 更加注重多媒体系统的交互性和灵活性,主要应用于可视电话、视频会议等。MPEG-4 标准与MPEG-1 和 MPEG-2 标准最根本的区别在于 MPEG-4 是基于内容的压缩编码方法,它突破了过去 MPEG-1 和 MPEG-2 以宏块为基本单元处理图像的方法,为了支持高效压缩、基于内容交互和基于内容分级扩展,以基于内容的方式表示视频数据,将一幅图像按内容分为任意形状的块,如背景、画面上的物体(物体 1,物体 2……)等,引入 AVO(Audio/Video Object)的概念实现基于内容的表示。这样得到的块属于同一个视频对象,像素的相关性更强,可以产生更高的压缩比。更重要的是,基于视频对象的编码使交互式应用和按内容检索以及按内容分级扩展(空域分级、时域分级)成为可能。

MPEG-4 标准的编码基于对象,便于操作和控制对象。在比特率控制时,即使在低带宽条件下,MPEG-4 也可利用码率分配方法,对用户感兴趣的对象多分配比特率,对其他则少分配比特率,保证主观质量。MPEG-4 的对象操作使用户可在终端直接将不同对象进行拼接,得到用户合成图像。MPEG-4 具有很好的扩展性,可进行时域和空域的扩展,这在

MPEG-2 中也有所体现,但不突出。MPEG-4 可根据带宽和误码率的客观条件,在时域或空域进行扩展,前者指在带宽允许时增加帧率,带宽窄时减少帧率,以达到充分利用带宽;后者指对图像进行采样插值,增加或减少空间分辨率。MPEG-4 有多种算法,可根据需要选择,例如区域编码有 DCT、SADCT、OWT 等。

1. 视频数据流结构

AVO 的基本单位是原始 AV 对象,可能是一个没有背景的说话的人,也可能是这个人的语音或背景音乐等,它具有高效编码、高效存储传播及可交互操作的特性。与 MPEG-1 和 MPEG-2 相比,MPEG-4 的特点是其更适于交互 AV 服务和远程监控,可以这样说,MPEG-4 是围绕 AV 对象的编码、存储、传输和组合而制定的。MPEG-4 对 AV 对象的主要操作如下。

(1) 采用 AV 对象表示音视频或其组合内容。

(2) 组合已有 AV 对象,通过自然混合编码 SNHC 组织。

(3) 可对 AV 对象数据多路合成和同步,以便选择合适的网络传输数据。

(4) 允许用户对 AV 对象进行交互操作。

(5) 支持 AV 对象知识产权和保护。

MPEG-4 是第一个使用户可在接收端对画面进行操作和交互访问的编码标准。由于 MPEG-4 基于对 AVO 独立编码,必须同时传送编码对象的组成结构信息体"场景描述",它不属于 AVO 的特征信息,仅表示场景中各 AVO 之间的时空结构关系。该信息是独立的,解码时可选定 AVO 的"场景描述"参数,对图像和声音的有关内容进行编辑和操作,如增删某个对象、改变音调、激活分级编码信息等。

这里需要说明的是,本书主要讲述视频编解码技术,MPEG-4 的 AVO 也相应变为 VO(Video Object,视频对象),以下内容也是针对 VO 而言。在 MPEG-4 校验模型中,VO 主要定义为画面中分割出来的不同物体,并由三类信息描述:运动信息、形状信息、纹理信息。

MPEG-4 的视频数据流提供了对视频场景的分层描述,层次结构中的每一层都可以通过被称为起始码的特殊码字,从视频流中识别出来。MPEG-4 视频数据流的逻辑结构如图 2.11 所示。

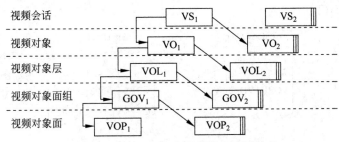

图 2.11   MPEG-4 视频数据流的逻辑结构

VO 是 MPEG-4 编码的独立单元,由时间上连续的许多帧构成,是可视场景中景物的抽象描述,从用户的角度,它代表画面中任何有意义的物理实体,有生命期。VO 的构成依赖于工具的应用和系统实际所处的环境,在超低比特率的情况下,VO 可以是一个矩形帧,与 MPEG-1、H.263 兼容;对于基于内容的应用,VO 可能是场景中的某一物体,也可能是计算机产生的二维、三维图形等。每一个 VO 有 3 类信息描述：形状信息、运动信息和纹理信息。

VS(Video Session，视频镜头)，由一系列 VO 视频对象组成，一个完整的视频序列由几个 VS 组成。场景的逻辑结构可以用一棵树表示，树中的节点是视频对象。MPEG-4 系统用二进制场景格式(BIFS)描述场景中视频对象的空间和时间位置及它们之间的关系，MPEG-4 的视频比特流提供了对场景的分层描述。在比特流中，表示场景的层是可视对象序列(Video Object Sequence)，它是一个完整的 MPEG-4 场景，其中可能包含自然对象或合成对象以及它们的增强层。

VOL(Video Object Layer，视频对象层)，属于同一 VO 的形状、运动和纹理信息被编码成的一个单独结构，用于扩展 VO 的时域和空域分辨率，它的引入主要用来实现 VO 的视域或者空域分级。对同一个 VO，可以用不同的空间或时间分辨率编码多层结构，从一个基础层开始，用增加一些增强层次的方法以分层的方式重建视频。每个视频对象可以编码成可伸缩(多层)或不可伸缩(单层)的视频流，根据应用的不同确定用哪一种方式编码。

VOP(Video Object Plane，视频对象平面)：VO 在某一个时刻的表象即某一帧的 VO，称为 VOP。假设输入视频序列的每一帧都被分割成多个任意形状的 VOP(在 MPEG-1、MPEG-2 及 H.263 中，被处理的图像总是矩形)，每个 VOP 定义场景中特定的视频内容，各个 VOP 的形状和位置可随帧变化。GOV(Group of VOPs，视频对象平面组)提供视频流的标记点，标记 VOP 单独解码的时域位置，由一系列 VO 视频对象组成。

VOP 是 MPEG-4 中编码的基本单位。每个 VOP 可以独立编码，也可以使用运动补偿技术相互依赖地编码，包含视频对象的运动参数、形状信息和纹理等数据，VOP 既是一个空间概念也是一个时间概念。从另一个角度说，VOP 是视频对象 VO 在特定时刻的取样，因此，属于场景中同一个物理对象的连续的 VOP 就代表了一个视频对象 VO。从编码的角度来看，VO 实际上是由一组同一实体的任意形状和位置的 VOP 序列组成的。VOP 包括主体对象、背景对象以及文字图形三类，如图 2.12 所示，两幅图分别显示了矩形图像帧 VOP 和任意形状的 VOP。由于 VOP 可具有任意的形状，所以要求编码系统可处理形状信息，这和只能处理矩形帧序列的传统视频编码标准相比有很多不同之处。在 MPEG-4 中，矩形帧被认为是 VOP 的一种特例，这时编码系统不用处理形状信息，退化成了类似 MPEG-2、H.263 的传统视频编码。

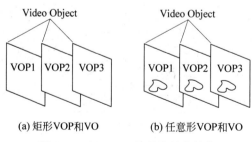

(a) 矩形VOP和VO   (b) 任意形VOP和VO

图 2.12   MPEG-4 编码的基本单位

可见，每个 VS 由一个或多个 VO 构成，每个 VO 可能有一个或多个 VOL 层，如基本层、增强层等，每个层是 VO 的某一分辨率表示。每个层中都有时间连续的 GOV，每个 GOV 又由一系列的 VOP 构成。

2. MPEG-4 视频压缩框架

MPEG-4 编码和解码是针对 VOP 进行的,如图 2.13 给出了 MPEG-4 编解码器的总体结构。编码时首先由输入的视频序列定义出 VOP,针对每一个 VOP 分别进行编码,将所有的 VOP 编码结果合成在一起,形成压缩视频数据流,解码时首先将压缩视频数据流分解,得到每一个 VOP 的编码数据流,针对它们分别进行 VOP 解码,解码结果组合在一起形成输出视频。

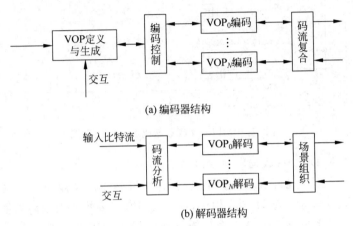

图 2.13　MPEG-4 编解码器的总体结构

1) MPEG-4 视频编码器的实现步骤

MPEG-4 相对 MPEG-1、MPEG-2 而言,编码效率显著提高,除了因为基于内容的性质外,还因为引入了一些编码工具,如图 2.14 所示是 MPEG-4 视频编码器的实现步骤。首先读取一帧数据,取一个宏块,根据编码控制选择编码类型,是 intra 帧内编码,还是 inter 帧间编码。如果是 I 帧,所有宏块都是 intra 帧内编码,则读取的宏块数据直接进入 DCT、Q(量化)、DC/AC 预测(直流系数与交流系数)、RLC(行程编码)并与其他信息一起合成形成码流;如果是 P 帧,先进行 ME(运动估计),然后判断是 intra 帧内编码还是 inter 帧间编码。如果是 intra 帧内编码,则直接利用宏块本身进行 DCT 等一系列数据处理;如果是 inter 帧间编码,则将经过运动估计得到的运动矢量 MV 传送给 MC(运动补偿)单元,结合帧缓存中的上一帧的重建帧数据与当前宏块的像素值做运算,得到残差数据,然后对残差值进行 DCT 等处理。高效的编码工具如下。

(1) DC 预测:可选择当前块的前一块或者后一块作为当前 DC 值。

(2) AC 预测:DCT 系数的 AC 预测在 MPEG-4 中是一种新的方法,选择用来预测 DC 系数的块也用于预测一行 AC 系数。如果预测器是前一块,则它的第一列的 AC 系数用于预测和当前块相同位置的 AC 系数;如果预测器来自前一行的块,则用它来预测 AC 系数的第一行。AC 预测对于具有粗糙纹理、对角边缘或水平以及垂直边缘的块效果不佳,在块级切换 AC 预测是通常所希望的,但代价太大,一般在宏块级做出。

(3) 交替水平扫描:这种扫描被添加到 MPEG-2 的两种扫描中,MPEG-2 的交替扫描在 MPEG-4 中被称为交替垂直扫描。交替水平扫描是由镜像垂直扫描得到,在决定 AC 预测的同时选择扫描,在由前一块进行 AC 预测的情况下,选择交替垂直扫描。在由上一块进行 AC 预测的情况下,使用交替水平扫描。AC 预测不与 Z 形扫描相结合。

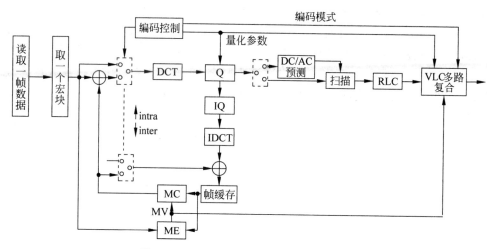

图 2.14　MPEG-4 视频编码器的实现步骤

（4）三维 VLC：DCT 系数编码与 H.263 类似。

（5）四个运动矢量：允许宏块的四个运动矢量，与 H.263 类似。

（6）无约束运动矢量：与 H.263 相比，可以使用宽得多的像素运动矢量范围。

（7）子图形：子图形基本上是一个传输到解码器的大背景图像。为了显示，编码器传送该图像的一部分并映射到屏幕上仿射映射参数。通过改变映射，解码器可以放大和缩小子图形，以及向左或向右。

（8）全局运动补偿：为了补偿由于摄像机运动、摄像机变焦或者大运动物体引起的全局运动，按照八参数运动模型进行补偿。全局运动补偿有助于改善最挑剔的场景中的图像质量。

（9）四分之一像素运动补偿：主要目的是以小的语法和计算上的代价来提高运动补偿的分辨率，得到更精确的运动描述和较小的预测误差。四分之一像素运动补偿只用于亮度像素，色度像素则是用半像素精度运动补偿。

除了为提高编码效率所开发的工具外，MPEG-4 还定义了一系列工具来增强压缩比特流对传输误差的复原能力。这里不做多述。

2）MPEG-4 档次和级

MPEG-4 通过工具、对象和档次的联合提供其编码函数。工具是一些支持一特定特征（如基本视频编码、编码对象形状等）的编码函数集合。对象是利用工具编码的视频元素（如矩形帧、静态图像等）。举个例子来说，一个简单视频对象用针对矩形视频帧序列的工具编码，而一核心视频对象用针对任意形状对象的工具编码，等等。档次则是对象类型的集合，是相应编解码器必须支持的。MPEG-4 档次中针对自然视频场景编码部分如表 2.2 所示，其档次范围从针对矩形视频帧编码的 Simple 档次到针对任意形状及扩展对象、工作室级视频编码的档次。表 2.3 列出了人工合成视频和混合视频编码档次，档次是不同制造商编解码器件之间能够交互的重要机制。MPEG-4 标准定义了多种编码工具，而并非每个商业编解码器件都要支持所有的工具，相反，设计者通常根据应用情况选择包含所需工具的档次。例如，基于低性能处理器的基本编解码器可能用 Simple 档次，而流视频应用编解码器则会选择 ARTS 档次，等等。档次定义了编码工具的集合，级则定义了比特流参数的限制，常用的基于 Simple 的档次有 Simple、Advanced Simple 及 Advanced Real Time Simple。每个级都给出了能够解码 MPEG-4 编码序列所需要求的最大性能。例如，一个只有有限处理能力和内存的多媒体终端只能支持 Simple 档次 0 级的比特流解码。级定义限制了缓冲大小、解码帧大小、处理速度（宏块每秒）以及视频对象数目，终端如能支持这些参数便能解码符合 Simple 档次 0 级的比特流。Simple 档次的更高级则要求解码器支持 4 个 Simple 档次视频对象，如包括 CIF 或者 QCIF 显示分辨率的 4 个矩形对象。

表 2.2　MPEG-4 Visual 自然视频档次

档　　次	主　要　特　征
Simple	矩形视频帧低复杂度编码
Advanced Simple	较高效率的矩形帧编码，支持隔行扫描视频
Advanced Real-time Simple	实时流矩形帧编码
Core	任意形状视频对象的核心编码
Main	多特征视频对象的主要编码
Advanced Coding Efficiency	高效的视频对象编码
N-Bit	N 比特的视频对象编码
Simple Scalable	矩形帧扩展分级编码
Fine Granular Scalability	高级矩形帧扩展分级编码
Core Scalable	视频对象扩展核心可分级编码
Scalable Texture	静态纹理扩展分级编码
Advanced Scalable Texture	高效的、基于对象的静态纹理扩展编码
Advanced Core	包含 Simple，Core，Advanced Scalable Texture 档次的所有特征
Simple Studio	基于对象的高质量视频序列编码
Core Studio	基于对象的高压缩率高质量核心视频编码

表 2.3　MPEG-4 Visual 合成视频档次

档　　次	主　要　特　征
Basic Animated Texture	静态纹理二维编码
Simple Face Animation	动态人脸模型
Simple Face and Body Animation	动态人脸和身体模型
Hybrid	上面三种综合

3. 基于 VOP 的编码原理

视频对象平面（VOP）是视频对象（VO）在某一时刻的采样，VOP 是 MPEG-4 视频编码的核心概念。MPEG-4 在编码过程中针对不同 VO 采用不同的编码策略，即对前景 VO 的压缩编码尽可能保留细节和平滑；对背景 VO 则采用高压缩率的编码策略，甚至不予传输而在解码端由其他背景拼接而成。VOP 的编码结构如图 2.15 所示。这种基于对象的视频编码不仅克服了第一代视频编码中高压缩率编码所产生的方块效应，而且使用户可与场景交互，从而既提高了压缩比，又实现了基于内容的交互，为视频编码提供了广阔的发展空间。

34

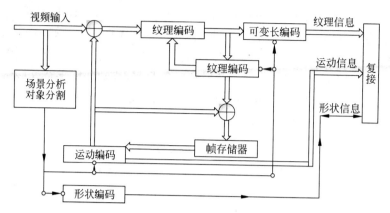

图 2.15　VOP 的编码结构

MPEG-4 支持任意形状图像与视频的编解码。对于极低比特率的实时应用,如可视电话、会议电视,MPEG-4 则采用 VLBV(Very Low Bit-rate Video,极低比特率视频)核进行编码。传统的矩形图在 MPEG-4 中被看作 VO 的一种特例,这正体现了传统编码与基于内容编码在 MPEG-4 中的统一。VO 概念的引入,更加符合人脑对视觉信息的处理方式,并使视频信号的处理方式从数字化进展到智能化,从而提高了视频信号的交互性和灵活性,使得更广泛的视频应用及更多的内容交互成为可能。因此 VOP 视频编码技术被誉为视频信号处理技术从数字化进入智能化的初步探索。如前所述,某一时刻 VO 以 VOP 的形式出现,编码也主要针对这个时刻 VO 的形状、运动、纹理等信息进行。

1) 形状编码

相对以前的标准而言,MPEG-4 第一次引入形状编码的压缩算法。编码的形状信息有两种:二值形状信息(Binary Shape Information)和灰度级形状信息(Grey Scale Shape Information)。二值形状信息用 0、1 的方式表示编码 VOP 形状,0 表示非 VOP 区域,1 表示 VOP 区域;灰度级形状信息可取值 0～255,0 表示非 VOP 区域(即透明区域),1～255 表示透明度不同的区域,255 表示完全不透明。灰度级形状信息的引入主要是为了使前景物体叠加到背景上时,边界不至于太明显、生硬,进行"模糊"处理。

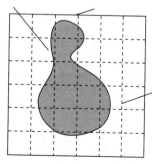

图 2.16　VOP 形状编码

MPEG-4 采用位图法表示这两种形状信息。VOP 被一个"边框"框住,如图 2.16 所示,边框长和宽均为 16 的整数倍,同时保证边框最小。位图表示法实际上就是一个边框矩阵,取值为 0～255(或 0、1),编码变为对该矩阵的编码。矩阵被分为 16×16px 的形状块,允许进行有损编码,通过对边界信息子采样的实现,同时允许使用宏块运动矢量作形状块的运动补偿。为了得到语义上更方便的描述,以支持基于内容的操作,MPEG-4 还引入基于上下文的算术编码。MPEG-4 形状编码方法有两种:二值形状编码和灰度级形状编码。

(1) 二值形状编码。

二值形状编码是基于 16×16px 的 BAB(Binary Alpha Block)的,其主要步骤如下。

① 对于给定的 VOP 二值形状图重新确定形状边界。其中,新边界确定原则有:边界框必须是由 16×16px 的 BAB 组成;边框左上角的绝对位置坐标为偶数;对 VOP 形状有贡献的 BAB 数目最小。

② 如果该 VOP 是 B-VOP 或 P-VOP,对待编码的 BAB 进行运动估计,得到运动矢量 MVs(MV for shape);如果该 VOP 是 I-VOP,则该步省略。MPEG-4 将 MVs 分成两部分,即 MVs＝MVPs＋MVDs。其中,MVPs 取当前 BAB 的左边和上边 BAB 的 SAD 最小的 MVs;而 MVDs 确定如下:如果 MVPs 所指向的 BAB 与当前块的残差绝对值之和 SAD 在指定阈值之内,MVDs 为 0,否则在 MVPs 所指定 BAB 附近搜索得到 MVDs。

③ 确定该 VOP 中待编码的 BAB 编码方式。形状编码共有 7 种编码方式:①MVDs ＝＝0＆＆No Update;②MVDs!＝＝0＆＆No Update;③all_0;④all_255;⑤intraCAE; ⑥MVDs＝＝0＆＆intraCAE;⑦MVDs!＝＝0＆＆intraCAE。对 I-VOP 只有③、④、⑤可以用,对 B/P-VOP 以上 7 种都可以用。编码方式由码流中 VOP 层的 first_shape_code 码字指示。

④ 确定 BAB 的分辨率。由于码率控制,分辨率有时必须改变。尺寸转换有两步。转换比例由 VOP_CR 确定,VOP 可以取 1 或者 0.5。当 VOP 为 0.5 时,整个 VOP 通过下采样得到原来 1/4 大小的形状图。下采样通过用平均值代替多个采样点,上采样通过插值得到。

⑤ 对 BAB 进行编码。对于 I-VOP,可用 Intra 方式基于上下文的算术编码 (IntraCAE)编码。对于 P-VOP,可用 Inter 方式基于上下文的算术编码(InterCAE)编码。基于上下文算术编码基本原理与算术编码相同,主要是将一串相关符号变换到一个数值区间。

(2)灰度级形状编码。

① 支持功能和 alpha 值编码。

灰度级的 alpha 平面编码由两部分组成:形状轮廓编码和轮廓 alpha 值编码。而轮廓编码采用二值形状编码,alpha 值编码采用任意形状的纹理编码。轮廓通过在灰度级的 alpha 平面上设定阈值 0 得到。alpha 值被分成 16×16 块,并和灰度值类似编码,但 DCT 变换是基于帧的。16×16 块被当作 alpha 宏块,在码流中其编码值附加到对应纹理宏块编码后面。

对于 I-VOP 帧内编码的宏块,如果在灰度 alpha 宏块中的所有 alpha 值都是 255(不透明的)和 0,那么 CODA 设为 1。对于 P-VOP 帧间编码宏块,CODA 设定如下,如果 alpha 都为 0,CODA 则为 1,否则宏块中所有值为 255 时,CODA 为 01,其余则为 00。当 CODA 是 1 或者 01 时,码流中就没有其他 alpha 值的编码。CBPA 表示 alpha 块的编码模式,其他的 alpha 宏块采用纹理宏块编码。

② 羽化和半透明编码。

许多视频序列使用灰度级的 alpha 掩码,它们的纹理相对简单一些,例如,由固定灰度级值构成的 alpha 掩码。另外有些掩码在轮廓边缘处有一个从 255 递减到 0 的光滑过渡,这类掩码可以用一个二值的掩码和羽化描述组成。羽化就是轮廓边缘光滑过渡到背景。

每个 VOL 描述包含一个识别符,有以下 6 种模式。

- No Effects 模式
- Linear Feathering 模式
- Constant Alpha 模式
- Linear Feathering & Constant Alpha 模式
- Feathering Filter 模式
- Feathering Filter & Constant Alpha 模式

对于 Linear Feathering 和 Feathering Filter 模式输入的是一个二值或者灰度级 alpha 掩码序列，Constant Alpha、Linear Feathering & Constant Alpha、Feathering Filter & Constant Alpha 模式则都是灰度级 alpha 掩码序列。如果选择 No Effects 模式，将使用默认压缩算法。模式用 4 位长度编码，表示符位 video_object_layer_shape_effects，作为 VOL 层描述符的一部分进行传输，以后还可以扩展其他模式。

对于 Linear Feathering 模式，如果输入的不是二值掩码，那么先将非零值转换为 255，使用一个 0～7 的整数表示将要羽化的范围，该羽化算法将根据这个范围将 alpha 值从 255 线性递减到 0。

对于 Constant Alpha 模式，每个输入灰度级的 alpha 掩码将作为一个固定 alpha 掩码或者标准灰度级掩码来表示。如果掩码中所有非零值都在一个特定范围之内，那么它被认为是一个固定 alpha 掩码。

对于 Feathering Filter 模式，它和 Linear Feathering 模式相似，只是羽化效果是通过滤波实现的，该滤波器是一个非线性的形状自适应滤波器。

2）运动编码

由于在现实中实现任意形状的视频对象的分割是很难的，因而事实上在很多情况下运动估计与运动补偿的作用就是通过去除运动图像序列的帧间相关性来实现数据的压缩，也就是通常所说的运动补偿帧间预测。一般情况下，活动图像相邻帧之间内容变化很小（场景切换等除外），只是其中少部分图像运动，因而相邻帧之间有较大的相关性（时域相关）。利用这一特点，将当前数据与参考数据进行比较，确定运动部分的运动情况，即进行运动估计（ME），并把结果表示成运动矢量。再根据运动矢量，由参考图像数据预测当前图像数据，获得预测图像数据。预测图像数据与当前图像数据之差就是需要传送的帧差信号，这一过程即为运动补偿（MC）。ME 越准确，帧差信号就越小，从而得以有效地去除视频信号在时间方向的重复信息，达到数据压缩的目的。

MPEG-4 利用 ME 和 MC 技术来去除帧间的冗余度，这些运动信息的编码技术可视为现有标准由向任意形状的 VOP 的延伸。通过对已知图像的一块像素值重新定位，来预测当前图像中相应块的像素值。MPEG-4 与其他标准（MPEG-1、MPEG-2）的主要区别在于 MPEG-4 采用的是 VOP 结构（基于任意形状的 VOP）。

MPEG-4 的 ME 与 MC 类似于 H.263，采用了"重叠运动补偿"。为了使 H.263 的 ME 和 MC 算法能适用于任意形状的 VOP 区域，还引入了"重复填充"和"修改块（多边形）匹配"技术。此外，为提高 ME 算法精度，MPEG-4 采用了 MVFAST（Motion Vector Field Adaptive Search Technique）和改进的 PMVFAST（Predictive MVFAST）方法用于 ME。对于全局 ME，则采用了基于特征的快速鲁棒的 FFRGMET（Feature-based Fast and Robust Global Motion Estimation Technique）方法。类似于以前的压缩标准（MPEG-1、H.263 等）

的三种帧格式：I、P、B，MPEG-4 的 VOP 也有三种相应的帧格式用以表示 MC 类型的不同：I-VOP、P-VOP、B-VOP。如上所述，边框被分为 16×16px 的宏块，宏块内是 8×8px 的块。ME 和 MC 可以基于宏块，也可基于块。

I-VOP 与其他标准的 I 帧一样只采用帧内压缩，与其他任何 VOP 无关；I 帧不使用 MC，提供中等压缩比，它利用图像自身相关性压缩，是 P、B 帧的参考图像，DCT 后每个像素为 1～2。P-VOP 和 B-VOP 编码时需要 ME 与 MC，P-VOP 基于另一个先被解码的 VOP 做出预测，根据前面的 I 帧或 P 帧进行预测（向前预测），使 MC 压缩数据量达 I 帧的三分之一左右；P 帧为对前后的 B 帧和后继 P 帧进行解码的基准帧，本身有误差，若前一帧为 P 帧则会造成误差传播。B-VOP 则基于当前 VOP 的前面和后面的 VOP 做出预测，故 B-VOP 称为双向插值 VOP，是基于 I-VOP 或 P-VOP 的插值帧，基于前后的两个 I、P 帧或 P、P 帧进行双向预测，数据量平均可达 I 帧的九分之一左右；它本身不作为基准，可以在提高压缩比时不传播误差。

3）Sprite 编码

Sprite 又称镶嵌图或背景全景图，是指一个视频对象在视频序列中所有出现部分经拼接而成的一幅图像。利用 Sprite 可以直接重构该视频对象或对其进行预测补偿编码。Sprite 视频编码可视为一种更为先进的 ME 和 MC 技术，它能够克服基于固定分块的传统 ME 和 MC 技术的不足，MPEG-4 采用了将传统分块编码技术与 Sprite 编码技术相结合的策略。

一个 Sprite 是由一个视频段中属于同一个视频对象的所有像素构成的，例如，从一个全景序列中产生的 Sprite 将包含整个序列中所有可见的背景对象像素，这个背景中的某些部分在某几帧中可能由于前景对象遮挡或相机运动而使得它们不能被看见。因为 Sprite 包含背景中至少出现一次的所有部分，所以它可以用来直接重构背景的视频对象平面（VOP）或者用于背景 VOP 的预测编码。Sprite 在本质上是一个静态图像，可使用静态图像的传输方法传输，由于 Sprite 图像一般都比较大，为了减少传输延迟，可分多次传输，每次只传输一部分，解码器端不断更新已有的 Sprite 图。

MPEG-4 有两类 Sprite：静态 Sprite 和动态 Sprite。静态 Sprite 是一种离线图像，基于静态 Sprite 编码是在某个特定的时刻直接从 Sprite 图像中复制（包括合适的变形和剪切）对应位置来产生 VOP 显示。而静态 Sprite 是离线生成的，在视频编码之前按照 I-VOP 的编码方式先编码和传输。离线静态 Sprite 适合人工合成对象及只有刚体运动的自然视频对象。

Sprite 生成是 Sprite 编码的主要部分。Sprite 通常通过全局 ME 生成，除了已经输入一个人工合成对象。Sprite 编码中，色差分量和灰度级的 alpha 图和亮度分量以相同方式处理，只是参数不同。另外，由于延迟和带宽限制，Sprite 使用逐块方式传输，先传输最初的低质量图像，然后扩展增强 Sprite 质量。

基于静态 Sprite 的编码技术是使用指定的运动参数直接将 Sprite 变形得到重构的 VOP，原始 VOP 和重构的 VOP 之间残差并不编码。在静态 Sprite 编码中有一种低延迟编码技术，主要针对有延迟限制的应用。减少传输 Sprite 延迟有多种办法，其中一种便是先传输 Sprite 中用于重构前几帧的部分，剩余部分根据解码要求和可用带宽来传输。还有一种办法是先传输一个低分辨率和质量较差的完整 Sprite 重构视频序列，然后在带宽允许条件

37

下传输剩余部分,以逐步提高 Sprite 的质量。这两种方法可以单独使用也可以组合使用,当然在允许情况下可以直接传输 Sprite 编码码流,而不必分层传输。在第一种方法中,Sprite 大小、最初块位置、Sprite 最初块和整个 Sprite 形状信息在 VOL 中传输,其余部分在 VOP 中传输。在 VOP 中,Sprite 剩余部分被分成更小的块,与轨迹点一同传输。第二种方法逐步提高 Sprite 的质量。为了提高最初 Sprite 的质量,可计算这些区域的残差并作为更新块传输,在下一个 Sprite 块传输延迟允许的情况下,先传输这些更新块。如果带宽允许,对象和这些更新块可以在同一帧中进行传输。和 Sprite 对象传输类似,Sprite 残差数据也被分成小块和轨迹数据一起传输,残差数据编码可以根据质量要求调整。

4)纹理编码

纹理信息可能有两种:内部编码的 I-VOP 像素值和帧间编码的 P-VOP、B-VOP 的运动估计残差值。MPEG-4 采用基于分块的纹理编码,VOP 边框仍分为 16×16px 的宏块。DCT 变换基于 8×8px,有三种情况:VOP 外和边框内的块不编码;VOP 内的块采用传统 DCT 方法编码;部分在 VOP 内、部分在 VOP 外的块先进行重复填充,再 DCT 编码。这样增加了块内数据的空间相关性,利于 DCT 变换和量化去除块内的空间冗余。DCT 系数要经量化、Z 扫描、游程及霍夫曼熵编码。量化有两种选择:类似于 H.263 用一个量化参数表征块内所有 AC 系数,这个值可根据质量要求和目标码率变化,或类似于 MPEG-2 用量化矩阵。这些过程与之前的标准基本相同。

MPEG-4 作为新一代多媒体数据压缩编码的典型代表,第一次提出了基于内容、基于对象的压缩编码思想。它要求对自然或合成视听对象做更多分析甚至理解,这正是信息处理的高级阶段,因而代表了现代数据压缩编码技术的发展方向。MPEG-4 实现了从矩形帧到 VOP 的转变以及基于像素的传统编码向基于对象和内容的现代编码的转变,这正体现了传统视频编码与新一代视频编码的有机统一。基于内容的交互性是 MPEG-4 的核心思想,这对于视频编码技术的发展方向及广泛应用都具有特别重要的意义。

2.2.4 MPEG-7 标准和 MPEG-21 标准

随着信息爆炸性的增长,人们获得自己感兴趣的信息的难度越来越大。传统的基于关键字或者文件名的检索方法显然不适用于数据量庞大又不具有天然结构特征的视频和音频等多媒体数据。因此近年来多媒体信息基于内容的描述和基于内容的检索成为研究的热点。MPEG-7 正是支持多媒体信息基于内容检索的编码方案,其正式名称是"多媒体内容描述接口"。可见,MPEG-7 已经不再关心压缩了,因此在这里不再过多地叙述它。不过值得注意的是,MPEG-4 的压缩编码方式给音视频数据内容的描述带来了方便。

MPEG-21 致力于为多媒体传输和使用定义一个标准化的、可互操作的和高度自动化的开放框架,这个框架考虑到了 DRM 的要求、对象化的多媒体接入以及使用不同的网络和终端进行传输等问题,这种框架还会在一种互操作的模式下为用户提供更丰富的信息。MPEG-21 标准其实就是一些关键技术的集成,通过这种集成环境对全球数字媒体资源进行增强,实习内容描述、创建、发布、使用、识别、收费管理、版权保护、用户隐私权保护、终端和网络资源撷取及事件报告等功能。MPEG-21 多媒体框架标准包括如下用户需要:内容传送和价值交换的安全性;数字项的理解;内容的个性化;价值链中的商业规则;兼容实体的操作;其他多媒体框架的引入;对 MPEG 之外标准的兼容和支持;一般规则的遵从;

MPEG-21标准功能及各个部分通信性能的测试；价值链中媒体数据的增强使用；用户隐私的保护；数据项完整性的保证；内容与交易的跟踪；商业处理过程视图的提供；通用商业内容处理库标准的提供；长线投资时商业与技术独立发展的考虑；用户权利的保护,包括服务的可靠性、债务与保险、损失与破坏、付费处理与风险防范等；新商业模型的建立和使用。

2.3 H.26X标准

ITU-T在1990年发布的H.261被认为是世界上第一个视频编码标准,这在该领域开创了先例,并为后续的开发奠定了基础。首先,它第一次使用了混合编码模式,该模式不仅有DCT变换,还在帧间预测的过程中使用了MC,这些都成为后续标准的模板；其次,它所使用的将图像分成小块进行编码、编码器的整体结构和各部分的功能实现、最后获得的码流的结构标准、编码环节的控制等技术和策略,都是后面制定的视频编码标准的理论基础,为后续标准的发展提供了重要的参考依据；最后,H.261的颁布还考虑到了在不同的领域和厂商的不同应用场景及实际情况下制定统一的标准,方便互相使用。ITU-T紧接着又在1995年发布了H.262,次年又发布了H.263,这两个标准相比于前一代在技术上都有所更新,压缩效果也更好。

随着媒体行业的不断发展,网络视频开始出现,为了能够在网络上流畅播放视频,对压缩率提出了更高的要求,上文提到的两个国际标准的指定组织成立了联合视频工作组(Joint Video Team,JVT),2003年正式颁布了H.264/AVC。该标准是在MPEG-4的基础上建立起来的,对编码的多个环节进行了改进和优化,但依然沿用混合编码的思路,编码流程主要包括：帧内预测与帧间预测、变换与反变换、量化与反量化、熵编码与熵解码、环路滤波等。H.264/AVC性能优异,相对以前的标准不仅显著提高了压缩比,而且具有良好的网络适应能力,加强了错误恢复能力,不过编码复杂度也增加了很多。

虽然H.264/AVC的性能已经十分优异,但是由于时间复杂度高和压缩率相对较低,无法满足对更高区域的需求。新一代视频压缩标准H.265/HEVC的核心目的是在H.264/AVC的基础上将压缩效率提高一倍,也就是说,在确保相同视频图像质量的前提下,视频流的码率减少了一半。

2.3.1 H.26X标准基础简介

1. H.261标准

H.261的速率为64kb/s的整数倍(1～30倍),它最初是针对在ISDN(Integrated Services Digital Network,综合业务数字网)上双向声像业务(特别是可视电话、视频会议)而设计的。H.261是最早的运动图像压缩标准,它只对CIF和QCIF两种图像格式进行处理,每帧图像分成图像层、宏块组(GOB)层、宏块(MB)层、块(Block)层来处理；并详细制定了视频编码的各个部分,包括运动补偿(MC)的帧间预测、DCT(离散余弦变换)、量化、熵编码,以及与固定速率的信道相适配的速率控制等部分。实际的编码算法类似于MPEG算法,但不能与后者兼容。H.261在实时编码时比MPEG所占用的CPU运算量少得多,此算法为了优化带宽占用量,引进了在图像质量与运动幅度之间的平衡折中机制。也就是说,剧烈运动的图像比相对静止的图像质量要差,因此,这种方法是属于恒定码流可变质量编码。

H.261使用了混合编码框架,是第一个实用的数字视频编码标准,它的设计相当成功,之后的视频编码国际标准基本上都是基于 H.261 相同的设计框架,包括 MPEG-1,MPEG-2/H.262,H.263,甚至 H.264/AVC。实际上,H.261 标准仅规定了如何进行视频的解码(后继的各个视频编码标准也继承了这种做法)。这样的话,实际上开发者在编码器的设计上拥有相当的自由来设计编码算法,只要他们的编码器产生的码流能够被所有按照 H.261 规范制造的解码器解码就可以了。编码器可以按照自己的需要对输入的视频进行任何预处理,解码器也可自由地对输出的视频在显示之前进行任何后处理。去块效应滤波器是一个有效的后处理技术,它能明显地减轻因为使用分块运动补偿编码造成的块效应(马赛克),在观看低码率视频(例如网站上的视频新闻)时人们都会注意到这种讨厌的效应。因此,在之后的视频编码标准如 H.264/AVC 中就把去块效应滤波器加为标准的一部分(即使在使用 H.264 的时候,在完成解码后再增加一个标准外的去块效应滤波器也能提高主观视频质量)。

后来的视频编码标准都可以说是在 H.261 的基础上进行逐步改进,引入新功能得到的。现在的视频编码标准比起 H.261 来在各性能方面都有了很大的提高,这使得 H.261 成为过时的标准,除了在一些视频会议系统和网络视频中为了向后兼容还支持 H.261,已经基本上看不到使用 H.261 的产品了。但是这并不妨碍 H.261 成为视频编码领域一个重要的里程碑式的标准。

2. H.263 标准

H.263 是国际电联 ITU-T 的一个标准草案,是为低码流通信而设计的。但实际上这个标准可用在很宽的码流范围,而非只用于低码流应用,它在许多应用中可以认为被用于取代 H.261。H.263 的编码算法与 H.261 一样,但做了一些改善和改变,以提高性能和纠错能力。H.263 标准在低码率下能够提供比 H.261 更好的图像效果,两者的区别如下。

(1) H.263 的 MC 使用半像素精度,而 H.261 则用全像素精度和循环滤波。

(2) 数据流层次结构的某些部分在 H.263 中是可选的,使得编解码可以配置成更低的数据率或更好的纠错能力。

(3) H.263 包含四个可协商的选项以改善性能。

(4) H.263 采用无限制的运动向量以及基于语法的算术编码。

(5) 采用事先预测和与 MPEG 中的 P-B 帧一样的帧预测方法。

(6) H.263 支持 5 种分辨率,即除了支持 H.261 中所支持的 QCIF 和 CIF 外,还支持 SQCIF、4CIF 和 16CIF,SQCIF 相当于 QCIF 一半的分辨率,而 4CIF 和 16CIF 分别为 CIF 的 4 倍和 16 倍。

基于之前的视频编码国际标准(H.261,MPEG-1 和 H.262/MPEG-2),H.263 的性能有了革命性的提高,一个 H.263 编码器的实现步骤如图 2.17 所示。它的第一版于 1995 年完成,用于低于 64kb/s 的可视会议以及多媒体通信等低码率视频传输,H.263 在所有码率下都优于之前的 H.261。

H.263 定义的码流结构是分级结构,共四层,自上而下分别为:图像层、块组层、宏块层和块层。

3. H.263+标准

1998 年 IUT-T 推出的 H.263+是 H.263 标准的第 2 版,非正式地命名为 H.263+标

准。它在保证原 H.263 标准核心句法和语义不变的基础上,提供了 12 个新的可协商模式和其他特征,不仅进一步提高了压缩编码性能,而且增强了应用的灵活性。例如,H.263 只有 5 种视频源格式,H.263＋允许使用更多的源格式,图像时钟频率也有多种选择,拓宽应用范围;另一重要的改进是可扩展性,它允许多显示率、多速率及多分辨率,增强了视频信息在易误码、易丢包异构网络环境下的传输,使之可以处理基于视窗的计算机图像、更高帧频的图像序列及宽屏图像。

为提高压缩效率,H.263＋采用先进的帧内编码模式;增强的 PB-帧模式改进了 H.263 的不足,增强了帧间预测的效果;去块效应滤波器不仅提高了压缩效率,而且提供重建图像的主观质量。为适应网络传输,H.263＋增加了时间分级、信噪比和空间分级,对在噪声信道和存在大量包丢失的网络中传送视频信号很有意义;另外,片结构模式、参考帧选择模式增强了视频传输的抗误码能力。H.263＋标准是在 H.263 标准的基础上建立的,它以分层的方式来组织编码数据流,其技术实质就是将帧间编码和变换编码技术有机结合,实现数据流的编码和解码。其中,帧间编码技术用于减少时域空间的数据冗余,而变换编码技术则是用来减少空间区域残差信号的数据冗余。H.263＋标准支持亚四分之一的公共中间格式(sub-QCIF)、四分之一的公共中间格式(QCIF)、公共中间格式(CIF)、四倍公共中间格式(4CIF)、十六倍公共中间格式(16CIF)这五种图像格式。

如图 2.17 所示为 H.263 编码器示意图。

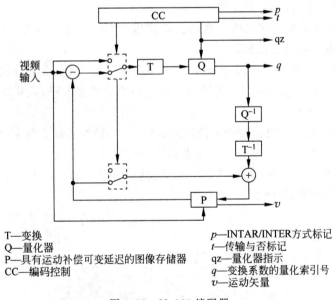

T—变换
Q—量化器
P—具有运动补偿可变延迟的图像存储器
CC—编码控制

p—INTAR/INTER方式标记
t—传输与否标记
qz—量化器指示
q—变换系数的量化索引号
v—运动矢量

图 2.17 H.263 编码器

2.3.2 H.264/AVC 标准及技术特点

H.264/AVC 是由 ITU-T VCEG(Video Coding Experts Group)和 MPEG 联合开发的,因此,在讲 H.264/AVC 时,一直在把 H.264 和 AVC 连在一起写。H.264/AVC 应用非常广泛,它可以把原始的 RGB 或 YUV 像素数据,编码为 H.264 裸流,而基于 H.264 裸流,还可以把它封装为 MP4、MKV 等格式保存至本地,还可以使用传输协议进行打包,在互联网上进行传输,这是 H.264/AVC 目前的主流应用。

H.264/AVC 相比之前的编码标准,如 MPEG-1、MPEG-2,在结构上并没有明显改变,但是编码效率却高出不少,因为 H.264/AVC 在之前的标准上对各个主要功能模块进行了很多改进。虽然这些改动并不大,但是这些改进却成为精华,使 H.264/AVC 的压缩效率是 MPEG-2 的 2～3 倍,有效地降低了在网络上传输视频数据的成本,之前使用 MPEG-2 的 DVD 和数字电视,也转向了 H.264/AVC。

H.264 是在 MPEG-4 技术的基础之上建立起来的,其编解码流程主要包括 5 个部分:帧间和帧内预测(Estimation)、变换(Transform)和反变换、量化(Quantization)和反量化、环路滤波(Loop Filter)、熵编码(Entropy Coding)。相对应地,H.264/AVC 的主要改进如下。

(1) 帧间预测:采用可变图块的帧间预测和移动补偿,注意是可变图块,之前标准的预测图块大小为 16×16px,而改进了之后,预测图块可以小到 4×4px。这样一来,移动矢量的预测精度就提高了。

(2) 帧内预测:帧内预测图块的大小,改进成了可以是 16×16px 的宏块,也可以是 4×4px 的图块,而且定义了多种预测方式。这样做是为了找到最佳匹配的预测图块。

(3) 采用整数变换:这是从 DCT 演变来的变换,可以提高运算速度。

(4) 采用 VAVLC 和 VABAC 熵编码:都属于熵编码,比 VLC(Variable Length Coding,可变长度编码)的编码效率高。

(5) 采用多参考帧和消除块状失真的滤波技术:块状失真就是指当压缩率过高时,会导致重构图像出现块状外观现象。

可以看到,这些改进看似不大,但是每一个都影响较大。尤其是第 1、2 条,16×16px 的预测图块可以小到 4×4px,必然会使移动矢量的预测精度大大提高,从而影响一组预测图像,有类似蝴蝶效应的威力。

与 MPEG 编码标准的灵活性所不同的是,H.264 编码标准的研究主要集中在提高压缩效率和传输的可靠性上。H.264 编码技术的广泛应用也是建立在它高的压缩比基础上。H.264 标准通常可以划分为三个档次,三个档次使用不同的编码技术。不同的编码档次有不同的功能和应用领域,如图 2.18 所示。

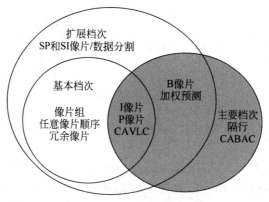

图 2.18 H.264 编码档次

（1）基本档次：具有基本的编解码性能和抗错能力，主要应用在低延时的电视会议和可视电话中。抗错能力是指解码器在传输过程中，对出现的错误数据位流的一种应对能力。这种能力通常为：错误检测、重新传输、错误校正和其他错误处理措施。

（2）扩展档次：相对于另外两种档次，它引入了可以进行码流切换的 SP 和 SI 像片，以及数据分割，不支持隔行扫描和 CABAC。它的主要应用为用户网络状态各异的网络播放等方面。

（3）主要档次：可以看到它在 I 像片帧内预测和 P 像片帧间预测的基础上，加了 B 像片的帧间编码功能，而且还增加使用了加权预测的帧间编码。同时使用 CABAC 也是它的特点，应用场合为质量要求比较高的电视广播和 HD DVD 等方面。

在较新的 H.264 版本中，第四种档次已经产生，被称为高级档次。这种档次在近几年才出现，还在不断修订，暂不做介绍。

H.264 可以提供 11 个等级、7 个类别的子协议格式（算法），其中，等级定义是对外部环境进行限定，例如带宽需求、内存需求、网络性能等。等级越高，带宽要求就越高，视频质量也越高。类别定义则是针对特定应用，定义编码器所使用的特性子集，并规范不同应用环境中的编码器复杂程度。

1. H.264/AVC 的编码器结构

H.264/AVC 编码协议中，使用了与 C 语言相似的语法元素表来描述在编码时的生成码流的组成格式，其中，语法元素对应视频编码信息中的重要数据。因此，编码算法在设计与实现时十分灵活，要求算法能够正确解码并恢复原始视频图像且编码端的生成码流满足编码算法的句法表。从另一个角度来看，由于 H.264/AVC 编码标准没有明确提供固定的算法，研究人员在算法设计上需要花费大量的时间及精力才能最终实现编码算法。与其他的视频编码标准相比较，H.264 编码标准突出的优点表现在各功能模块实现的细节上。视频图像的内容不管在时间上还是在空间上都在不停地发生着改变，有时是细节描述比较多，有时是大面积的光滑比较多。这种在图像内容上多变性的特点使得编码时必须使用相应的自适应编解码技术才能得到高压缩性能和图像质量。另外，H.264 还可以解决由于路径衰弱对视频质量产生的影响。

H.264/AVC 编解码器的结构如图 2.19 所示，其采用混合编码技术，即编码过程中同时使用了变换编码和预测编码。在 H.264 的编码算法中是以块为单位进行处理的，而许多块组成不同的像片，许多像片组成一帧图像，这样由块开始编码直至一帧图像的编码方式就是 H.264 标准的编码方式。在 H.264 编码标准中还可以对预测编码进行灵活的配置，选择只使用帧内预测、帧间预测或者两者都使用，如图 2.19 中的多项选择箭头所示。同样，可以看出残差值 D 是由预测值 P 减去当前块得到，首先对残差值 D 进行整数离散余弦变换（DCT）；然后通过比例缩放和量化产生一组变换系数；最后对得到的变换系数进行熵编码，输出的结果加上在解码端解码时所需要的一些解码信息组成压缩后码流，并最终经过 NAL（网络提取层）进行进一步的传输或存储。

如上所述，编码过程中用到的残差数据需要用到参考帧，因此在 H.264 编码系统中需要设计解码环路，残差数据经过反量化、反变换（iDCT）后和预测值 P 求和，得到 $\mu F'_n$。其

43

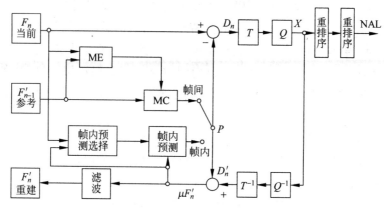

图 2.19　H.264/AVC 编码框架

中,μ 是指在编解码过程中噪声产生的影响,要消去它就要添加一个环路滤波器,经过滤波后输出重建帧 F'_n。

2. H.264/AVC 分层结构与画面划分

区别于之前的标准,H.264 分层处理数据,它将视频压缩标准的处理结构分成以下两个层次。

(1) 视像编码层(Video Coding Layer,VCL),用于有效地表达视像内容,主要负责数据编码。

(2) 网络抽象层(Network Abstraction Layer,NAL),用于按照一定格式对视像编码层输出的数据进行打包和封装,并提供包头(header)等信息,以在不同速率的网络上传输或进行存储。

这两个层次完成了从 RGB/YUV 像素数据输入到编码并输出适应不同速率网络的H.264 码流的过程,如图 2.20 所示。

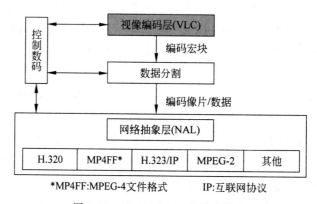

*MP4FF:MPEG-4文件格式　　IP:互联网协议

图 2.20　H.264/AVC 的分层结构

H.264 标准数据处理流程的分层同样影响 H.264 比特流的分层结构。VCL 数据即编码处理的输出,它表示被压缩编码后的视频数据序列。在 VCL 数据传输或存储之前,这些编码的 VCL 数据先被映射或封装进 NAL 单元中。每个 NAL 单元包含一个原始字节序列负载(Raw Byte Sequence Payload,RBSP)、一组对应于视频编码数据的 NAL 头信息。所以 NAL 的作用是对编码层输出的二进制数据进行打包,并提供包头信息,然后输出 H.264 码流。H.264 的码流结构如图 2.21 所示,图中所示为 NAL 的单元(Unit)序列,简称 NALU 序列,一个 NALU 由多个 NAL 头+RBSP 组成。NALU 是 H.264 码流的基本组成部分,实际上,H.264 码流还需在 NALU 序列上加上起始码。

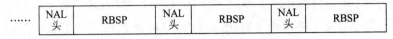

图 2.21　NALU 序列

下面先从宏块开始,然后像片,最后帧这种逐级向上的方式来分析 H.264 的划分。

1) H.264 的宏块

与 MPEG-1 和 MPEG-2 一样,H.264 的宏块也是编码标准的基本处理单元,通常它的大小也为 16×16px,但 H.264 的预测图块可以小到 4×4px。所以 16×16px 的宏块可以接着再划分成子宏块,如图 2.22 所示。

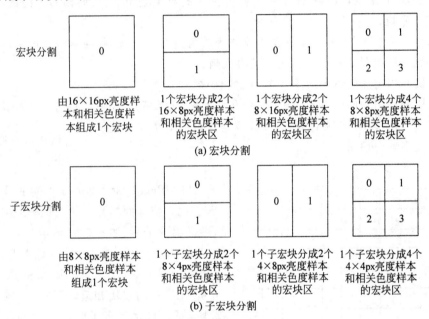

图 2.22　H.264 宏块分割

如图 2.22 所示,左上角是 16×16px 的宏块,对它进行水平和垂直两个方向的等分划分,最终它所产生的宏块大小分别为 8×8px、4×8px、8×4px、4×4px,总结为如图 2.23 所示的树形结构。

可以看到,16×16px 的宏块可以一分为二、二分为四,而产生的所有可能列在图 2.23 中。在实际的 H.264 编码时,可能会使用 8×8px、或 4×8px、或 8×4px、或 4×4px 的子宏块,也有可能是它们的组合。当然,像素块越小,编码的复杂度也会随之增加,编码效率自然就会

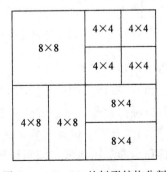

图 2.23　H.264 的树形结构分割

降低。但是这样是值得的,因为图像的压缩效率有了显著提高,也就是编码后得到的相同质量的图像,H.264 的压缩比更大,占用的空间及带宽更小。

在 H.264 编码过程中,与宏块划分直接相关的就是帧内预测和帧间预测。这里有以下两点需要注意。

(1) 在 H.264 里说的是帧内预测,并不是帧内编码。MPEG-1 和 MPEG-2 是对帧内图像 I 进行编码,重点是对 I 帧的各个宏块进行编码,即只利用了一个宏块内部的空间相关性,并没有利用宏块与宏块之间的空间相关性。也就是说,在 I 帧图像内,即使两个宏块之间像素差值很小,也是分开进行编码,导致 I 帧的数据量也非常大。所以 H.264/AVC 为了改善这一状况,引入了帧内预测技术。

(2) 在 H.264 里,把宏块与帧内预测和帧间预测联系起来。虽然 MPEG-1 和 MPEG-2 的处理单位也是宏块,但描述的重点一直是 I 帧、B 帧、P 帧这样图像级别的区别之上,进而去讨论帧内编码和帧间预测。在 H.264 中,宏块也分为三种类型(不考虑特殊的 SI 宏块):I 宏块、B 宏块、P 宏块。所以 H.264 的帧内预测的对象是 I 宏块,而帧间预测的对象则为 B 宏块和 P 宏块。

I 宏块利用从当前片中已解码的像素作为参考进行帧内预测,注意是当前片内,不能取其他片中已解码的像素作为参考进行帧内预测。

P 宏块利用前面已编码的图像作为参考图像,进行帧间预测。

B 宏块则利用双向的参考图像(当前的和未来的已编码的图像帧)进行帧间预测。

其实和 I 帧、B 帧、P 帧的编码类似,但是这里的对象是 I 宏块、B 宏块、P 宏块,并且对于 I 宏块使用帧内预测。

2) H.264 的像片

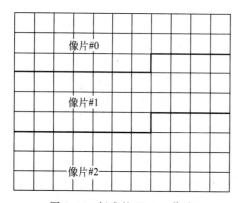

图 2.24　标准的 H.264 像片

与 MPEG-2 和 MPEG-1 不同的是,H.264/AVC 把一帧画面当作一片(slice),或分割成若干个像片来表示,如图 2.24 所示。

在 H.264 中,像片分为 5 种类型,分别为:I 像片、P 像片、B 像片、SP 像片、SI 像片。通过分析 H.264 的宏块知道,假如一个像片包含 I 宏块,那么它就具有了帧内预测的能力,如果包含 P 宏块或 B 宏块,它就具有了帧间预测的能力,要想具备哪种能力(帧内预测或帧间预测),只要包含对应类型的宏块即可。所以,在 H.264 里,这 5 种类型的像片与宏块的关系如下。

(1) I 像片:只包含 I 宏块,每一个块或宏块可以在当前片中通过已编码的像素作为参考进行帧内预测。可以看到和 I 宏块的能力一致。

(2) P 像片:包含 P 宏块和/或 I 宏块,对于 P 宏块的每一个宏块,可以用前面已编码的图像作为参考图像进行帧间预测。

(3) B 像片:包含 B 宏块和/或 I 宏块,对于 B 宏块的每一个宏块,可以用当前的和未来的已编码的图像帧作为参考图像进行帧间预测。

（4）SP 像片：包含 P 宏块和/或 I 宏块，用于不同编码流之间进行切换。

（5）SI 像片：包含 SI 宏块（一种特殊类型的帧内编码宏块），用于不同编码流间进行切换。

这就是像片与宏块的关系，而 SP 和 SI 像片是 H.264 新增的经过特殊编码的像片，它们用于在不同编码流之间进行切换、随机访问、快进和快退。在用户网络状况变化的情况下，可以使用 SP 帧从低数据量码流切换到高数据量码流，或者从高切向低。

3）H.264 的帧、像片、宏块的关系

对于 I 帧、B 帧、P 帧的概念，在 H.264 和之前的标准中都表示一个意思。例如，I 帧就是指能够独立完成编解码的视频帧，P 帧则依靠前面的 I 帧作参考，B 帧则依靠之前和之后的图像作参考。

在面向宏块的划分上，I 帧只包含帧内宏块，P 帧可以包含帧内和预测宏块，B 帧可以包含帧内、预测、双向预测宏块。对应到 H.264 中，即指 I 帧只包含 I 宏块，P 帧包含 I 宏块和 P 宏块，B 帧包含 I 宏块、P 宏块、B 宏块。而像片也是对宏块的划分，如 I 像片只包含 I 宏块，P 像片包含 P 宏块和/或 I 宏块，B 像片包含 B 宏块和/或 I 宏块。

I 帧、B 帧、P 帧和对应类型的像片之间的关系是怎么样的呢？当帧内像片全部为 I 像片时，则此帧为 I 帧；当全部为 P 像片或/和 I 像片的组合时，则为 P 帧；当为 B 像片或和 I、P 像片的组合时，则为 B 帧。不过关于如何通过像片来辨别是哪个帧，在比特流的句法和语义中已有规定。因为默认情况下，不使用 FMO(Flexible Macroblock Ordering，灵活宏块次序)且没有数据分割时，一帧即为一片，进一步则可以根据片的类型去判断帧的类型。而且在实际的 H.264 比特流结构中，并没有图像层，片是最上层的图像数据单位。

在这里要详细地了解 FMO，还得从图像的扫描方式说起。图像扫描的顺序是从左上角一行行扫到右下角。而一帧图片由单个或多个像片组成，每个像片(slice)包含一系列的宏块(MB)，这些宏块的处理顺序和扫描顺序一致，也即像片中的所有 MB 均按照光栅扫描的次序被编码。在解码的时候就得等待所有的片都接收到，并且按照扫描的顺序排好后，才能进行解码。这样，解码端是很受限制的，而当使用了任意像片次序(Arbitrary Slice Ordering，ASO)之后，就能够以数据接收的顺序进行解码。FMO 则是建立在 ASO 的基础之上的，它不仅有任意像片次序的功能，还增加了像片分组的功能。这个功能和 FMO 也是H.264 的一大重点。

这里引出另一个概念：片组，即使用某一规则，将一帧画面中的某些宏块划分成一个组。这个过程也就是宏块(MB)到片组的映射，而像片(slice)，则是在片组内对宏块做进一步划分。比如上面提到一帧画面由一个或多个像片组成，这是不严谨的，这是不使用 FMO的情况，默认只有一个"片组"。严格来说，一帧画面是由一个或多个"片组"组成，而"片组"是由一个或多个"像片"组成，"像片"则由宏块组成。当使用 FMO 时，图像根据不同宏块需要的扫描方式的不同，划分成多个片组，这样一来，不同片组的扫描方向和顺序互不影响。H.264 规定了 6 种典型的分组模式，也即宏块到片组的映射规则，这几种模式使用 slice_group_map_type 来指定，数值分别为 0～5，如果设置为 6 则需要自定义映射规则。具体slice_group_map_type 在哪个地方设置，则是 H.264 比特流句法部分的内容。如表 2.4 所示为 FMO 规定的几种分组模式，相应的图示如图 2.25 所示。

表 2.4　MB 到片组的映射

类型	名称	描　　述
0	交错	MB 游程被依次分配给每一块组[如图 2.25(a)所示]
1	散乱	每一片组中的 MB 被分散在整个图像中[如图 2.25(b)所示]
2	前景和背景	如图 2.25(c)所示
3	Box-out	从帧的中心开始,产生一个箱子,其 MB 属于片组 0,其他 MB 属于片组 1[如图 2.25(d)所示]
4	光栅扫描	片组 0 包含按光栅扫描次序从项-左的所有 MB,其余 MB 属于组 1[如图 2.25(e)所示]
5	手绢	片组 0 包含从项-左垂直扫描次序的 MB,其余 MB 属于片组 1[如图 2.25(f)所示]
6	显式	每一 mbslice_group_id,用于指明它的片组(即 MB 映射完全是用户定义的)

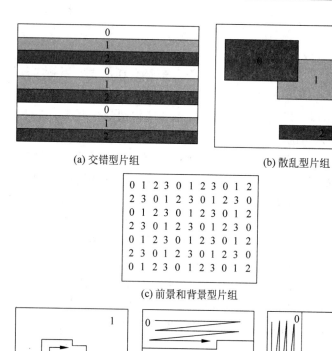

(a) 交错型片组　　　　　(b) 散乱型片组

(c) 前景和背景型片组

(d) Box-out　　　　(e) 光栅扫描片组　　　　(f) 手绢片组

图 2.25　FMO 规定的片组

3. H.264/AVC 的关键技术

H.264 和以前的标准一样,也是 DPCM 加变换编码的混合编码模式。但它采用"回归基本"的简洁设计,不用众多的选项,就能获得比 H.263＋好得多的压缩性能;加强了对各种信道的适应能力,采用"网络友好"的结构和语法,有利于对误码和丢包的处理;应用目标范围较宽,以满足不同速率、不同解析度以及不同传输(存储)场合的需求。

技术上，它集中了以往标准的优点，并吸收了标准制定中积累的经验。与 H.263 v2（H.263+）或 MPEG-4 简单类(Simple Profile)相比，H.264 在使用与上述编码方法类似的最佳编码器时，在大多数码率下最多可节省 50% 的码率。H.264 在所有码率下都能持续提供较高的视频质量。H.264 能工作在低延时模式以适应实时通信的应用(如视频会议)，同时又能很好地工作在没有延时限制的应用，如视频存储和以服务器为基础的视频流式应用。H.264 提供包传输网中处理包丢失所需的工具，以及在易误码的无线网中处理比特误码的工具。

在系统层面上，H.264 提出了一个新的概念，在视频编码层(Video Coding Layer, VCL)和网络提取层(Network Abstraction Layer, NAL)之间进行概念性分割，前者是视频内容的核心压缩内容表述，后者是通过特定类型网络进行递送的表述，这样的结构便于信息的封装和对信息进行更好的优先级控制。

1) 帧内预测

帧内编码用来缩减图像的空间冗余。在 H.264 标准的帧内预测的编码中，编码对象是以块为单位进行的。预测 P 是由当前待编码块的前已编码块经过重建路径之后得到的，当前块减去预测块两者的差值即是残差，然后将残差送到变换编码模块进行 DCT 变换编码。H.264 针对亮度像素和色度像素分别进行预测。按照块的大小预测划分为：16×16px 块预测和 4×4px 块预测两种预测形式。其中，16×16px 块预测又可分为四种不同的预测形式，主要应用在图像运动比较缓和的情况；4×4px 块预测可分为 9 种可选预测模式，主要应用于图像活动比较剧烈的情况。而 8×8px 块帧内色度像素预测模式和预测过程与 16×16px 块帧内亮度像素预测非常类似，只是模式的顺序不同。

(1) 4×4px 亮度块帧内预测。

要理解 4×4px 的预测模式，首先要知道它们的位置，如图 2.26 所示。

M	A	B	C	D	E	F	G	H
I	a	b	c	d				
J	e	f	g	h				
K	i	j	k	l				
L	m	n	o	p				

图 2.26 4×4px 亮度块预测标记

在图 2.26 中，小写字母 a～p 为待编码的 4×4px 亮度块，它上边和左边的大写字母 A～M 为已编码和重构的样本。在预测时，4×4px 亮度块的样本值就是根据这 A～M 的样本值来预测的。A～M 并不一定都可用，可以使用当前片的其他样本进行预测。而如果 E～H 样本不存在，则可以使用 D 代替。

确定了参考像素和 4×4px 的亮度块之后就可以进行预测，规定的 9 种预测模式如图 2.27 所示。以模式 0 为例，图中箭头向下表示每个箭头方向上的样本预测值分别使用箭头初始端也即 A、B、C、D 的值。这时，4×4px 亮度块的第一列 a、e、i、m 的样本预测值等于 A 的样本值。同理，第二列 b、f、j、n 使用 B 的样本值。模式 1 与模式 0 类似，只不过方向换成了水平方向。而模式 2 使用的是平均值模式(也称 DC 模式)，即 a～p 的样本预测值都使用 (A+B+C+D+I+J+K+L)/8。

剩余的模式 3～8，它们的预测方向与垂直或水平方向都有偏角，它们的预测值为 A～M 的加权平均值。对于模式 3 和模式 4，偏角为 45°，位于同一个箭头上的预测样本值相同。在模式 4 里，a 样本预测值的加权平均值为 round(I/4＋M/2＋A/4)，而 d 样本的预测值可用 round(B/4＋C/2＋D/4) 计算。round 代表四舍五入。同样，对于模式 5～8 也可用加权平均值计算，但是因为箭头偏角既不是 45°，也不是水平或垂直，所以位于同一个箭头上的预测样本值并不相同。

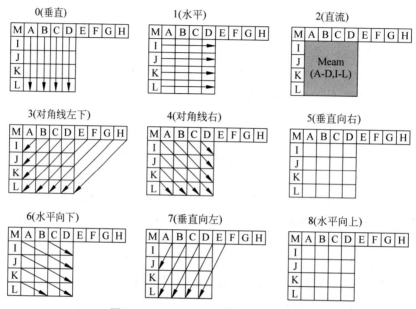

图 2.27 4×4px 亮度块帧内预测模式

在实际的应用中，通常通过计算预测块中各个样本预测值与原始样本值的差，然后再计算绝对误差和 SAD（Sum of Absolute Difference）或 SAE（Sum of Absolute Errors）来表示，或计算均方误差（Mean Square Error，MSE）。然后通过比较各种预测模式的 SAD 或 SAE 或 MSE，值最小的就代表预测精度最高。

（2）亮度 16×16px 块帧内预测。

编码亮度宏块采用 16×16px 帧内预测模式时，宏块被划分为若干个 16×16px 大小的子宏块，所有的亮度分量子宏块在同一时间进行预测编码，16×16px 预测模式主要应用在图像活动比较平缓的场景。亮度 16×16px 帧内预测编码按预测的方

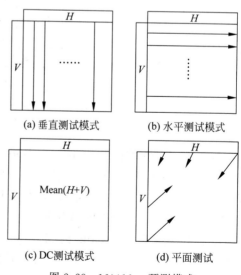

图 2.28 16×16px 预测模式

向不同划分为四种预测模式。16×16px 预测模式和模式描述如图 2.28 和表 2.5 所示。

表 2.5　16×16px 预测模式描述

模　式	描　述
垂直测试模式	由上边像素得出
水平测试模式	由左边像素得出
DC 测试模式	由上边和左边像素平均值得出
平面模式	利用线性"plane"函数及左、上像素得到

（3）色度 8×8px 块帧内预测。

色度 8×8px 块的帧内预测是对当前块的上侧或左侧已编码并重构的色度块进行预测，从而得到预测块。帧内预测的 8×8px 色度预测，按照预测模式来分，可以分为四种不同的模式。与 16×16px 色度块的帧内预测模式相比，唯一的区别在于模式的编号不同，例如，对于 8×8px 的色度帧内预测，DC 预测是模式 0，水平预测是模式 1，垂直预测是模式 2，平面预测是模式 3；而对于 16×16px 的亮度帧内预测，模式 0 是直流预测，模式 1 是水平预测，模式 2 是垂直预测，模式 3 是平面预测。并且 8×8px 的色度预测与 16×16px 的亮度预测的模式预测的表达式一样，只是在预测的计算公式中序号不同。

由前面的论述可知，H.264 标准中不同大小块的帧内预测模式总共有 17 种，其中亮度预测有 13 种，色度预测有 4 种。如何从两种帧内预测模式中选择出最佳预测模式是编码算法的关键所在。目前常用的预测模式选择算法有两种：率失真优先选择法（Rate-distortion Optimization，RDO）和代价值选择法（Sum of Absolute Difference，SAD）。率失真理论是用来研究图像失真度和码率之间关系的方法。RDO 模式选择算法虽然运算复杂度高但准确度大。帧内预测的 17 种预测模式如果使用 RDO 模式进行模式选择，采用全搜索算法下需 592 种搜索模式，计算量非常巨大。与 RDO 算法的复杂度相比，SAD 算法的计算复杂度还不到 RDO 算法复杂度的 7%。由于 RDO 模式选择算法太过复杂，因此在实际应用中大多数还是选择 SAD 算法。

2）帧间预测

H.264 通过差分编码来减少视频数据量，大多数视频压缩标准都采用这种方法：在差分编码中，会将一个帧与参考帧（即前面的 I 帧或 P 帧）进行对比，然后只对那些相对于参考帧来说发生了变化的像素进行编码。通过这种方法，可以降低需要进行编码和发送的像素值。对差分编码（包括 H.264 在内的大多数视频压缩标准都采用这种方法）来说，只有第一个图像（I 帧）是将全帧图像信息进行编码。在后面的两个图像（P 帧）中，其静态部分仅对运动部分使用运动矢量进行编码，从而减少发送和存储的信息量。然而，如果视频中存在大量物体运动的话，差分编码将无法显著减少数据量。这时，可以采用基于块的运动补偿技术。基于块的运动补偿考虑到视频序列中构成新帧的大量信息都可以在前面的帧中找到，但可能会在不同的位置上。所以，这种技术将一个帧分为一系列的宏块。然后，通过在参考帧中查找匹配块的方式，逐块地构建或者"预测"一个新帧（例如 P 帧）。如果发现匹配的块，编码器只需要对参考帧中发现匹配块的位置进行编码。与对块的实际内容进行编码相比，只对运动矢量进行编码可以减少所占用的数据位。H.264/AVC 使用大小可变的预测块，也就是移动补偿块的大小可变，而且移动矢量的计算精度可以小到 1/4px，更进一步，移动矢量也可由相邻块进行预测得到。

51

同帧内预测一样,H.264的移动补偿块的大小同样可以从 16×16px 缩小到 4×4px。但是要注意的是,对于每个宏块、宏块区、子宏块或子宏块区都需要单独的移动矢量,而且每个移动矢量和分区方法(宏块的划分方法)都必须编码并加到压缩位流里,这样解码器才能正确解码。虽然小的移动补偿块可以产生比较好的补偿效果,但是移动补偿块越小,搜索最佳匹配块的计算量也越大,需要编码的移动矢量的数目和分区方法也越多。所以在帧间预测时,并不是移动补偿块越小越好,需要在编码效率与编码质量上寻求一个平衡。在实际中,可以根据视频的内容来选择。例如,对于移动比较平缓的部分使用比较大的补偿块,而对于移动比较剧烈、画面比较复杂、细节较多的部分,用比较小的补偿块。

移动矢量的计算精度可以小到 1/4px,这其实就是子像素移动矢量,子的意思是它不是由一个整像素得到,而是利用多个像素进行插值得到。一幅图像的像素点是有限的,当图像分辨率确定之后,也就是采样的样本数确定后,样本与样本之间的差值随机也确定下来,有时候这个差值可能过大,达不到计算精度。这就要求在两个样本之间的位置使用子像素这一概念,而它的样本值则利用附近的样本值通过插值计算得到。

如图 2.29 所示的像素位置,空心圆(○)表示实际样本的位置,也就是原本采样的样本位置。图中的方块(□)表示两个样本中间的位置,也即 1/2px 位置。三角形(△)则处于两个样本之间 1/4 的位置,称为 1/4px 位置。有时候,通过搜索插值样本,可以为当前图块找到比较准确的移动矢量和移动补偿量,这就是子像素移动补偿。图 2.30 为最佳像素匹配位置示意图。通过子像素搜索最佳匹配图块的步骤如下。

图 2.29 像素位置

第一步,搜索整像素,也即原采样样本,得到图中最佳整像素(实心圆圈●)。

第二步,用半像素搜索得到最佳匹配结果(实心方块■),与整像素匹配结果比较,看看改善与否。

第三步,需要的话再使用 1/4px 搜索,得到最佳匹配结果(实心三角形▲),与前面的匹配结果比较,看看改善与否。

图 2.31 为一个当前帧中,要预测的 4×4px 的亮度块在参考帧中寻找最佳匹配块的过程,图 2.31(b)和图 2.31(c)就是分别使用整像素搜索和半像素搜索得到的移动矢量。

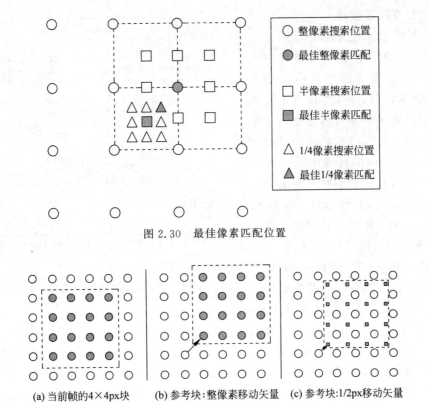

图 2.30　最佳像素匹配位置

(a) 当前帧的4×4px块　(b) 参考块:整像素移动矢量　(c) 参考块:1/2px移动矢量

图 2.31　寻找最佳匹配块的过程

　　每个宏块、子宏块的移动矢量都需要编码和传送,解码器才能正确解码。但是在这种情况下图像的压缩比将会损失惨重,尤其当使用了较小的移动补偿块时,所以产生了移动矢量预测。也就是说,可以选择性地不编码和传送某些移动矢量,这些未编码的移动矢量可以通过已编码的相邻块的移动矢量进行预测产生。同样地,可以对实际的移动矢量与预测的移动矢量之差进行编码和传送。图 2.32 以待预测图块 E 为例:当前块的预测矢量,可以用块大小相同的相邻块 A、B、C 来进行预测;若为块大小不同的相邻块 A、B、C,在处理时,可以把当前块 E 的预测矢量取成 A、B、C 块移动矢量的中值。

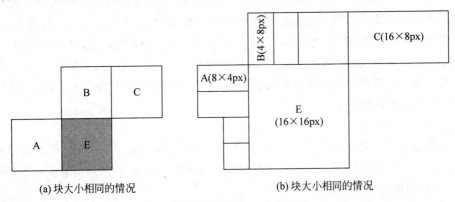

(a)块大小相同的情况　　　　　(b)块大小相同的情况

图 2.32　预测图像 E 和相邻块

3）整数变换和量化

整数变换与量化过程是对图像信号进行进一步的压缩来节省传输的码率,通常的做法是去除图像信号相关性。在变换编码时,图像的信号由时域变换成频域,频域中信号的能量分布在低频区域,与时域信号相比码率得到大幅的下降。在以往的标准中采用离散余弦变换(DCT),逆变换时可能出现失配问题,为避免上述问题,H.264 标准采用的是 $4\times 4px$ 离散余弦变换。另一点需要说明的是,H.264 标准的 DCT 不同于以往的 DCT,以前标准中的 DCT 有两个缺点:第一,浮点数操作的存在导致系统设计和运算上的复杂性提升;第二,由于变换数是无理数,而无理数不可能精确地用浮点数来表示,另外,浮点数的操作引入了舍入误差。为

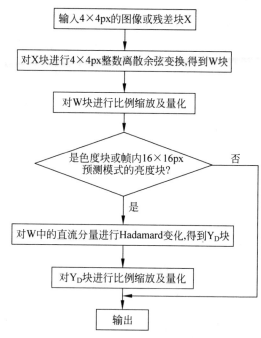

图 2.33 整数变换与量化过程

解决上述问题,H.264 标准在整数变换中没有用乘法,而是采用基于提升结构的无乘法 DCT,使用加法运算和 16 位算法移位来减小复杂度。图 2.33 为 H.264 标准中整数变换与量化的具体流程。

4）熵编码

视频编码处理的最后一步就是熵编码,在 H.264 中采用了两种不同的熵编码方法:通用可变长编码(UVLC)和基于文本的自适应二进制算术编码(CABAC)。在 H.263 等标准中,根据要编码的数据类型如变换系数、运动矢量等,采用不同的 VLC 码表。H.264 中的 UVLC 码表提供了一个简单的方法,不管符号表述什么类型的数据,都使用统一变字长编码表。其优点是简单;缺点是单一的码表是从概率统计分布模型得出的,没有考虑编码符号间的相关性,在中高码率时效果不是很好。因此,H.264 中还提供了可选的 CABAC 方法。算术编码是编码和解码两边都能使用所有句法元素(变换系数、运动矢量)的概率模型。为了提高算术编码的效率,通过内容建模的过程使基本概率模型能适应随视频帧而改变的统计特性。内容建模提供了编码符号的条件概率估计,利用合适的内容模型,存在于符号间的相关性可以通过选择要编码符号邻近的已编码符号的相应概率模型来去除,不同的句法元素通常保持不同的模型。

5）去方块滤波

去方块滤波效应算法放在了 H.264 编码系统中重建帧的路径中,它对视频图像的性能和质量具有至关重要的作用。方块效应常常出现在相对码率较低的视频中,其产生的根源在 DCT 变换和量化编码过程中。

去方块滤波确保在较低的码率下可以获得较高的视频图像性能,是 H.264 的重要组成部分之一。H.264 编码中使用的去块效应滤波器是环路滤波器。虽然环路滤波器的计算

过程比较复杂,其复杂度相当于整个 H.264 解码环路的总复杂度的三分之一,但环路滤波器具有高度的自适应性。环路滤波器的高复杂度主要是因为滤波时需要确认所有方块的边界是否为真实边界以及该边界是否需要修正。几乎所有的点都需要通过计算进行判断。因此,难免在计算中使用一些循环和判断分支,从而也就增加了算法的计算量和复杂度。

编码中块边缘强度 Bs 的大小是由编码中产生的残差大小决定的,而 Bs 的值接下来又影响了滤波器的滤波参数,因此控制 Bs 的值就能直接控制块效应的滤波作用。Bs 值由边界两边相邻块的模式及编码条件共同确定。Bs 由 5(0~4)个值组成,5 个数值分别对应 5 种情况。其中,0 是指不需要滤波,4 是指定为强滤波器,为其他值时滤波器指定为普通滤波器。

4. H.264/AVC 的特点

H.264/AVC 编码标准相对于以往编码标准的主要特点如下。

(1) 更高的编码效率。同 H.263 等标准的特率效率相比,能够平均节省大于 50% 的码率。

(2) 高质量的视频画面。H.264 能够在低码率情况下提供高质量的视频图像,在较低带宽上提供高质量的图像传输是 H.264 的应用亮点。

(3) 提高网络适应能力。H.264 可以工作在实时通信应用(如视频会议)低延时模式下,也可以工作在没有延时的视频存储或视频流服务器中。

(4) 采用混合编码结构。同 H.263 相同,H.264 也使用采用 DCT 变换编码加 DPCM 的差分编码的混合编码结构,还增加了如多模式运动估计、帧内预测、多帧预测、基于内容的变长编码、4×4px 二维整数变换等新的编码方式,提高了编码效率。

(5) H.264 的编码选项较少。在 H.263 中编码时往往需要设置相当多的选项,增加了编码的难度,而 H.264 做到了力求简洁的"回归基本",降低了编码时复杂度。

(6) H.264 可以应用在不同场合。H.264 可以根据不同的环境使用不同的传输和播放速率,并且提供了丰富的错误处理工具,可以很好地控制或消除丢包和误码。

(7) 错误恢复功能。H.264 提供了解决网络传输包丢失问题的工具,适用于在高误码率传输的无线网络中传输视频数据。

(8) 较高的复杂度。H.264 性能的改进是以增加复杂性为代价而获得的。据估计,H.264 编码的计算复杂度大约相当于 H.263 的 3 倍,解码复杂度大约相当于 H.263 的 2 倍。

2.3.3　H.265/HEVC 标准及技术特点

H.265 是 ITU-TVCEG 继 H.264 之后所制定的新的视频编码标准。比起 H.264/AVC,H.265/HEVC 提供了更多不同的工具来降低码率,以编码单位来说,从最小的 8×8px 到最大的 64×64px。信息量不多的区域(颜色变化不明显,如车体的红色部分和地面的灰色部分)划分的宏块较大,编码后的码字较少,而细节多的地方(如轮胎)划分的宏块就相应得小和多一些,编码后的码字较多,这样就相当于对图像进行了有重点的编码,从而降低了整体的码率,编码效率就相应提高了。同时,H.265 的帧内预测模式支持 33 种方向(H.264 只支持 8 种),并且提供了更好的运动补偿处理和矢量预测方法。H.265 标准的诞生是在有限带宽下传输更高质量的网络视频。对于大多数专业人士来说,H.265 编码标准并不陌生,其是 ITU-TVCEG 继 H.264 之后所制定的视频编码标准。H.265 标准主要是围绕着现有的视频编码标准 H.264,除了保留了原有的某些技术外,还增加了能够改善码流、编码质量、延时及算法复杂度之间的关系等相关的技术。H.265/HEVC 编码的基本框架如图 2.34 所示。

56

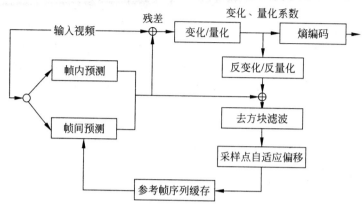

图 2.34   H.265/HEVC 编码器的基本框架

1. HEVC 的编码单元结构

为了进一步提升 HEVC 的编码效率,支持高清和超高清视频的压缩,HEVC 不局限于 H.264/AVC 的宏块最大为 16×16px 大小的限制,突破性地设计了四种编码单元,较 H.264/AVC 更为灵活。四种编码单元为:编码树单元(Coding Tree Unit,CTU)、编码单元(Coding Unit,CU)、预测单元(Prediction Unit,PU)以及变换单元(Transform Unit,TU)。HEVC 采用了具有灵活块划分特性的编码树单元,块(即编码单元)的尺寸可以达到最大为 64×64px 大小。64×64px 大小的 CTU 即为编解码器的最基本处理单元。根据不同的编码方案,以及设备所能提供的计算能力,编码树单元可以继续细化为 $2N×2N$ 大小的编码单元。其中,N 的取值可以为 32,16,8,4。编码单元由大到小分别对应不同的编码深度,顺次为 0,1,2,3。预测单元和变换单元就在编码单元的基础上进行,变换单元可以在对应的编码单元下继续细化为更小的像素块,最小支持 4×4px 的像素块。可以看出,H.265/HEVC 在编码单元的大小上较 H.264/AVC 提供了更多的支持,可以有效地编解码高清视频资源。

1)编码树单元

HEVC 中对 CTU 的划分类似于 H.264/AVC 中的宏块(MB)结构,一个视频帧可以划分为多个 CTU,CTU 的尺寸最多支持 64×64px 块。

2)编码单元

CU 是对 CTU 的进一步划分,是 PU 和 TU 的基础,同时也是进行预测模式选择、帧内/帧间预测、变换、编码的基本处理单位。CU 被定义为一个正方形区域,每个 CU 都是 CTU 进行四叉树划分后产生的一个叶子节点。CU 可以直接是一个 CTU,即 64×64px 大小,此时划分深度为 0(没有划分);也可以进一步划分为 4 个 32×32px 的 CU,划分深度为 1,以此类推,最多可以支持划分深度为 3,CU 的大小划分至 8×8px。这种灵活的划分方式可以让编码器根据视频帧的复杂程度自适应地处理划分深度,选择 CU 的大小。在图像纹理不复杂、变化较少、细节平坦的区域划分较大的 CU 来减少编码量,降低计算时间,提升压缩效率；在图像纹理较为复杂、细节多的区域划分较小的 CU，保证编码精度，提供较多的信息以保障还原视频的质量。具体的划分策略要根据率失真代价决定（RD-Cost），率失真较小的 CU 将会被选择为最终的 CU 划分方式。图 2.35 展示了一个 CU 如何进行递归分割的例子。具体的划分算法简要描述如下。

（1）编码开始，取当前的 CTU 作为即将划分的 CU，其尺寸即为 CTU 的大小 64×64px。按照当前 CU 所有的预测模式计算所有预测模式下的 RD-Cost，找出其中最小的 RD-Cost，此时对应的预测模式为当前 CU 的最佳预测模式，将最佳预测模式和其对应的 RD-Cost 记录下来。

（2）对当前的 CU 做四叉树划分，将产生四个 32×32px 的 CU。对于第一个 32×32px 的 CU 进行所有的预测模式计算，处理过程同步骤（1）。保存此时的最佳预测模式和其对应的 RD-Cost。

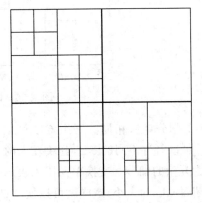

图 2.35 CU 的结构（根据图像平滑程度进行等大小的四叉树分割）

（3）对算法进行递归，直到计算完成 8×8px 的 CU。此时达到 CU 划分的最小单元，停止递归。转向同一个大 CU 中的其他三个 8×8px 的 CU 的预测模式计算。所有的 8×8px 大小 CU 计算完毕后，将四个 RD-Cost 进行累加，与当前 16×16px 的 CU 的 RD-Cost 进行对比，若小 CU 的 RD-Cost 累加值较小，则最终采用 8×8px 的方式进行划分，否则取上一层 16×16px 的 CU 的 RD-Cost，向上一层继续此计算方式。

（4）对每一个 16×16px 的 CU 的 RD-Cost 进行累加，与当前 32×32px 的 CU 的 RD-Cost 值进行步骤（3）的对比，直到计算完成 64×64px 大小的 CU 对应的 RD-Cost 值。至此，对于整个 CTU 的四叉树划分结束，获得最终的 CU 划分模式。

上述算法属于深度优先遍历，这种遍历方式计算代价明显复杂，若能提前终止划分模式的选择，则可以大幅度提升 HEVC 的编码效率。除此之外，CU 还可划分为两种类型，分别为跳过类型和非跳过类型。跳过型 CU 是指不需要进行帧内预测模式，即不需要考虑运动矢量差值和残差信息；非跳过型 CU 则可以根据实际情况选择帧内或者帧间预测模式。

3）预测单元

PU 是在 CU 的基础之上继续进行划分得到的。每个 CU 可能包含多个 PU。PU 是用于帧内预测和帧间预测的，存储了预测所需的相关信息，例如，帧内预测模式的选择方向等。根据应用场合的不同，PU 有三种不同的分割方式与之相适应，分别为 skip 模式、intra 模式、inter 模式。CU 一定是正方形，但 PU 不需要。PU 的这一设计是为了更好地还原图像的边界信息，尽可能与图像的真实像素相匹配。当 PU 类型是 skip 时，PU 不进行分割，大小为 $2N×2N$；当类型为 intra 时，有 2 种分割方式：$N×N$ 和 $2N×2N$；当类型为 inter 时，有 8 种分割方式，其中 4 种对称的（$N×N,2N×2N,N×2N,2N×N$）和 4 种非对称的（$nL×2N,nR×2N,2N×nU,2N×nD$，其中的 L,R,U,D 分别表示 LEFT，RIGHT，UP，DOWN）。帧间预测的划分示意图如图 2.36 所示。

4）变换单元

TU 的划分用于预测残差变化和量化，以 CU 为基本单元进行四叉树深度递归划分，与

57

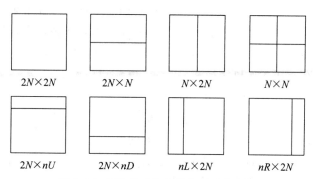

图 2.36　PU 的对称分割和不对称分割

CU 的划分算法相同。一个 CU 可以包含多个 TU,其尺寸从 32×32px 到 8×8px 不等。TU 可以跨过不同的 PU,分块较大的 TU 可以更好地压缩数据,分块较小的 TU 利于还原较为复杂的细节。变换单元用来表示变换和量化,TU 的大小和 PU 没有必然联系,但是不能超过 CU 的大小,这样就可以使 TU 根据运动补偿块的大小进行自适应的调整,于是,CU 中包含一个或者多个 TU。TU 采用多级变换模式,对于亮度分量,大小从 4×4px 到 32×32px。如果图像中高频分量较多的时候,适合采用较小的变换结构;而在低频分量较多的情况下,采用尺寸较大的变换结构会效果更好。这样可以在保证图像质量的前提下,有效降低编码的复杂度。

2. H.265/HEVC 的关键技术

H.265/HEVC 的编码架构大致上和 H.264/AVC 的架构相似,也主要包含帧内预测(intra prediction)、帧间预测(inter prediction)、转换(transform)、量化(quantization)、去块滤波器(deblocking filter)和熵编码(entropy coding)等模块。

1) 帧内预测

与 H.264/AVC 相比,H.265/HEVC 将帧内预测模式的种类大大增加。角度模式增加至 33 种,除原来的直流模式(DC)以外还新增了平面模式。与原来 H.264/AVC 所具有的 9 种预测模式相比,H.265/HEVC 的帧内预测模式将会更加精确,更适应高清晰度视频内密集像素的编码和还原。

预测针对的结构对象是 PU(预测单元),也就是以 PU 为单位进行预测。HEVC 中规定,PU 是在 CU 基础上进行划分的,在 CU 上最多再分割一次,也就是最小的 PU 大小是 4×4px。在 H.265/HEVC 帧内预测中,通过相邻 PU 来进行,即通过使用 PU 左侧、上侧相邻的像素(不属于当前 PU,但是已编码)作为参考来进行预测,并且对于每个 PU 选择一个最优的预测模式,从而可以很大程度地降低复杂度,但是以 PU 为单位选择预测模式进行预测会使预测精度比较低,块中仍然存在空间冗余,因此,为了进一步去除冗余,需要对帧内预测进行适当调整。其中的预测模式示意如图 2.37 所示。

其中,DC 模式与 H.264/AVC 编码标准中的 DC 模式含义基本一致,平面模式则是先对待编码单元上方和左方的参考像素进行线性滤波处理,降低预测像素的突变程度,使得计算值更加稳定和平缓,降低画面突兀的可能,优化视频帧的主观视觉效果。DC 模式和平面模式多用于对图像变化不丰富、纹理细节不显著的区间进行预测。对于 H.265/HEVC,预测模式的精度可以达到 1/32px。

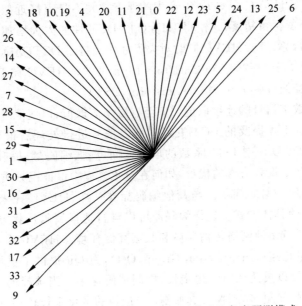

图 2.37　H.265/HEVC 中帧内预测模式的角度预测模式

2) 帧间预测

帧内预测的目的是去除图像在帧内的空间冗余,帧间预测则是为了去除视频帧之间的时间冗余。帧间预测主要是利用参考帧中待编码单元相应位置附近的块进行当前编码单元的预测,从而节约编码时间,加快编码速度。HEVC 引入了高级运动矢量预测(Advanced Motion Vector Prediction,AMVP)对运动矢量进行预测和估计。AMVP 具有较局限的适应性,可以有效地利用空间相关性。AMVP 从当前正在编码的预测单元相邻的预测单元中选择最佳的运动向量作为待编码预测单元的运动向量预测值。HEVC 还引入了 Merge 模式,对相关性较强的编码单元进行压缩合并,减少编码的比特数。H.265/HEVC 和 H.264/AVC 标准都只对运动矢量(MV)进行编码。通过将时空域相邻的预测单元的 MV 进行候选,编码器从候选表中取出最符合的 MV 对应的候选块进行传输,这一过程就称为 Merge 技术,即运动合并技术。

HEVC 继续沿用多种模式的参考图像顺序,包括直接模式、前向、后向和双向模式。对于双向模式,即 B 帧预测,在低延时的情况下,增加了广义 B 帧(Generalized P and B picture,GPB)预测方式。GPB 结构指的是对于 P 帧以类似于 B 帧双向预测的方法来进行预测,这就要求双向的参考列表中的参考帧都要是当前帧之前的图像,这种方式可以有效提高预测的准确度,从而提高编码效率。

3) 转换和量化

对视频帧序列进行变换编码的主要目的是将空间域的像素转换为变换域,改用变换域的变换系数进行度量描述,降低空间冗余,进一步结合 Z-order 扫描、熵编码进行压缩数据。一般而言,划分的 CU 内的像素可能变化不大,纹理不强,变换技术可以将 CU 内的相似像素进一步压缩到变换域的集中分布。在变换过程中 HEVC 采用了残差四叉树变换技术(Residual Quad-Tree,RQT)。DCT 变换技术是视频编码标准中常用的处理方式,HEVC 同样采用了 DCT 的整数变换。虽然 H.264/AVC 也采用了所谓的整数 DCT 变换技术,但是有所不同。H.265/HEVC 中对 DCT 产生的浮点数并不是直接近似化处理,而是先进行倍数放大处理,尽可能保留精度,这使得 HEVC 的 DCT 性能大大增加,降低了重编码时的误差,进一步提升编码效率。HEVC 同时对大尺寸块支持了 DCT 变换,最大支持 $32 \times 32 \text{px}$ 的大块变换,而不局限于 H.264/AVC 的 $16 \times 16 \text{px}$ 尺寸。HEVC 在 DCT 的基础上,进一步引入了离散正弦变换(Discrete Sine Transform,DST)。

量化是为了使数字信号的连续取值对应至有限个离散值,以使信号取值较为规律,实现多对一的映射关系。上述提及的 DCT 变换对残差信号进行处理后得到的 DCT 系数取值范围一般很大,量化可以控制 DCT 系数的取值区间,降低编码量,提升压缩性能。但同时这种映射关系也带来了视频失真的代价,如何在量化过程中保证视频质量损失小,同时提升编码效率,是一个需要均衡的问题。与其他编码标准一样,HEVC 并未对量化过程进行规定,只规范了反量化的具体方式。这样编码器可以自行选择编码量化方式,优化量化方法,灵活控制量化参数适应多种网络传输环境和数据存储环境。HEVC 在量化参数(QP)的基础上进一步引入了量化组(Quantization Group,QG),为 QP 提供了更加灵活的控制机制,使得 HEVC 编码器可以灵活调整量化步长,控制编码速率。当选择的量化步长较大,压缩比则会增大,损失的信息更多,图像失真加剧;当选择的量化步长较小,压缩比减少,能够更多地保存视频序列的信息,更优质地还原视频帧序列。H.264/AVC 中对变换和量化的过程进行了整合,HEVC 则再次将编码器端的变换和量化进行拆分,以适应更加复杂的编码环境。

常见量化的方法有以下两种。

(1) 标量量化(Scalable Quantization,SQ)。

标量量化是将图像中样点的取值范围划分成若干区间,每个区间仅用一个数值(标量)代表其中所有可能的取值。每个样点的量化取值是一个标量,并且独立于其他点的取值。

(2) 矢量量化(Vector Quantization,VQ)。

矢量量化是将图形的每 n 个像素看成一个 n 维矢量,将每个 n 维取值空间划分为若干个子空间,每个子空间用一个 n 维代表矢量来表示该子空间所有的矢量取值。由于矢量量化利用了多个像素之间的关联,一般来说,其压缩率要高于标量量化,代价是计算复杂度要高于标量量化。目前广泛使用的视频编码标准中,量化环节都是采用标量量化。

4) 熵编码

熵编码可以进一步去除统计冗余。HEVC 编码标准使用了指数哥伦布编码和算术编码。对于具有高斯分布特性的比特数据,指数哥伦布编码具有良好的计算性能和压缩性能。H.265/HEVC 沿用了 H.264/AVC 的 CABAC 熵编码策略,CABAC 充分利用了视频序列的统计特性,采用了高性能的算术编码,以提升编码效率。HEVC 进一步引入了并行熵编码,提升熵编码的效率。H.264/AVC 在系数扫描的过程中采用 Z-order 扫描,H.265/HEVC 则使用了自适应系数扫描,扫描方式更加多样,可以光栅扫描(上下或水平扫描),同时也保留了 H.264/AVC 标准的 Z-order 扫描,以应对不同应用场景和不同变换系数的变化。

5) 去块滤波器

与 H.264/AVC 标准类似,H.265/HEVC 采用了基于块的混合编码结构,HEVC 也自然在重构视频序列中会产生方块效应。为解决此问题,提升视频的主客观质量和压缩效率,环路滤波技术在 HEVC 标准中得以应用。去块滤波和采样自适应偏移(SAO)是其中主要的两个步骤。去块滤波技术和 H.264/AVC 标准中类似,只对编码单元的边界进行滤波。在 HEVC 中,由于预测单元和变换单元并不完全对应,去块滤波则要分别对预测单元和变换单元进行滤波处理。采样自适应偏移技术在 HEVC 中首次被引入,用于消除振铃效应。为了消除方块效应,去方块滤波对差异较大的像素值进行处理;采样自适应偏移利用了去方块滤波的结果,通过分析去块滤波产生的信息,对像素添加一定的偏移值,优化重建帧,降低量化带来的负面影响。

6) 并行处理

由于 HEVC 的解码要比 AVC 复杂很多,所以一些技术已经允许实现并行解码,如图 2.38 所示。最重要的是拼贴和波前(Tiles and Wavefront)。图像被分成树编码单元的矩形网格(Tiles)。当前芯片架构已经从单核性能逐渐往多核并行方向发展,因此,为了适应并行化程度非常高的芯片实现,H.265 引入了很多并行运算的优化思路。

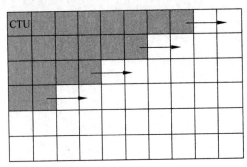

图 2.38　并行处理示意图

3. H.265/HEV 的特点及挑战

与之前从 H.261 到 H.264 的其他标准相比,H.265 的显著改善不仅表现在帧间压缩领域,还表现在帧内压缩方面。由于可变量的尺寸转换,H.265 在块压缩方面有很大的改善,但是增加压缩效率的同时也带来了一些新挑战。

视频编码是一个复杂的问题,对于内容的依赖性很高。众所周知,有静态背景的和高亮的低动态场景可以比高动态、黑场的图片进行更多的压缩。所以对于像 H.264 这样的现代化编解码器来说,首要解决的是最困难的场景/情境。例如,有细节的关键帧、高动态的"勾边(crisp)"图像、黑暗区域的慢动态、噪声/纹理等。

H.265 在帧内编码方面效率更高,所以细节区域可以被编码得更好,在平滑区域和渐变区域也是如此。与 H.264 相比,H.265 的运动估计和压缩更有效,而且在伪影出现前可以在更低的比特率上操作。值得称赞的是,H.265 产生的伪影更加"平滑",质量的降低也非常协调,即便对非常激进的分辨率/比特率编码时,也观感良好。

然而,正如硬币的两面,当处理黑暗区域的慢动态和噪声/纹理两种问题时,H.265 的优势也会变成弱势。黑暗区域和噪声/纹理要求更精确的保留高频和更小的色阶变化,这通常被称为编码的心理优化。

由于 H.264 使用小的转换,可以轻松将量化误差变成特征/细节,虽然与原始内容不同,但是感觉上"近似"。接近原生频率范围的误差可以通过小的边界转换来阻止,因此也更加可控,而使用更大转换的 H.265 要使用这种方式则会更加复杂。

61

　　另外,H.265 编码视频的存储依然是个问题,即使蓝光光盘协会正在寻求一个能够在蓝光光盘上存储 4K 视频的解决方案,只有至少达到 100GB 容量的光碟才能存储 H.264 编码的蓝光 4K 电影。而另一方面,即使 H.265 编码和芯片部件已经准备就绪,但是仍然缺少支持 4K 内容的存储和重放解决方案。这也是 H.265 发展中的一个主要挑战。

习　　题

1. 简述视频压缩编码的基本原理。
2. 简述 MEPG-4 标准的编码原理及技术特点。
3. 简述 H.265/HEVC 标准的原理及技术特点。

3.1 流媒体网络传输协议

正如前面章节所讲,流媒体传输与其他网络应用数据传输,对网络传输的要求存在很大的不同,流媒体传输更加注意实时性而不是可靠性。因此,类似 TCP 的可靠传输协议,通过超时和重传机制来保证传输数据流中的每一个比特的正确性,使得无论从协议的实现还是传输的过程都变得非常复杂,并且由于超时检测和重传,会导致后续数据流传输的暂停或延时。

当然,可以在客户端通过建立足够大的缓冲区来保证用户的体验,但是其代价是硬件成本的提高。随着高清视频图像的出现,实时视频流的数据会越来越多,而缓冲区的规模将越来越大。但是对于一些需要实时交互的场合(如视频聊天、视频会议等),缓冲区过大,又会产生过大的延时,出现卡顿等现象。因此,适合流媒体传输的网络协议成为解决问题的关键。因此本章着重介绍 RTP、RTCP、RTSP、RSVP 四种协议。

RTP(实时传输协议)是因特网上针对多媒体数据流的一种传输协议。RTP 工作在一对一或一对多的传输情况下,它提供时间标志、序列号以及其他能够保证实时数据传输的标志,其目的是提供时间信息和实现流同步。

RTCP(实时传输控制协议)和 RTP 一起提供流量控制和拥塞控制服务。在 RTP 会话期间,各参与者周期性地传送 RTCP 包。RTCP 包中含有已发送数据报的数量、丢失数据报的数量等统计资料。因此,服务器可以利用这些信息动态地改变传输速率,甚至改变有效载荷类型。RTP 和 RTCP 配合使用,能有效地反馈和最小化开销使传输效率最佳化,因此特别适合传送流媒体实时数据。

RTSP(实时流协议)是由 Real Networks 和 Netscape 共同提出的,该协议定义了一对多应用程序如何有效地通过 IP 网络传送多媒体数据。RTSP 在体系结构上位于 RTP 和RTCP 之上,它使用 TCP 或 RTP 完成数据传输。

RSVP(资源预留协议)是因特网上的资源预留协议,能在一定程度上为流媒体的传输提供服务质量标准,它不负责传输数据。

3.2 实时传输协议

实时传输协议(Real-time Transport Protocol,RTP)是一个网络传输协议,是由 IETF的多媒体传输工作小组于 1996 年在 RFC 1889 中公布的,后在 RFC3550 中进行更新。国际电信联盟 ITU-T 也发布了相应的 RTP 文档,命名为 H.225.0,但是当 IETF 发布关于它的稳定标准 RFC 后,H.225.0 就被取消了。因此它作为互联网标准,在 RFC 3550 中有详细的说明。

　　RTP 是在互联网上传递音频和视频的标准数据报格式。它一开始被设计为一个多播协议,但后来被用在很多单播应用中。RTP 常用于流媒体系统(配合 RTSP)、视频会议和一键通(Push to Talk)系统(配合 H.323 或 SIP),使它成为 IP 电话产业的技术基础。RTP 和 RTCP 一起使用,是建立在 UDP 上的。RTP 标准定义了两个子协议:RTP 和 RTCP。其中,RTP 用于传输实时数据,协议提供的信息包括时间戳(用于同步)、序列号(用于丢包和重排序检测),以及负载格式(用于说明数据的编码格式);而 RTCP 用于 QoS 反馈和同步媒体流。相对于 RTP 来说,RTCP 所占的带宽非常小,通常只有 5%。

　　RTP 虽然是传输层协议,但是它不是作为 OSI 体系结构中单独的一层来实现的。RTP 通常根据一个具体的应用来提供服务,这就是说,RTP 只提供协议框架,开发者可以根据应用的具体要求对协议进行充分的扩展。目前,RTP 的设计和研究主要是用来满足多用户的多媒体会议的需要,另外,它也适用于连续数据的存储、交互式分布仿真和一些控制、测量的应用中。

　　如图 3.1 所示,给出了流媒体应用中的一个典型的协议层次模型。从图 3.1 中可以看出,RTP 被划分在传输层,它建立在 UDP 之上。RTP 和 UDP 二者共同完成传输层协议功能。RTP 数据报作为数据载荷被封装在 UDP 数据报中,UDP 只是传输数据报,不管数据报传输的时间顺序。RTP 用来为端到端的实时传输提供时间信息和流同步,但并不保证服务质量,这一点可以从 RTP 的帧结构中看出。

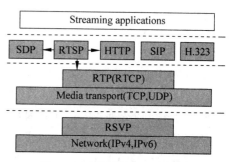

图 3.1　流媒体协议层次模型

　　RTP 是一种基于 UDP 的传输协议,RTP 本身并不能为按顺序传送数据报提供可靠的传送机制,也不提供流量控制或拥塞控制,它依靠 RTCP 提供这些服务。因此,对于丢失的数据报,不存在由于超时检测而带来的延时。对于丢弃的数据报,可以由上层根据其重要性来选择性地重传。例如,对于视频传输数据的 I 帧、P 帧、B 帧数据,由于其重要性依次降低,故在网络状况不好的情况下,可以考虑在 B 帧丢失甚至 P 帧丢失的情况下不进行重传。从而在客户端方面,虽然可能会有短暂的不清晰画面,但却保证了实时性的体验和要求。

　　RTP 广泛应用于流媒体传输应用场景,根据 RFC3550 协议,RTP 应用场景有以下四种。

　　(1) 简单多播音频会议(Simple Multicast Audio Conference)。

　　(2) 音频和视频会议(Audio and Video Conference)。

　　(3) 混频器和转换器(Mixers and Translators)。

　　(4) 分层编码(Layered Encodings)。

3.2.1　RTP 帧结构

　　帧结构是 RTP 实现的基础,如图 3.2 所示。RTP 的帧头包括 12B 的固定长度头部和

15b 的可选长度参与源标识符。RTP 数据报由帧头和数据载荷两部分构成。在 TCP/IP 网络上传输时,将进行 UDP 封装和 IP 封装。而 RTP 帧作为 UDP 的数据载荷,UDP 帧作为 IP 的数据载荷。

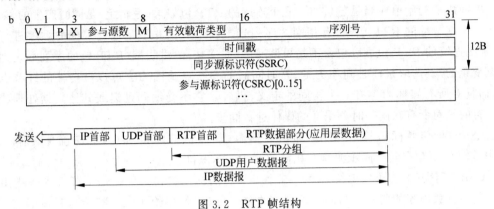

图 3.2 RTP 帧结构

如图 3.2 所示,RTP 帧头的标志位如下。

V(Version,版本):2b,表明 RTP 版本号。协议初始版本为 0。

P(Padding,填充位):1b。如果 P 被设置为 1,则表明 RTP 数据报末尾包含额外的附加字节,用于凑齐一个整数倍字节,如 32b。附加信息的最后一个字节表示额外附加信息的长度(包括该字节本身)。填充位是为了保证一些加密机制需要的固定长度的数据块,或者为了在一个底层协议数据单元中传输多个 RTP 数据报。

X(Extension,扩展位):1b。如果 X 被设置为 1,则在固定的头部后存在一个扩展头部,格式定义在 RFC3550 协议中。几乎所有互联网通信协议都被收录在 RFC 文件中。

CC(CSRC Count,参与源数):4b。标明 12B 的帧头后存在的 CSRC 标识符数目,CSRC 表示参与源。

M(Marker,标记):1b。标记的解释由 Profile 配置文件定义,允许重要事件如帧边界在数据报流中进行标记。Profile 可以改变该位的长度,但是要保持 Marker 和 Payload Type 总长度不变(共 8b)。

PT(Payload Type,有效载荷类型):7b,表明 RTP 包所携带信息的类型,并通过应用程序决定其解释。标准类型列出在 RFC3551 中。如果接收方不能识别该类型,必须忽略此 RTP 包。

Sequence Number(序列号):16b。每发送一个 RTP 数据报,序列号增加 1。接收方可以根据序列号重新排列数据报顺序。

Timestamp(时间戳):32b。反映 RTP 包所携带信息中第一个字节的采样时间。时间戳反映了 RTP 数据报中第一个字节的采样时间。采样时钟必须来源于一个单调、线性递增时钟,用来同步和去除网络引起的数据报抖动。该时钟的分辨率必须满足理想的同步精度和测量数据报到来时的抖动需要。时钟分辨率不满足的一种典型情况是每个视频帧仅一个时钟周期。时钟频率依赖于负载数据的格式,并在描述文件(profile)中或者是在负载格式描述中(payload format specication)进行静态描述。也可以通过非 RTP 方法(non-RTPmeans)对负载格式动态描述。

如果 RTP 包是周期性产生的,那么将使用由采样时钟决定的名义上的采样时刻,而不

65

是读取系统时间。例如,对一个固定速率的音频,采样时钟(时间戳时钟)将在每个周期内增加1。如果一个音频从输入设备中读取含有160个采样周期的块,那么对每个块时间戳的值增加160,而不考虑该块是否用同一个包传递或是被丢弃。

时间戳的初始值应当是随机的。几个连续的RTP包如果(逻辑上)是同时产生的,如属于同一个视频帧的RTP包,将有相同的序列号。如果数据并不是以它采样的顺序进行传输,那么连续的RTP包可以包含不是单调递增(或递减)的时间戳(RTP包的序列号仍然是单调变化的)。选取采样时间作为RTP时间戳的参考点是因为它可以被传输的终节点获知,而且对所有媒体内容有一个相同的定义,再者是它不受编码延迟或其他数据处理的约束。目的是对所有在同一时刻采样的媒体进行同步。

SSRC(同步源标识符):32b。标识数据源,其标识符随机选择,旨在确保在同一个RTP会话中不存在两个同步源具有相同的SSRC标识符。

CSRC列表(参与源标识符):0~15个参与源的标识符,每个32b。CSRC列表指出了对此包中负载内容的所有参与源。识别符的数目在CC域中给定。若有参与源多于15个,仅识别15个。只有存在Mixer时才有效,如一个将多声道的语音流合并成一个单声道的语音流,在这里就可以列出原来每个声道的SSRC标识符。

3.2.2 RTP数据报传输过程

当应用程序建立一个RTP会话时,应用程序将确定一对目的传输地址。目的传输地址由一个网络地址和一对端口组成,两个端口中的一个端口给RTP包,另一个端口给RTCP包,使得RTP/RTCP数据能够正确发送。RTP数据发向偶数的UDP端口,而对应的控制信号RTCP数据发向相邻的奇数UDP端口(偶数的UDP端口+1),这样就构成一个UDP端口对。RTP的发送过程如下,接收过程则相反。

(1) RTP从上层接收流媒体信息码流(如H.264),封装成RTP数据报;RTCP从上层接收控制信息,封装成RTCP控制包。

(2) RTP将RTP数据报发往UDP端口对中的偶数端口;RTCP将RTCP控制包发往UDP端口对中的奇数端口。

如图3.3所示,RTP数据报中只包含RTP数据,而控制是由RTCP提供的。RTP在1025~65 535中选择一个未使用的偶数UDP端口号,而在同一次会话中的RTCP则使用下一个奇数UDP端口号。端口号5004和5005分别用作RTP和RTCP的默认端口号。

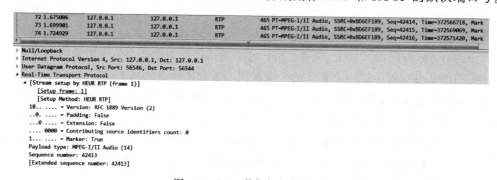

图3.3 RTP数据报软件分析

3.2.3 RTP 应用实例

本节将对 MPEG-TS 数据报封装在 RTP 帧的过程,及描述 RTP 相应的数据结构进行详解。其过程如图 3.4 所示。

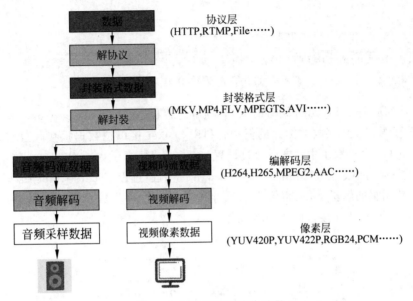

图 3.4　音视频数据接收过程

从网络上接收的数据报,需要通过解 IP 帧封装,解 UDP 帧封装,以及解 RTP 帧封装,把数据报中的音频或者视频数据从数据负载中提取出来,进行音频或者视频解码,产生音频采样数据或视频像素数据,并把数据发送到对应的扬声器或者显示器等设备。

MPEG2-TS 的帧格式中数据大小固定为 188B 的 TS 数据报。如图 3.5 所示,首先将 7 个 MPEG-TS 数据报封装为一个 RTP 数据报,然后将每个 RTP 数据报封装为一个 UDP 数据报。RTP 数据报封装方法就是在 MPEG-TS 数据前面加上 RTP 帧头,而 UDP 数据报封装方法就是在 RTP 数据报前面加上 UDP 帧头。

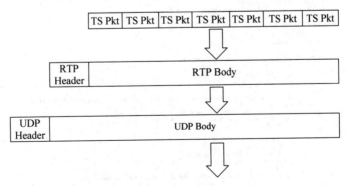

图 3.5　MPEG2-TS 数据报封装过程

用 C 语言定义 RTP 数据报的帧头,如图 3.6 所示,RTP 帧的固定帧头为 12B,每个字节的定义和协议的描述相同,采用了无符号的字符类型、短整型和长整型数据结构。

```
typedef struct RTP_FIXED_HEADER{
    /* byte 0*/
    unsigned char csrc_len:4;                    /* expect 0 */
    unsigned char extension:1;                   /* expect 1 */
    unsigned char padding:1;                     /* expect 0 */
    unsigned char version:2;                      /* expect 2 */
    /* byte 1 */
    unsigned char payload:7;
    unsigned char marker:1;                      /* expect 1 */
    /* bytes 2,3 */
    unsigned short seq_no;
    /* bytes 4-7 */
    unsigned long timestamp;
    /* bytes 8-11 */
    unsigned long ssrc;                          /* stream number is used here. */
} RTP_FIXED_HEADER;
```

图 3.6   C 语言定义 RTP 帧头数据结构

如图 3.7 所示是用 C 语言编写的 RTP 帧解封装程序,simplest_udp_parser()函数采用 while(1)循环语句完成接收数据报的任务;利用 Socket 接口把数据报接收过来,并存放在 recvData[10000]字符数组中;之后通过设置 parse_rtp 标志位为 1,实现 rtp 数据报帧头的 解析工作,包括时间戳 timestamp、序列号 seq_no 等;通过设置 parse_mpegts 标志为 1,实 现 mpegts 数据报的解析工作,将解析结果存入 myout 文件指针所指向的文件。程序的最 后进行了文件和 Socket 接口的关闭等操作。

```
int simplest_udp_parser(int port)
{
    WSASATA wsaData;
    WORD sockVersion = MAKEWORD(2,2);
    int cnt=0;

    //FILE *myout=fopen("output_log.txt","wb+");
    FILE *myout=stdout;

    FILE *fp1=fopen("output_dump.ts","wb+");

    if (WSAStartup(sockVersion,&wsaData) !=0){
        return 0;
    }

    if(serSocket == INVALID_SOCKET){
        printf("socket error !");
        return 0;
    }
    sockaddr_in serAddr;
    serAddr.sin_family = AF_INET;
    serAddr.sin_port = htons(port);
    serAddr.sin_addr.S_un.S_addr = INADDR_ANY;
    if(bind(serSocket,(sockaddr *)&serAddr,sizeof(serAddr)) == SOCKET_ERROR){
        printf("bind error !");
        closersocket(serSocket);
        return 0;
    }
    sockaddr_in remoteAddr;
    int nAddrLen = sizeof(remoteAddr);

    //How to parse?
    int parse_rtp=1;
    int parse_mpegts=1;

    printf("Listening on port %d\n",port);

    char recvData[10000];

    while(1){
        int pktsize = recvfrom(serSocket,recvData,10000,0,(sockaddr *)&remoteAddr,&nAddrLen);
        if (pktsize > 0){
            //printf("Addr:%s\r\n",inet_ntoa(remoteAddr.sin_addr));
            //printf("packet size:%d\r\n",pktsize);
            //parse RTP
            //
            if(parse_rtp!=0){
                char payload_str[10]=[0];
                RTP_FIXED_HEADER rtp_header;
                int rtp_header_size=sizeof(RTP_FIXED_HEADER);
                //RTP Header
                memcpy((void *)&rtp_header,recvData,rtp_header_size);

                //RFC3551
                char payload=rtp_header.payload;
```

图 3.7   C 语言程序——RTP 帧解封装

```
switch(payload){
    case 0 :
    case 1 :
    case 2 :
    case 3 :
    case 4 :
    case 5 :
    case 6 :
    case 7 :
    case 8 :
    case 9 :
    case 10 :
    case 11 :
    case 12 :
    case 13 :
    case 14 :
    case 15 :
    case 16 :
    case 17 :
    case 18 :sprintf(payload_str,"Audio");break;
    case 31 :sprintf(payload_str,"H.261");break;
    case 32 :sprintf(payload_str,"MPV");break;
    case 33 :sprintf(payload_str,"MP2T");break;
    case 34 :sprintf(payload_str,"H.263");break;
    case 96 :sprintf(payload_str,"H.264");break;
    default:sprintf(payload_str,"other");break;
}


unsigned int timestamp=ntohl(rtp_header.timestamp);
unsigned int seq_no=ntohs(rtp_header,seq_no);

fprintf(myout,"[RTP Pkt] %5d| %5s| %10u| %5d| %5d|\n",cnt,payload_str,timestamp,seq_no,pktsize);

//RTP Data
char *rtp_data=recvData+rtp_header_size;
int rtp_data_size=pktsize-rtp_header_size;
fwrite(rtp_data,rtp_data_size,1,fp1);

//Parse MPEGTS
if(parse_mpegts!=0&&payload==33){
    MPEGTS_FIXED_HEADER mpegts_header;
    for (int i=0;i<rtp_data_size;i=i+188){
        if(rtp_data[i]!=0x47)
            break;
        //MPEGTS Header
        //memcpy((void *)&mpegts_header,rtp_data+i,sizeof(MPEGTS_FIXED_HEADER));
        fprintf(myout," [MPEGTS Pkt]\n");
    }
}else{
    fprintf(myout,"[UDP Pkt]%5d| %5d|\n",cnt,pktsize);
    fwrite(recvData,pktsize,1,fp1);
}
cnt++;
}
}


closesocket(serSocket);
WSACleanup();
fclose(fp1);

return 0 ;
}
```

图 3.7 （续）

3.3 实时传输控制协议

RTCP(Real-time Transport Control Protocol,实时传输控制协议)被设计为和 RTP 一起使用的,进行流量控制和拥塞控制的服务控制协议。

RTCP 和 RTP 一起提供流量控制和拥塞控制服务。在 RTP 会话期间,各参与者周期性地传送 RTCP 包,如图 3.8 所示。RTCP 包中含有已发送的数据报的数量、丢失的数据报数量等统计资料。因此,服务器可以利用这些信息动态地改变传输速率,甚至改变有效载荷类型。RTP 和 RTCP 配合使用,它们能以有效的反馈和最小的开销使传输效率最佳化,因而特别适合传送网上的实时数据。

　　RTCP 就是用于监控服务质量和传达关于在一个正在进行的会议中的参与者的信息,包括对抗卡顿、网络拥塞控制扩展功能的实现,均利用 RTCP 报文实现,RTCP 的 NACK 报文就是实现抗丢包的策略(详见 RFC4585)。

　　当应用程序开始一个 RTP 会话时将使用两个端口:一个给 RTP,一个给 RTCP。RTP 本身并不能为按顺序传送数据报提供可靠的传输机制,也不提供流量控制或拥塞控制,RTP 依靠 RTCP 提供这些服务。RTCP 在 RTP 的会话周期里发放一些 RTCP 包用以传输监听服务质量和交换会话用户信息等功能。

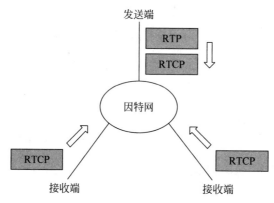

图 3.8　RTCP 控制数据报传输过程

　　RTCP 原理是向会话中的所有成员周期性地发送控制数据报来实现的,应用程序通过接收这些控制数据报,从中获取会话参与者的相关资料,以及网络状况、分组丢失概率等反馈信息,从而能够对服务质量进行控制或者对网络状况进行诊断。RTCP 处理机制根据需要定义了五种类型的报文(RTCP 包),它们完成接收、分析、产生和发送控制报文的功能。

　　RTCP 的功能是通过不同的 RTCP 数据报文来实现的,如表 3.1 所示。

表 3.1　RTCP 的五种类型报文

类型	缩写表示	用途
200	SR(Sender Report)	发送端报告
201	RR(Receiver Report)	接收端报告
202	SDES(Source Description Items)	源点描述
203	BYE	结束传输
204	APP	特定应用

　　SR(Sender Report):发送端报告,所谓发送端是指发出 RTP 数据报的应用程序或者终端,发送端同时也可以是接收端。

　　RR(Receiver Report):接收端报告,所谓接收端是指仅接收但不发送 RTP 数据报的应用程序或者终端。

　　SDES(Source Description Items):源点描述,主要功能是作为会话成员有关标识信息的载体,如用户名、邮件地址、电话号码等,此外,还具有向会话成员传达会话控制信息的功能。

BYE 报文:通知离开,主要功能是指示某一个或者几个源不再有效,即通知会话中的其他成员自己将退出会话。

APP 报文:由应用程序定义,解决了 RTCP 的扩展性问题,并且为协议的实现者提供了很大的灵活性。

RTCP 数据报携带有服务质量监控的必要信息,能够对服务质量进行动态调整,并能够对网络拥塞进行有效控制。由于 RTCP 数据报采用的是组播方式,因此会话中的所有成员都可以通过 RTCP 数据报返回的控制信息,来了解其他参与者的当前情况。

3.3.1 SR 帧结构

发送端 SR(Sender Report)报文的作用是使发送端以多播方式向所有接收端报告发送情况。SR 报文的主要内容有:相应的 RTP 流的 SSRC,RTP 流中最新产生 RTP 报文的时间戳和 NTP,RTP 流包含的分组数,RTP 流包含的字节数。SR 数据报分为三部分:头部(header),发送者信息(Sender Info)和反馈块(Report Block)。如果发送端也作为接收端,那么才会存在反馈块(Report Block),当存在多个码流时就会反馈多个 Report Block。SR 报文的负载类型是 200,SR 数据报的封装如图 3.9 所示。

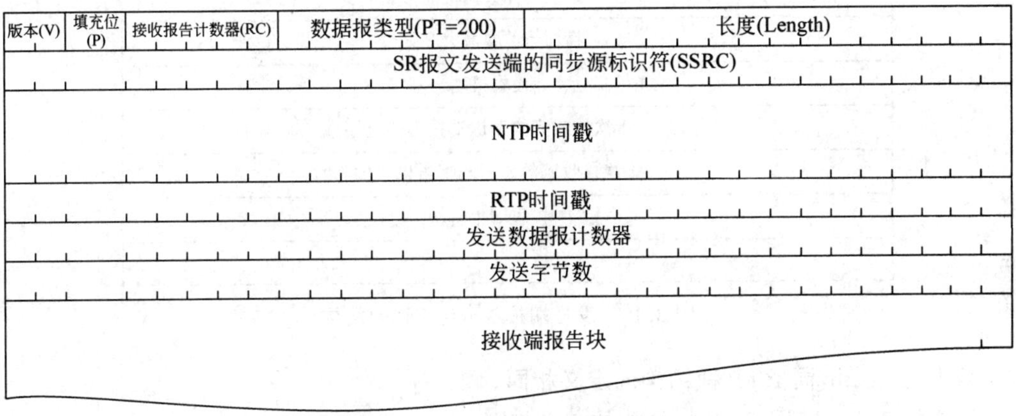

图 3.9 发送端报告分组 SR 帧结构

版本(V):同 RTP 帧结构的定义相同。

填充位(P):同 RTP 帧结构的定义相同。

接收报告计数器(RC):5b,此 SR 数据报中的接收报告块的数目,可以为零。

数据报类型(PT):8b,SR 数据报的标识是 200。

长度(Length):16b,其中存放的是此 SR 数据报以 32b 为单位的总长度减 1。

同步源标识符(SSRC):32b,SR 数据报发送者的同步源标识符。与对应 RTP 中的 SSRC 一样。

NTP(Network Time Protocol)时间戳:32b,SR 数据报发送时的绝对时间值。NTP 的作用是同步不同的 RTP 媒体流。

RTP 时间戳:32b,与 NTP 时间戳对应,与 RTP 数据报中的 RTP 时间戳具有相同的单位和随机初始值。

发送数据报计数器：32b，从开始发送数据报到产生 SR 数据报这段时间里，发送者发送的 RTP 数据报的总数，SSRC 改变时，此计数器清零。

发送字节数：32b，从开始发送数据报到产生 SR 数据报的时间里，发送者发送的净荷数据的总字节数（不包括头部和填充）。发送者改变其 SSRC 时，发送字节数域清零。

同步源 n 的 SSRC 标识符：32b，此报告块中包含的是从该源接收到的报文的统计信息。

SR 报文的接收端报告块中包含的信息，与 RR 报文中的接收端报告块定义相同。

3.3.2 RR 帧结构

RR 报文为接收端反馈的 RTCP 数据报，向服务器端反馈当前接收到的 RTP 数据报情况。RR 报文针对每个信源都提供 RTP 数据报丢失数、已收 RTP 数据报最大序列号、到达时间抖动、接收最后一个 SR 报文的时间、接收最后一个 SR 报文的延迟等信息。

版本(V)	填充位(P)	接收报告计数器(RC)	数据报类型(PT)	长度(Length)
RR报文发送端的同步源(SSRC)				
RR报文接收端的同步源(SSRC)				
丢失率	累积丢弃数据报的数目			
收到的扩展最大序列号				
接收抖动				
上次接收到的发送端报告的时间戳				
上次接收到的发送端报告以来的延时				
接收端报告块				
...				

图 3.10 发送端报告分组 RR 帧结构

版本(V)：2b，同 RTP 帧结构的定义相同。

填充位(P)：1b，同 RTP 帧结构的定义相同。

接收报告计数器(RC)：5b，此 RR 数据报中的接收报告块的数目，可以为零。

数据报类型(PT)：8b，RR 数据报的标识是 201。

长度(Length)：16b，其中存放的是 RR 数据报，以 32b 为单位的总长度减 1。

RR 报文发送端的同步源(SSRC)：32b，是 RTP 报文接收端的 SSRC。

RR 报文接收端的同步源(SSRC)：32b，是 RTP 报文发送端的 SSRC。

丢失率(Fraction Lost)：8b，表明一个 RR 发送间隔中 RTP 报文的丢失率。计算方法为 loss fraction＝lost rate×256。如果丢包率为 25%，该字段为 25%×256＝64。

累计丢弃数据报的数目：24b，从 SSRC_n 传过来的 RTP 数据报的丢失总数。理论计算方式为：packet lost ＝ 期待得到报文数量－实际收到报文的数量；实际计算方式为：packet lost＝期待收到最新序列号－第一次收到报文的序列号。

收到的扩展最大序列号：32b，从 SSRC_n 收到的 RTP 数据报中最大的序列号。

接收抖动(Interarrival Jitter)：32b，RTP 数据报接收时间的统计方差的估计值。这里的接收抖动指的是 RTP 报文发送方的网络传输时间的估计值。计算单位是基于时间戳的单位，也是 32 位无符号整数。因为 RTP 的发送和接收方没有时间同步系统，所以不大可能准确地测量网络传送时间。传输时间＝｜RTP 的时间戳－RTP 接收者本地时间｜，因为没有发送和接收方的时间同步机制，所以这里关心的不是传输时间，而是两次接收到 RTP 报文传输时间的对比。

上次接收到的发送端报告的时间戳（Last SR，LSR）：32b，取最近从 SSRC_n 收到的 SR 数据报中的 NTP 时间戳的中间 32b。如果目前还没收到 SR 数据报，则该域清零。

上次接收到的发送端报告以来的延时（Delay Since Last SR，DLSR）：32b，上次从 SSRC_n 收到 SR 数据报到发送 RR 报告的延时。

SR 发送端报告和 RR 接收端报告用于提供接收质量反馈，在流媒体应用场合下，发送媒体流的应用程序将周期性地产生发送端报告 SR，此 RTCP 数据报含有不同媒体流间的同步信息，以及已经发送的数据报和字节的计数，接收端根据这些信息可以估计出实际的数据传输速率。另外，接收端会向所有已知的发送端发送接收端报告 RR，此 RTCP 数据报含有已接收数据报的最大序列号、丢失的数据报数目、延时抖动和时间戳等重要信息，发送端应用根据这些信息可以估计出往返时延，并且可以根据数据报丢失概率和时延抖动情况动态调整发送速率，以改善网络拥塞状况，或者根据网络状况平滑地调整应用程序的服务质量。

3.3.3　SDES 帧结构

SDES 是发送源信息描述报文，可以用于描述发送端的名字、邮箱、电话等信息，SDES 的负载类型是 202，如图 3.11 所示。SDES 分为两部分：头部 header 和描述信息组块（chunk）。信息组块（chunk）内需要包含一个 SSRC 和至少一个 SEDS 条目，每个条目用于描述不同的信息。条目中的 length 字段是用于表示后面描述信息的长度。

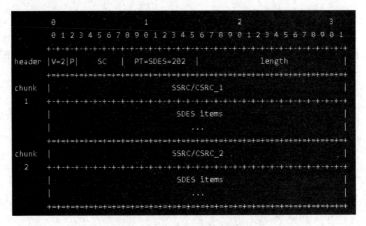

图 3.11　SDES 帧结构

SDES 源描述包提供了直观的文本信息来描述会话的参加者，包括 CNAME、NAME、EMAIL、PHONE、LOC 等源描述项，这些为接收方获取发送方的有关信息提供了方便。SDES 数据报由帧头与数据块组成，数据块可以没有，也可以有多个。帧头由版本（V）、填充位（P）、长度指示、数据报类型（PT）和源计数（SC）组成。PT 占 8b，用于识别 RTCP 的 SDES 数据报，SC 占 5b，表示包含在 SDES 包中的 SSRC/CSRC 块数量。数据块由源描述项组成，源描述项的内容如下。

CNAME：规范终端标识 SDES 项。类似 SSRC 标识，RTCP 为 RTP 连接中每一个参加者赋予唯一一个 CNAME 标识。在发生冲突或重启程序时，由于随机分配的 SSRC 标识可能发生变化，CNAME 项可以提供从 SSRC 标识到仍为常量的源标识。

如图 3.12 所示，CNAME：规范终端标识 SDES 项。类似 SSRC 标识，RTCP 为 RTP 连接中每一个参加者赋予唯一一个 CNAME 标识。在发生冲突或重启程序时，由于随机分配的 SSRC 标识可能发生变化，CNAME 项可以提供从 SSRC 标识到仍为常量的源标识的绑定。为方便第三方监控，CNAME 应适合程序或人员定位源。

```
 0                   1                   2                   3
 0 1 2 3 4 5 6 7 8 9 0 1 2 3 4 5 6 7 8 9 0 1 2 3 4 5 6 7 8 9 0 1
+-+-+-+-+-+-+-+-+-+-+-+-+-+-+-+-+-+-+-+-+-+-+-+-+-+-+-+-+-+-+-+-+
|    CNAME=1    |     length    | user and domain name        ...
+-+-+-+-+-+-+-+-+-+-+-+-+-+-+-+-+-+-+-+-+-+-+-+-+-+-+-+-+-+-+-+-+
```

图 3.12　类型 1 的组块

如图 3.13 所示，NAME 用于描述源的真正的名称，如“John Doe, Bit Recycler, Megacorp”，可以是用户想要的任意形式。由于采用文本信息来描述，对诸如会议应用，可以对参加者直接列表显示。NAME 项是除 CNAME 项以外发送最频繁的项目。NAME 值在一次 RTP 会话期间应该保持为常数，但它不该成为连接的所有参加者中的唯一依赖。

```
 0                   1                   2                   3
 0 1 2 3 4 5 6 7 8 9 0 1 2 3 4 5 6 7 8 9 0 1 2 3 4 5 6 7 8 9 0 1
+-+-+-+-+-+-+-+-+-+-+-+-+-+-+-+-+-+-+-+-+-+-+-+-+-+-+-+-+-+-+-+-+
|     NAME=2    |     length    | common name of source       ...
+-+-+-+-+-+-+-+-+-+-+-+-+-+-+-+-+-+-+-+-+-+-+-+-+-+-+-+-+-+-+-+-+
```

图 3.13　类型 2 的组块

如图 3.14 所示，EMAIL：电子邮件地址 SDES 项。邮件地址格式由 RFC822 规定，如“John.Doe@megacorp.com”。一次 RTP 会话期间，EMAIL 项的内容希望保持不变。

```
 0                   1                   2                   3
 0 1 2 3 4 5 6 7 8 9 0 1 2 3 4 5 6 7 8 9 0 1 2 3 4 5 6 7 8 9 0 1
+-+-+-+-+-+-+-+-+-+-+-+-+-+-+-+-+-+-+-+-+-+-+-+-+-+-+-+-+-+-+-+-+
|    EMAIL=3    |     length    | email address of source     ...
+-+-+-+-+-+-+-+-+-+-+-+-+-+-+-+-+-+-+-+-+-+-+-+-+-+-+-+-+-+-+-+-+
```

图 3.14　类型 3 的组块

如图 3.15 所示，PHONE：电话号码 SDES 项。电话号码应带有加号，代替国际接入代码，如“+1 908 555 1212”即为美国电话号码。

```
 0                   1                   2                   3
 0 1 2 3 4 5 6 7 8 9 0 1 2 3 4 5 6 7 8 9 0 1 2 3 4 5 6 7 8 9 0 1
+-+-+-+-+-+-+-+-+-+-+-+-+-+-+-+-+-+-+-+-+-+-+-+-+-+-+-+-+-+-+-+-+
|    PHONE=4    |     length    | phone number of source      ...
+-+-+-+-+-+-+-+-+-+-+-+-+-+-+-+-+-+-+-+-+-+-+-+-+-+-+-+-+-+-+-+-+
```

图 3.15　类型 4 的组块

如图 3.16 所示,LOC:用户地理位置 SDES 项。根据应用,此项具有不同程度的细节。对会议应用,字符串如"Murray Hill,New Jersey"就足够了。然而,对活动标记系统,字符串如"Room 2A244,AT&T BL MH"也许就适用。细节留给实施或用户,但格式和内容可用设置指示。在一次 RTP 会话期间,除移动主机外,LOC 值期望保持不变。

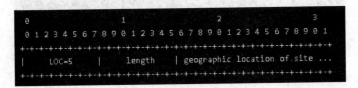

图 3.16　类型 5 的组块

如图 3.17 所示,TOOL:应用或工具名称 SDES 项。TOOL 项包含一个字符串,表示产生流的应用的名称与版本,如"videotool 1.2"。这部分信息对调试很有用,类似于邮件或邮件系统版本 SMTP 头。TOOL 值在一次 RTP 会话期间保持不变。

图 3.17　类型 6 的组块

如图 3.18 所示,NOTE:通知/状态 SDES 项。NOTE 项旨在描述源当前状态的过渡信息,如"on the phone,can't talk",或在讲座期间用于传送谈话的题目,它的语法可在设置中显式定义。NOTE 项一般只用于携带例外信息,而不应包含在全部参加者中,因为这将降低接收报告和 CNAME 发送的速度,损害协议的性能。一般 NOTE 项不作为用户设置文件的项目,也不会自动产生。

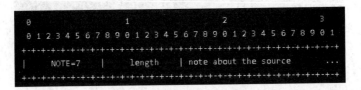

图 3.18　类型 7 的组块

由于 NOTE 项对显示很重要,当会话的参加者处于活动状态时,其他非 CNAME 项(如 NAME)传输速率将会降低,结果使 NOTE 项占用 RTCP 部分带宽。若过渡信息不活跃,NOTE 项继续以同样的速度重复发送几次,并以一个串长为零的字符串通知接收者。

PRIV:专用扩展 SDES 项。

如图 3.19 所示,PRIV 项用于定义实验或应用特定的 SDES 扩展,它由长字符串对组成的前缀,后跟填充该项其他部分和携带所需信息的字符串值组成。前缀长度段为 8b。前缀字符串是定义 PRIV 项人员选择的名称,唯一对应应用接收到的其他 PRIV 项。应用实现者可选择使用应用名称,如有必要,外加附加子类型标识。另外,推荐其他人根据其代表的实体选择名称,然后在实体内部协调名称的使用。

```
 0                   1                   2                   3
 0 1 2 3 4 5 6 7 8 9 0 1 2 3 4 5 6 7 8 9 0 1 2 3 4 5 6 7 8 9 0 1
+-+-+-+-+-+-+-+-+-+-+-+-+-+-+-+-+-+-+-+-+-+-+-+-+-+-+-+-+-+-+-+-+
|    PRIV=8     |    length     | prefix length |prefix string...
+-+-+-+-+-+-+-+-+-+-+-+-+-+-+-+-+-+-+-+-+-+-+-+-+-+-+-+-+-+-+-+-+
...             |                  value string               ...
+-+-+-+-+-+-+-+-+-+-+-+-+-+-+-+-+-+-+-+-+-+-+-+-+-+-+-+-+-+-+-+-+
```

图 3.19 类型 8 的组块

注意，前缀应尽可能短。SDES 的 PRIV 项前缀没在 IANA 处注册。如证实某些形式的 PRIV 项具有通用性，IANA 应给它分配一个正式的 SDES 项类型，这样就不再需要前缀，从而简化应用，并提高传输的效率。

3.3.4 BYE 帧结构

BYE 帧结构的主要功能是表示某一个或者几个源不再有效，即通知会话中的其他成员自己将退出会话。发送端主动停止发送的情况，最后会发送一个 BYE 数据报。例如，如果混频器关闭，应该发出一个 BYE 数据报，列出它所处理的所有源，而不只是自己的 SSRC 标识。其他的帧头位和前面 RTP 定义的类似，在这里就不赘述了。BYE 数据报包括一个可选项(24b)，表示离开的原因，如“camera malfunction”或“RTP loopdetected”等，如图 3.20 所示。

```
        0                   1                   2                   3
        0 1 2 3 4 5 6 7 8 9 0 1 2 3 4 5 6 7 8 9 0 1 2 3 4 5 6 7 8 9 0 1
       +-+-+-+-+-+-+-+-+-+-+-+-+-+-+-+-+-+-+-+-+-+-+-+-+-+-+-+-+-+-+-+-+
       |V=2|P|    SC   |   PT=BYE=203  |             length            |
       +-+-+-+-+-+-+-+-+-+-+-+-+-+-+-+-+-+-+-+-+-+-+-+-+-+-+-+-+-+-+-+-+
       |                           SSRC/CSRC                           |
       +-+-+-+-+-+-+-+-+-+-+-+-+-+-+-+-+-+-+-+-+-+-+-+-+-+-+-+-+-+-+-+-+
       :                              ...                              :
       +=+=+=+=+=+=+=+=+=+=+=+=+=+=+=+=+=+=+=+=+=+=+=+=+=+=+=+=+=+=+=+=+
 (opt) |     length    |               reason for leaving            ...
       +-+-+-+-+-+-+-+-+-+-+-+-+-+-+-+-+-+-+-+-+-+-+-+-+-+-+-+-+-+-+-+-+
```

图 3.20 BYE 帧结构

3.3.5 APP 帧结构

APP 帧结构如图 3.21 所示，包括长度、版本号等协议信息，同时包括应用相关的数据。

```
 0                   1                   2                   3
 0 1 2 3 4 5 6 7 8 9 0 1 2 3 4 5 6 7 8 9 0 1 2 3 4 5 6 7 8 9 0 1
+-+-+-+-+-+-+-+-+-+-+-+-+-+-+-+-+-+-+-+-+-+-+-+-+-+-+-+-+-+-+-+-+
|V=2|P| subtype |   PT=APP=204  |             length            |
+-+-+-+-+-+-+-+-+-+-+-+-+-+-+-+-+-+-+-+-+-+-+-+-+-+-+-+-+-+-+-+-+
|                           SSRC/CSRC                           |
+-+-+-+-+-+-+-+-+-+-+-+-+-+-+-+-+-+-+-+-+-+-+-+-+-+-+-+-+-+-+-+-+
|                          name (ASCII)                         |
+-+-+-+-+-+-+-+-+-+-+-+-+-+-+-+-+-+-+-+-+-+-+-+-+-+-+-+-+-+-+-+-+
|                   application-dependent data                ...
+-+-+-+-+-+-+-+-+-+-+-+-+-+-+-+-+-+-+-+-+-+-+-+-+-+-+-+-+-+-+-+-+
```

图 3.21 APP 帧结构

3.3.6 RTCP 传输间隔

由于 RTP 允许应用自动扩展，因此可以从几个人的小规模系统扩展成上千人的大规模系统。而每个会话参与者周期性地向所有其他参与者发送 RTCP 控制数据报，如果每个参与者以固定速率发送接收报告，控制流量将随参与者数量线性增长。例如，在音频会议中，数据流量是内在限制的，因为同一时刻只有一两个人说话；对多播，给定连接数据率仍是常数，独立于连接数。但控制流量不是内在限制的。如每个参加者以固定速率发送接收端报告，控制流量将随参加者数量线性增长，因此，速率必须按比例下降。

计算 RTCP 控制数据报间隔，依赖对连接中地址加入数量的估计。当新地址被监听到，就加到此计数中，并在以 SSRC 或 CSRC 标识索引的表中为之建立一个条目，用来跟踪它们。直到收到带有多个新 SSRC 的数据报，新建条目才有效。当收到具有相应 SSRC 标识的 RTCP 的 BYE 数据报时，条目可从表中删除。如果在 RTCP 报告间隔内没有接收到 RTP 或 RTCP 包，参加者可能将另外一个地址标记成不活动，如还未生效就删除掉。这为防止包丢失提供了强大支持，为了"超时"正常工作，所有地址必须对 RTCP 报告间隔记入大致相同的数值。

一旦确认地址有效，如后来标记成不活动，地址的状态应仍保留，地址应继续计入共享 RTCP 带宽地址的总数中，时间要保证能扫描典型网络分区，建议为 30min。注意，这仍大于 RTCP 报告间隔最大值的 5 倍。

3.4 实时流协议

RTSP 定义了一对多应用程序如何有效地通过 IP 网络传送多媒体数据。RTSP 在体系结构上位于 RTP 和 RTCP 之上，它使用 TCP 或 RTP 完成数据传输。HTTP 与 RTSP 相比，HTTP 传送 HTML 超链接文档，而 RTSP 传送的是多媒体数据。HTTP 请求由客户机发出，服务器做出响应；使用 RTSP 时，客户机和服务器都可以发出请求，即 RTSP 可以是双向的。点对点的手机可视通话，必须在手机终端实现 RTSP。

RTSP 最早由 Real Networks 和 Netscape 以及美国哥伦比亚大学共同提出，它是由 Real Networks 的 RealAudio 和 Netscape 的 LiveMedia 的实践和经验发展而来。第一个 RTSP 是由 IETF(Internet Engineering Task Force，因特网工程任务组)在 1996 年 8 月 9 日正式提交为因特网标准，在此后该协议经过了很多明显的变化。RTSP 目前的应用非常广泛，Apple、Vxtreme、Sun 等诸多公司都宣称它们的在线播放器支持 RTSP。

RTSP 是一种客户端到服务器端的多媒体描述协议。RTSP 提供了一个可扩展框架，使实时数据(如音频与视频)的受控、点播成为可能，每个发布和媒体文件被定义为 RTSP UPL，而媒体文件的发布信息则被写进一个被称为媒体发布的文件里，在这个文件中说明了编码器、语言、RTSP ULS、地址、端口号等参数，这个发布文件可以在客户端通过 E - mail 形式或者 HTTP 形式获得。RTSP 以客户端方式工作，对流媒体提供播放、暂停、后退、前进等操作。该标准由 IETF 指定，对应的协议是 RFC2326。

3.4.1 RTSP 的工作原理

RTSP 建立并控制一个或几个时间同步的连续媒体流。尽管连续媒体流与控制流交叉是可能的,通常 RTSP 本身并不发送连续流。换言之,RTSP 充当多媒体服务器的网络远程控制。

目前还没有具体的 RTSP 连接概念,取而代之的是由服务器维持携带标识符的会话。RTSP 会话没有绑定到传输层连接,如 TCP。在 RTSP 会话期间,RTSP 用户可打开或关闭多个对服务器的可靠传输连接以发出 RTSP 请求。此外,可使用无连接传输协议,如 UDP。RTSP 控制的连续媒体流可能用到 RTP,但 RTSP 操作并不依赖用于携带连续媒体的传输机制。RTSP 在语法和操作上与 HTTP 1.1 类似,因此 HTTP 的扩展机制大都可加入RTSP。尽管如此,在很多重要方面 RTSP 仍不同于 HTTP。

RTSP 支持的操作如下。

(1) 从媒体服务器上检索媒体。

用户可通过 HTTP 或其他方法提交一个演示描述。如果演示是组播,演示描述就包含用于连续媒体的组播地址和端口。如果演示仅通过单播发送给用户,用户为了安全应提供目的地址。

(2) 媒体服务器邀请进入会议。

媒体服务器可被邀请参加正在进行的会议,或回放媒体,或记录其中一部分或全部。这种模式在分布式教育应用上很有用,会议中几方可轮流单击远程控制按钮。

(3) 将媒体加入到现有讲座。

如果服务器告诉用户可获得附加媒体内容,对现场讲座就显得尤其有用。

3.4.2 RTSP 的特点

(1) 可扩展性:新方法和参数很容易加入 RTSP。

(2) 易解析:RTSP 可由标准 HTTP 或 MIME 解析器解析。

(3) 安全:RTSP 使用网页安全机制。

(4) 独立于传输:RTSP 可使用不可靠数据报协议(如 UDP)或者可靠数据报协议(如TCP),如要实现应用级可靠,应使用 TCP。

(5) 多服务器支持:每个流可放在不同服务器上,用户端自动同不同服务器建立几个并发控制连接,媒体同步在传输层执行。

(6) 记录设备控制:RTSP 可控制记录和回放设备。

(7) 适合专业应用:通过 SMPT 时间标签,RTSP 支持帧级精度,允许远程数字编辑。

(8) 代理与防火墙友好:协议可由应用和传输层防火墙处理。

(9) HTTP 友好:RTSP 明智地采用了 HTTP,使得结构可以重用。结构包括因特网内容选择平台。

(10) 传输协调:实际处理连续媒体流前,用户可协调传输方法。

(11) 性能协调:如果基本特征无效,必须有一些清理机制让用户决定哪种方法未生效。

3.4.3 RTSP 的结构

如图 3.22 所示,RTSP 是一个基于文本的多媒体播放控制协议,属于应用层。RTSP 以客户端方式工作,对流媒体提供播放、暂停、后退、前进等操作。该标准由 IETF 指定,对应的协议是 RFC2326。

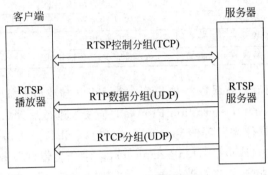

图 3.22 RTSP 传输模型

RTSP 作为一个应用层协议,提供了一个可供扩展的框架,使得流媒体的受控和点播变得可能,它主要用来控制具有实时特性的数据的发送,但其本身并不用于传送流媒体数据,而必须依赖下层传输协议(如 RTP/RTCP)所提供的服务来完成流媒体数据的传送。RTSP 负责定义具体的控制信息、操作方法、状态码,以及描述与 RTP 之间的交互操作。

RTSP 中所有的操作都是通过服务器和客户端的消息应答机制完成的,其中消息包括请求和应答两种。RTSP 是双向的协议,客户端和服务器都可以发送和回应请求。RTSP 是一个基于文本的协议,它使用 UTF-8 编码(RFC2279)和 ISO10646 字符序列,采用 RFC882 定义的通用消息格式,每个语句行由 CRLF 结束。请求消息常用的方法如表 3.2 所示。

表 3.2　请求消息的常用方法

方　法	作　用
OPTIONS	获得服务器提供的可用方法
DESCRIBE	得到会话描述信息
SETUP	客户端请求建立会话,并确立传输模式
TEARDOWN	客户端发起关闭会话请求
PLAY	客户端发起播放请求

如表 3.3 所示,一次基本的 RTSP 交互过程如下,C 表示客户端,S 表示服务器端。

表 3.3　RTSP 客户端与服务器端交互的基本过程

序号	方向	消　息	描　述
①	C→S	OPTION request	Client 询问 Server 有哪些方法可用
	S→C	OPTION response	Server 回应信息中包含所有可用方法
②	C→S	DESCRIBE request	Client 请求得到 Server 提供的媒体初始化描述信息
	S→C	DESCRIBE response	Server 回应媒体初始化信息,主要是 SDP(会话描述协议)

续表

序号	方向	消　息	描　　述
③	C→S	SETUP request	设置会话属性以及传输模式,请求建立会话
	S→C	SETUP response	Server 建立会话,返回会话标识符以及会话相关信息
④	C→S	PLAY request	Client 请求播放
	S→C	PLAY response	Server 回应播放请求信息
⑤	S→C	Media Data Transfer	发送流媒体数据
⑥	C→S	TEARDOWN request	Client 请求关闭会话
	S→C	TEARDOWN response	Server 回应关闭会话请求

　　首先客户端连接到流媒体服务器并发送一个 RTSP 描述请求(DESCRIBE request),服务器通过一个 SDP(Session Description Protocol)描述来进行反馈(DESCRIBE response),反馈信息包括流数量、媒体类型等信息。客户端分析该 SDP 描述,并为会话中的每一个流发送一个 RTSP 连接建立请求(SETUP request),该命令会告诉服务器用于接收媒体数据的端口,服务器响应该请求(SETUP response)并建立连接之后,就开始传送媒体流(RTP包)到客户端。在播放过程中客户端还可以向服务器发送请求来控制快进、快退和暂停等。最后,客户端可发送一个终止请求(TEARDOWN request)来结束流媒体会话。

　　请求消息和响应消息如图 3.23 和图 3.24 所示。请求消息由请求行、标题行中的各种标题域和主体实体组成,请求行和标题行由 ASCII 字符组成。

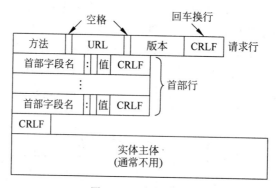

图 3.23　请求消息

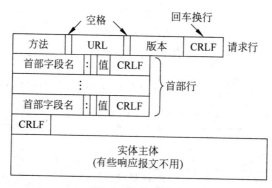

图 3.24　响应消息

请求消息和响应消息中的参数定义如下。

RTSP 版本：RTSP 版本号。

RTSP URL：用于指 RTSP 使用的网络资源。

会议标识：会议标识对 RTSP 来说是模糊的,采用标准 URL 编码方法编码,可包含任何 8 位组数值,会议标识必须全局唯一。

连接标识：连接标识是长度不确定的字符串,必须随机选择,至少要 8 个 8 位组长,使其很难被猜出。

SMPTE 相关时标：SMPTE 相关时标表示相对剪辑开始的时间,相关时标表示成 SMPTE 时间代码,精确到帧级。时间代码格式为小时:分钟:秒:帧。默认 smpte 格式是 "SMPTE 30",帧速率为每秒帧 29.97 帧。其他 SMPTE 代码可通过选择使用 smpte 时间获得支持(如"SMPTE 25")。时间数值中帧段值可从 0 到 29。每秒 30 帧与每秒 29.97 帧的差别可通过将每分钟的头两帧丢掉来实现。如帧值为零,就可删除。

正常播放时间：正常播放时间表示相对演示开始的流绝对位置。时标由十进制分数组成。左边部分用秒或小时、分钟、秒表示;小数点右边部分表示秒的部分。演示的开始对应 0.0 秒,负数没有定义。特殊常数定义成现场事件的当前时刻,这也许只用于现场事件。直观上,是联系观看者与程序的时钟,通常以数字式显示在 VCR 上。

绝对时间：绝对时间表示成 ISO 8601 时标,采用 UTC(GMT)。

可选标签：可选标签是用于指定 RTSP 新可选项的唯一标记。这些标记用在请求和代理-请求头段。

3.4.4　RTSP 中的方法与实例

客户端向服务器请求媒体资源描述,服务器端通过 SDP(Session Description Protocol)格式回应客户端的请求。资源描述中会列出所请求媒体的媒体流及其相关信息,典型情况下,音频和视频分别作为一个媒体流传输,如图 3.25 和图 3.26 所示。

```
1   C->S:   OPTIONS rtsp://example.com/media.mp4 RTSP/1.0
2           CSeq: 1
3           Require: implicit-play
4           Proxy-Require: gzipped-messages
5
6   S->C:   RTSP/1.0 200 OK
7           CSeq: 1
8           Public: DESCRIBE, SETUP, TEARDOWN, PLAY, PAUSE
```

图 3.25　OPTIONS 方法请求与应答的实例

SETUP 请求确定了具体的媒体流如何传输,该请求必须在 PLAY 请求之前发送。SETUP 请求包含媒体流的 URL 和客户端用于接收 RTP 数据的端口以及接收 RTCP 数据的端口。服务器端的回复通常包含客户端请求参数的确认,并会补充缺失的部分,如服务器选择的发送端口。每一个媒体流在发送 PLAY 请求之前,都要首先通过 SETUP 请求来进行相应的配置,如图 3.27 所示。

```
1   C->S: DESCRIBE rtsp://example.com/media.mp4 RTSP/1.0
2         CSeq: 2
3
4   S->C: RTSP/1.0 200 OK
5         CSeq: 2
6         Content-Base: rtsp://example.com/media.mp4
7         Content-Type: application/sdp
8         Content-Length: 460
9
10        m=video 0 RTP/AVP 96
11        a=control:streamid=0
12        a=range:npt=0-7.741000
13        a=length:npt=7.741000
14        a=rtpmap:96 MP4V-ES/5544
15        a=mimetype:string;"video/MP4V-ES"
16        a=AvgBitRate:integer;304018
17        a=StreamName:string;"hinted video track"
18        m=audio 0 RTP/AVP 97
19        a=control:streamid=1
20        a=range:npt=0-7.712000
21        a=length:npt=7.712000
22        a=rtpmap:97 mpeg4-generic/32000/2
23        a=mimetype:string;"audio/mpeg4-generic"
24        a=AvgBitRate:integer;65790
25        a=StreamName:string;"hinted audio track"
```

图 3.26　DESCRIBE 方法请求与应答的实例

```
1   C->S: SETUP rtsp://example.com/media.mp4/streamid=0 RTSP/1.0
2         CSeq: 3
3         Transport: RTP/AVP;unicast;client_port=8000-8001
4
5   S->C: RTSP/1.0 200 OK
6         CSeq: 3
7         Transport: RTP/AVP;unicast;client_port=8000-8001;server_port=9000-9001;ssrc=1234ABCD
8         Session: 12345678
```

图 3.27　SETUP 方法请求与应答的实例

客户端通过 PLAY 请求来播放一个或全部媒体流,PLAY 请求可以发送一次或多次,发送一次时,URL 为包含所有媒体流的地址,发送多次时,每一次请求携带的 URL 只包含一个相应的媒体流。PLAY 请求中可指定播放的 Range,若未指定,则从媒体流的开始播放到结束,如果媒体流在播放过程中被暂停,则可在暂停处重新启动流的播放,如图 3.28 所示。

```
1   C->S: PLAY rtsp://example.com/media.mp4 RTSP/1.0
2         CSeq: 4
3         Range: npt=5-20
4         Session: 12345678
5
6   S->C: RTSP/1.0 200 OK
7         CSeq: 4
8         Session: 12345678
9         RTP-Info: url=rtsp://example.com/media.mp4/streamid=0;seq=9810092;rtptime=3450012
```

图 3.28　PLAY 方法请求与应答的实例

PAUSE 请求会暂停一个或所有媒体流,后续可通过 PLAY 请求恢复播放。PAUSE 请求中携带所请求媒体流的 URL,若参数 Range 存在,则指明在何处暂停,若该参数不存在,则暂停立即生效,且暂停时长不确定,如图 3.29 所示。

```
1  C->S: PAUSE rtsp://example.com/media.mp4 RTSP/1.0
2         CSeq: 5
3         Session: 12345678
4
5  S->C: RTSP/1.0 200 OK
6         CSeq: 5
7         Session: 12345678
```

图 3.29　PAUSE 方法请求与应答的实例

结束会话请求,该请求会停止所有媒体流,并释放服务器上的相关会话数据,如图 3.30 所示。

```
1  C->S: TEARDOWN rtsp://example.com/media.mp4 RTSP/1.0
2         CSeq: 8
3         Session: 12345678
4
5  S->C: RTSP/1.0 200 OK
6         CSeq: 8
```

图 3.30　TEARDOWN 方法请求与应答的实例

检索指定 URL 数据中的参数值。不携带消息体的 GET_PARAMETER 可用来测试服务器端或客户端是否可通(类似 ping 的功能),如图 3.31 所示。

```
1  S->C: GET_PARAMETER rtsp://example.com/media.mp4 RTSP/1.0
2         CSeq: 9
3         Content-Type: text/parameters
4         Session: 12345678
5         Content-Length: 15
6
7         packets_received
8         jitter
9
10 C->S: RTSP/1.0 200 OK
11         CSeq: 9
12         Content-Length: 46
13         Content-Type: text/parameters
14
15         packets_received: 10
16         jitter: 0.3838
```

图 3.31　GET_PARAMETER 方法请求的实例

重定向请求,用于服务器通知客户端新的服务地址,客户端需要向这个新地址重新发起请求。重定向请求中可能包含 Range 参数,指明重定向生效的时间。客户端若需向新服务地址发起请求,必须先 TEARDOWN 当前会话,再向指定的新主机 SETUP 一个新的会话,如图 3.32 所示。

```
1  S->C: REDIRECT rtsp://example.com/media.mp4 RTSP/1.0
2         CSeq: 11
3         Location: rtsp://bigserver.com:8001
4         Range: clock=19960213T143205Z-
```

图 3.32　REDIRECT 方法请求的实例

除了上面所述的 RTSP 支持的基本方法,表 3.4 中是 RTSP 支持的所有方法。

表 3.4　RTSP 支持的方法

方　法	指向	对象	要求	含　义
DESCRIBE	C→S	P,S	推荐	检查演示或媒体对象的描述,也允许使用接收头指定用户理解的描述格式。DESCRIBE 的答复-响应组成媒体 RTSP 初始阶段
ANNOUNCE	C→S S→C	P,S	可选	当从用户发往服务器时,ANNOUNCE 将请求 URL 识别的演示或媒体对象描述发送给服务器;反之,ANNOUNCE 实时更新连接描述。如新媒体流加入演示,整个演示描述再次发送,而不仅仅是附加组件,使组件能被删除
GET_PARAMETER	C→S S→C	P,S	可选	GET_PARAMETER 请求检查 URL 指定的演示与媒体的参数值。没有实体时,GET_PARAMETER 也许能用来测试用户与服务器的连通情况
OPTIONS	C→S S→C	P,S	要求	可在任意时刻发出 OPTIONS 请求,如用户打算尝试非标准请求,并不影响服务器状态
PAUSE	C→S	P,S	推荐	PAUSE 请求引起流发送临时中断。如请求 URL 命名一个流,仅回放和记录被停止;如请求 URL 命名一个演示或流组,演示或组中所有当前活动的流发送都停止。恢复回放或记录后,必须维持同步。在 SETUP 消息中连接头超时参数所指定时段期间被暂停后,尽管服务器可能关闭连接并释放资源,但服务器资源会被预订
PLAY	C→S	P,S	要求	PLAY 告诉服务器以 SETUP 指定的机制开始发送数据;直到一些 SETUP 请求被成功响应,客户端才可发布 PLAY 请求。PLAY 请求将正常播放时间设置在所指定范围的起始处,发送流数据直到范围的结束处。PLAY 请求可排成队列,服务器将 PLAY 请求排成队列,顺序执行
RECORD	C→S	P,S	可选	该方法根据演示描述初始化媒体数据记录范围,时标反映开始和结束时间;如没有给出时间范围,使用演示描述提供的开始和结束时间。如连接已经启动,立即开始记录,服务器数据请求 URL 或其他 URL 决定是否存储记录的数据;如服务器没有使用 URL 请求,响应为 201(创建),并包含描述请求状态和参考新资源的实体与位置头。支持现场演示记录的媒体服务器必须支持时钟范围格式,smpte 格式没有意义
REDIRECT	S→C	P,S	可选	重定向请求通知客户端连接到另一服务器地址。它包含强制头地址,指示客户端发布 URL 请求;也可能包括参数范围,以指明重定向何时生效。若客户端要继续发送或接收 URL 媒体,客户端必须对当前连接发送 TEARDOWN 请求,而对指定的新连接发送 SETUP 请求

84

方　法	指向	对象	要求	含　义
SETUP	C→S	S	要求	对 URL 的 SETUP 请求指定用于流媒体的传输机制。客户端对正播放的流发布一个 SETUP 请求,以改变服务器允许的传输参数。如不允许这样做,响应错误为"455 Method Not Valid In This State"。为了通过防火墙,客户端必须指明传输参数,即使对这些参数没有影响
SET_PARAMETER	C→S S→C	P,S	可选	这个方法请求设置演示或 URL 指定流的参数值。请求仅应包含单个参数,允许客户端决定某个特殊请求为何失败。如请求包含多个参数,所有参数可成功设置,服务器必须只对该请求起作用。服务器必须允许参数可重复设置成同一值,但不让改变参数值。注意:媒体流传输参数必须用 SETUP 命令设置。将设置传输参数限制为 SETUP 有利于防火墙。将参数划分成规则排列形式,结果有更多有意义的错误指示
TEARDOWN	C→S	P,S	要求	TEARDOWN 请求停止给定 URL 流发送,释放相关资源。如 URL 是此演示 URL,任何 RTSP 连接标识不再有效。除非全部传输参数是连接描述定义的,SETUP 请求必须在连接可再次播放前发布

注:P—演示,S—流,C—客户端,S—服务器端

响应的状态与意义如表 3.5 所示。

表 3.5　响应的状态与意义

响应状态值	意　义
100	继续(Continue (all 100 range))
200	可以(OK)
201	创建(Created)
250	存储空间低(Low on Storage Space)
300	多重选择(Multiple Choices)
301	永久被移除(Moved Permanently)
302	暂时被移除(Moved Temporarily)
303	看其他的(See Other)
304	不被修改(Not Modified)
305	使用代理(Use Proxy)
350	消失(Going Away)
351	负载平衡(Load Balancing)
400	错误的请求(Bad Request)
401	没被授权(Unauthorized)
402	需要付费(Payment Required)
403	禁止(Forbidden)
404	没被发现(Not Found)
405	不被允许的方法(Method Not Allowed)

响应状态值	意　义
406	不被接受(Not Acceptable)
407	需要代理授权(Proxy Authentication Required)
408	请求超时(Request Time-out)
410	消失(Gone)
411	需要的长度(Length Required)
412	前提条件失败(Precondition Failed)
413	请求实体太大(Request Entity Too Large)
414	请求 URL 太大(Request-URL Too Large)
415	不支持的媒体类型(Unsupported Media Type)
451	不理解的参数(Parameter Not Understood)
452	保留(reserved)
453	带宽不足(Not Enough Bandwidth)
454	没找到会话(Session Not Found)
455	此状态下方法无效(Method Not Valid in This State)
456	资源的帧头无效(Header Field Not Valid for Resource)
457	无效范围(Invalid Range)
458	参数只读(Parameter Is Read-Only)
459	不被允许的聚合操作(Aggregate operation not allowed)
460	只允许聚合操作(Only aggregate operation allowed)
461	不被支持的传输(Unsupported Transport)
462	目的地不可达(Destination unreachable)
500	内部服务器错误(Internal Server Error)
501	不被实现(Not Implemented)
502	坏的网关(Bad Gateway)
503	不可用的服务(Service Unavailable)
504	网关超时(Gateway Time-out)
505	RTSP 版本不被支持(RTSP Version not supported)
551	不支持选项(Option not supported)

3.5　资源预留协议

　　资源预留协议(Resource Reservation Protocol,RSVP)最初是 IETF 为 QoS 的综合服务模型定义的一个信令协议,用于在流(Flow)所经路径上为该流进行资源预留,从而满足该流的 QoS 要求。

　　由于音频和视频数据流比传统数据对网络的延时更敏感,要在网络中传输高质量的音频和视频信息等,除带宽要求之外,还需要其他更多的条件。RSVP 是一种工作于因特网上的资源预留协议,利用 RSVP 预留一部分网络资源(即带宽),能在一定程度上为流媒体的传输提供 QoS(服务质量)。它允许路由器网络任何一端上终端系统或主机在彼此之间建立保留带宽路径,为网络上的数据传输预订和保证 QoS。它对于需要保证带宽和时延的业务,如语音传输、视频会议等具有十分重要的作用,在一些网络视频会议工具中就集成了 RSVP。

3.5.1 RSVP 的架构与工作原理

RSVP 的基本架构包含决策控制（Policy）、接纳控制（Admission）、分类控制器（Classifier）、分组调度器（Scheduler）与 RSVP 处理模块等几个主要成分。决策控制用来判断用户是否拥有资源预留的许可权；接纳控制则用来判断可用资源是否满足应用的需求，主要用来减少网络负荷；分类控制器用来决定数据分组的通信服务等级，主要用来实现分组过滤；分组调度器则根据服务等级进行优先级排序，主要用来实现资源配置以满足特定的 QoS。当决策控制或接纳控制未能获得许可时，RSVP 处理模块将产生预留错误消息并传送给收发端点；否则将由 RSVP 处理模块设定分类与调度控制器所需的通信服务质量参数。其基本架构如图 3.33 所示，各个模块相互协作，完成资源的预留。

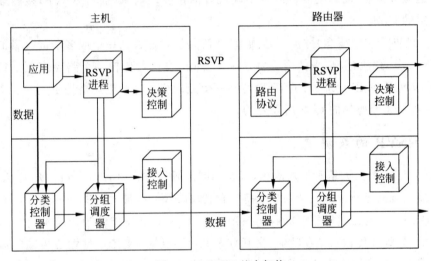

图 3.33 RSVP 基本架构

其协议工作模型如图 3.34 所示。资源预留的过程从应用程序流的源节点发送 Path 消息开始，该消息会沿着流所经路径传到流的目的节点，并沿途建立路径状态；目的节点收到该 Path 消息后，会向源节点回送 Resv 消息，沿途建立预留状态，如果源节点成功收到预期的 Resv 消息，则认为在整条路径上资源预留成功。

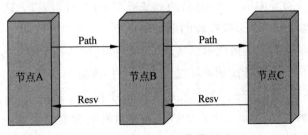

图 3.34 RSVP 工作模型

RSVP 是由接收者提出资源预留申请的，这种申请是单向的，也就是说，为从节点 A 到节点 C 的数据流预留资源，对于从节点 C 到节点 A 的数据流是不起作用的。因为在当前的因特网中，双向的路由是不对称的：从节点 A 到节点 C 的路径并不一定是从节点 C 到节点

A 的路径的反向;另外,两个方向的数据传输特征和对应申请预留的资源也未必相同。因此,RSVP 只在单方向上进行资源请求。即使是相同的应用程序,也可能既是发送者也是接收者。但 RSVP 对发送者与接收者在逻辑上是有区别的。RSVP 运行在 IPv4 或 IPv6 上层,位于七层协议栈中传输层协议的第四层。

RSVP 不传输应用数据,但支持路由控制协议,如 ICMP、IGMP 或者路由选择协议。RSVP 本质上并不属于路由选择协议,RSVP 的设计目标是与当前和未来的单播和组播路由选择协议同时运行。RSVP 参照本地路由选择数据库以获得传送路径。以组播为例,主机发送 IGMP 信息以加入组播组,然后沿着组播组传送路径,发送 RSVP 信息以预留资源。路由选择协议决定数据报转发到哪里,RSVP 只考虑根据路由选择所转发的数据报的 QoS。为了有效适应大型组、动态组成员以及不同机种的接收端需求,通过 RSVP,接收端可以请求一个特定的 QoS。

RSVP 的两个重要概念是"流"与"预留"。流是从发送者到一个或多个接收者的连接特征,通过报文中的"流标记"来体现。发送一个流前,发送者传输一个路径信息到目的接收方,这个报文包括源 IP 地址、目的 IP 地址和一个流规格。这个流规格是由流的速率和延迟组成的,这些都是流媒体的 QoS 所需要的。

3.5.2 RSVP 的数据流

在 RSVP 中,数据流是一系列信息,有着相同的源、目的(可有多个)和 QoS。QoS 要求通过网络以流规格进行通信。RSVP 支持三种传输类型:尽最大可能(Best-effort)、速率敏感(Rate-sensitive)与延迟敏感(Delay-sensitive)。尽最大可能传输为传统 IP 传输,应用包括文件传输(如邮件传输)、磁盘映像、交互登录和事务传输,支持最好性能传输的服务称为最好性能服务;速率敏感传输放弃及时性,而确保速率,RSVP 服务支持速率敏感传输,称为速率保证服务;延迟敏感传输要求传输及时,并因而改变其速率,RSVP 服务支持延迟敏感传输,被称为实时服务。

RSVP 数据流的基本特征是连接,报文在其上流通。连接是具有相同单播或组播目的的数据流,RSVP 分别处理每个连接。RSVP 支持单播和组播连接,而流总是从发送者开始的。特定连接的报文被导向同一个 IP 目的地址或公开的目的端口。IP 目的地址可能是组播发送的组地址,也可能是单个接收者的单播地址。

RSVP 数据发布是通过组播或单播实现的。组播传输将某个发送者的每个数据报复制转发给多个目的端口。单播传输的特征是只有一个接收者。即使目的地址是单播,也可能有多个接收者,以不同端口区分。多个发送者也可能存在单播地址,在这种情况下,RSVP 可建立多对一传输的资源预留。每个 RSVP 发送者和接收者对应唯一的因特网主机。然而,单个主机可包括多个发送者和接收者,以不同端口进行区分。

RSVP 支持两种主要资源预留:独占资源预留和共享资源预留。独占资源预留所要求的预留资源只用于一个发送者。即在同一会话(session)中的不同发送者分别占用不同的预留资源。而共享资源预留所要求的预留资源用于一个或多个发送者。即在同一会话(session)中的多个发送者共享预留资源。

3.5.3 RSVP 隧道

在整个因特网上同时配置 RSVP 或任意其他协议都是不可能的。实际上，RSVP 绝不可能在每个地方都被配置。因此，RSVP 必须提供正确的协议操作，即使只有两个支持 RSVP 的路由器与一群不支持 RSVP 的路由器相连。一个中等规模不支持 RSVP 的网络不能执行资源预留，因而服务保证也就不能实现。然而，如该网络有充足的额外容量，也可以提供可接受的实时服务。

为了允许 RSVP 网络连接通过不支持 RSVP 的网络，RSVP 支持隧道技术。隧道技术要求 RSVP 和非 RSVP 路由器用本地路由表转发到目的地址的路径信息。当路径信息通过非 RSVP 网络时，路径信息复制携带最后一个支持 RSVP 的路由器的 IP 地址。预留请求信息转发给下一个支持 RSVP 的路由器。

3.5.4 RSVP 帧格式

RSVP 支持四种基本的消息：资源预留请求消息、路径消息、错误和确认消息、拆链消息。

资源预留请求消息(Reservation-Request Message)：一个资源预留请求消息由接收方主机向发送方主机发送。资源预留请求消息使用同数据报路由方向相反的方向传送，直至到达发送方主机。一个资源预留请求消息必须到达发送方主机，只有这样，发送方才能为传输的第一跳设置合适的控制参数。

路径消息(Path Message)：一个路径消息由发送方通过单播或组播路由向外发送。路径消息用于存储每个节点的路径状态。资源预留请求正是通过这些路径状态才能从相反方向回到发送方的。

错误和确认消息(Error and Confirmation Message)：错误消息有两种类型，即 PathErr 和 ResvErr。PathErr 由路径消息引起，并传送到发送者。ResvErr 消息由预留消息引起，并传送到相关的接收者。

拆链消息(Teardown Message)：RSVP 拆链用于超时之前删除路径和预留状态。拆链消息有两种类型：PathTear 和 ResvTear。PathTear 删除从消息发出的节点到所有的接收者路径上的预约状态，PathTear 的路由和路径消息的路由严格一致。ResvTear 删除从消息发出的节点到所有发送者路径上的预约状态，ResvTear 的路由和预留消息的路由严格一致。ResvTear 消息可以由一个接收者，或一个状态超时或预约被剥夺的节点产生。节点上状态的删除可能会引起本节点相关预约状态的更新。

RSVP 帧格式由公共帧头(见表 3.6)和不同报文组成。

表 3.6 RSVP 帧公共帧头

4b	4b	8b	16b	16b	8b	8b	32b	1b	16b
Version	Flag	Type	Checksum	Length	Reserved	Send TTL	Message ID	MF	Fragment Offset

Version：4b，协议版本号。

Flag：4b，标志位。

Type：8b，表示消息类型，1 表示 Path 路径消息，2 表示 Resv 资源预订请求消息，3 表示 PathErr 路径错误消息，4 表示 ResvErr 资源预订错误消息，5 表示 PathTear 路径断开消息，6 表示 ResvTear 资源预订断开消息，7 表示 Resv-Conf 资源预订请求确认消息。

Checksum：16b，表示基于 RSVP 消息的标准 TCP/UDP 校验和。

Length：16b，表示 RSVP 帧的字节长度，包括公共帧头和随后携带的信息。

Send TTL：8b，表示发送报文所使用的 IP 生存时间值。

Message ID：32b，提供下一 RSVP 跳/前一 RSVP 跳消息中所有片段共享标签。

MF：1b，片段标志，一个字节的最低位，其他 7b 用于预订。除消息的最后一个片段外，都将设置 MF。

Fragment Offset：16b，表示报文中片段的字节偏移量。

1. 发送者的 Path 报文

RSVP 规定，发送者在发送数据前首先要发送 Path 报文与接收者建立一个传输路径，并协商 QoS 级。一个 Path 报文包含如表 3.7 所示的信息。

表 3.7　Path 报文

Phop	Sender Template	Sender Tspec	Adspec

Phop：后续节点地址，指出转发该 Path 消息的下一个支持 RSVP 节点（路由器或接收端）的 IP 地址。该路径上每个支持 RSVP 的路由器都要更新这个地址。

Sender Template：发送者模板，包括发送者的 IP 地址和可选择的发送者端口。

Sender Tspec：发送者传输说明，其传输说明是用一种漏桶流量模型描述的，其中有数据流峰值速率 p、桶深 b、标记桶速率 r、最小管理单元 m 以及最大数据报长度 M 等参数。

Adspec：通告说明，可选项，含有 OPWA(One Pass With Advertising)信息，使得接收者能计算出应预留的资源级，以获得指定的端到端 QoS。该路径上每个支持 RSVP 的路由器都要更新这些信息。

尽管 Adspec 是一个可选项，但它含有接收者用来计算 QoS 的重要信息。因此，这里对 Adspec 进行详细的讨论。Adspec 由一个报文头、一个默认通用参数(Default General Parameters，DGP)段以及至少一个 QoS 段组成。目前，RSVP 支持 GS 和 CLS 两个基本的 QoS 类，省略 QoS 段的 Adspec 是无效的。

表 3.8　DGP 段

最小路径等待时间
路径带宽
全局中止位
综合服务(IS)网段(hop)计数
路径最大传输单元(PathMTU)

最小路径等待时间：是指在路径上单个连接等待时间的累加和，表示无任何排队延迟的端到端等待时间。在 GS(见表 3.9)中，接收者可以使用该值计算端到端排队延迟限制，以及所有端到端延迟限制。

路径带宽：是指在路径上单个连接带宽的最小值。

全局中止位：是一个标志位。发送者创建 Adspec 时,该位置 0。路径上任何不支持 RSVP 的路由器都可将该位置 1,以通知接收者 Adspec 是无效的。

综合服务(IS)网段(hop)计数：在路径上每个支持 RSVP/IS 的路由器都将该值加 1。

路径最大传输单元(PathMTU)：是指在路径上单个连接最大传输单元(MTU)的最小值。

在路径上每个支持 RSVP 的路由器都要更新这些参数,最后将端到端的值提供给接收者。

表 3.9 保证服务(GS)字段

Ctot	Dtot	Csum	Dsum

Ctot：端到端偏差项 C 的总和。

Dtot：端到端偏差项 D 的总和。

Csum：自上次刷新点开始 C 的总和。

Dsum：自上次刷新点开始 D 的总和。

偏差项 C 和 D 是由漏桶流量模型引入的,表示路由器的近似模型与理想模型之间所允许的偏差。在分布树的某些点上,Csum 和 Dsum 被用于刷新处理。

GS 中止位：是一个标志位。发送者创建 Adspec 时,该位置 0。路径上任何 RSVP/IS 但不支持 GS 的路由器都可将该位置 1,以通知接收者 Adspec 是无效的,服务得不到保证。

GS 通用参数头/值：是一个选项。就接收者所希望的 GS 预留而言,如果选择了其中的任何一个,都会忽略 DGP 段所给定的相应值。

Adspec 的 CLS 段包含如下字段。

CLS 中止位：是一个标志位。发送者创建 Adspec 时,该位置 0。路径上任何支持 RSVP/IS 但不支持 CLS 的路由器都可将该位置 1,以通知接收者 Adspec 是无效的,服务得不到保证。

CLS 通用参数头/值：是一个选项。与 GS 段一样,它忽略 DGP 段所给定的特殊服务通用参数。

发送者通过 Path 报文中的 Adspec OPWA 定义端到端服务的预留模式。如果在 Path 报文中没有定义 Adspec 选项,则预留模式只是简单地提交"One Pass",接收者也就无法确定端到端的服务。Path 报文通过多个中间支持 RSVP 的路由器传输给一个或多个接收者,并形成一个传输路径。在各个路由器上,Path 报文建立起相应的路径状态,并等待接收者 Resv 报文的协商确认,最终将按所需 QoS 确定该路径上的预留资源。

2. 接收者的 Resv 报文

接收者接收到 Path 报文后,从 Sender Tspec 和 Adspec 字段中提取传输特性参数和 QoS 参数,利用这些参数建立起接收者预留说明 Rspec。Rspec 由如下参数组成。

带宽 R：根据 Sender Tspec 参数计算而成。如果得到的 R 值大于 Adspec 中的路径带宽值,则 R 值必须相应地减小。R 值将保存在各个路由器上。

时隙 S：表示端到端延迟限制与应用所需端到端延迟的差值,初始为 0。通过设置 S 值,将为各个路由器在确定局部预留上提供更多的伸缩性,提高端到端预留的成功率。

利用 Rspec 可以创建 Resv 报文。一个 Resv 报文包含如表 3.10 所示的内容。

表 3.10　Resv 报文

预留模式
过滤器说明（Filterspec）
数据流说明（Flowspec）

预留模式：RSVP 的资源预留是针对路由器端口的，路由器使用 Filterspec 和 Flowspec 为相应的端口定义其预留模式，并实施对资源预留的控制。RSVP 可用的预留模式主要有下面三种。

Fixed Filter(FF)：为一个特定发送者建立资源预留状态，由 Filterspec 指定一个特定发送者，合并后的 Flowspec 为该发送者所有预留请求中最大的 Flowspec 值。重新生成的 Resv 报文传送给该发送者的上游节点。

Shared Explicit(SE)：为一个特定的发送者集合建立共享的资源预留状态，由 Filterspec 指定一个特定的发送者集合，合并后的 Flowspec 为这个发送者集合所有预留请求中最大的 Flowspec 值。重新生成的 Resv 报文传送给这些发送者集合的上游节点。

Wildcard Filter(WF)：为所有发送者建立共享的资源预留状态，Filterspec 是通配符，表示可以和任何发送者相匹配，合并后的 Flowspec 为所有预留请求中最大的 Flowspec 值。重新生成的 Resv 报文传送给它的上游节点。

在这些预留模式中，FF 用于单播（点到点通信）、SE 用于组播（点到多点通信）、WF 用于广播（点到所有点通信）场合，其中，SE 和 WF 适合于会议应用。因为在这类应用中，某一时刻只有一个发送者是主动的，应当为发送者的音频和视频流建立资源预留状态，并预留发送带宽。

过滤器说明（Filterspec）：用来标识期望接收的发送者集合，采用与一个 Path 报文中 Sender Template 完全相同的格式。对于 WF 模式，将被忽略。

数据流说明（Flowspec）：用来说明一个期望的服务质量（QoS），由预留说明 Rspec 和流量说明 TRspec 组合而成。通常，将 TRspec 设置成与 Sender Tspec 相等。

预留确认对象（ResvConf）：可选项，含有接收者的 IP 地址，用于指示接收该预留请求的节点。ResvConf 报文在分布树上向上传播，最终到达该消息接收者，表明端到端预留的成功。

Resv 报文按指定的路径逆向传送给发送者。在每个路由器节点上，Resv 报文对发送者的预留请求给予确认，并且可以和达到同一端口的其他 Resv 报文合并，再传送给由 Phop 指示的上游路由器，直至到达发送者。

3.5.5　路由器对 RSVP 帧的处理

1. Path 报文的处理

在点到多点的传输路径上，中间要通过多个支持 RSVP 的路由器，形成一个分布树。这些路由器都要截获 Path 报文，并检查其有效性。如果发现错误，则要卸下 Path 报文，并用 PathErr 报文通告给上游的发送者，以便让发送者采取适当的动作。

如果 Path 报文是有效的，则路由器将执行下列处理。

（1）更新发送者路径状态登记项。发送者是用 Sender Template 标识的，如果当前尚无路径状态，则要建立该状态。路径状态包含 Phop、Sender Tspec 以及任意一个 Adspec。Phop 必须存储，以便在分布树上逆向查找转发 Resv 报文的路由。Sender Tspec 提供一个阈值，用于对 Resv 报文中的 Tspec 进行限制。

（2）设置清除计时器。每个路径状态登记项采用软状态机制，必须使用 Path 报文进行周期性更新。如果在清除计时器规定的时间间隔内没有收到 Path 报文，则会自动删除相应的路径状态登记项，以免死亡的路径状态登记项长期残留在路径状态登记表中。每当收到 Path 报文，要重新设置清除计时器，路径状态信息就不会因超时而被删除。

（3）生成和转发 Path 报文。根据所存储的路径状态信息生成新的 Path 报文，并沿着分布树向下转发，以刷新下游路由器的路径状态。在下列情况下将创建并发送 Path 报文：一是每当所存储的路径状态发生改变时，将立即创建 Path 报文并发送给下游节点；二是每当更新周期计时器发生超时，将周期地创建 Path 报文并发送给下游节点。

为了维护路径状态信息，路由器的 RSVP 设有两个计时器：清除计时器和更新周期计时器。后者的时间间隔比前者要小若干倍，这样偶尔发生的 Path 报文丢失不会引起不必要的路径状态信息删除。但最好是用最小网络带宽来配置 RSVP 报文，以免因拥挤而丢失数据。如果一直没有 Path 报文的刷新，路径状态信息最终会因超时而被删除。当路径状态登记项被删除时，将产生 PathTear 报文，它沿着和 Path 报文相同的路径传送，沿途各个路由器都要删除该发送者的路径状态信息，并且相关的预留状态也随之被删除。

2．Resv 报文处理

当路由器接收到 Resv 报文后，按其预留模式和流规格（Flowspec）进行如下处理。

（1）将有效的流规格（Flowspec）提交给路由器的传输控制模块，由传输控制模块实施许可控制和策略控制，以确定是否接受预留。许可控制将单独确定是否有足够容量来满足预留请求，策略控制采用某种策略实施控制，例如，采取某种策略来限制用户的预留的带宽等。

（2）如果该预留请求被拒绝，则路由器将保持已有的预留状态，并向下游节点发送一个 ResvErr 报文。

（3）如果该预留请求被接受，则路由器用有效的流规格（Flowspec）和 Filterspec 设置其预留状态。这时，可采用某种规则来改变与该预留请求相关联的预留说明（Rspec），还可以采用某种规则将该预留请求和其他预留请求相合并，产生新的 Resv 报文。路由器将从所存储的路径状态中获得上游路由器，将 Resv 报文转发给它。

习　　题

1．现在利用 RTSP/RTP/RTCP 搭建一个流媒体服务器，请详述一下整个流媒体传输的过程。

2．在 RTP 帧结构中，哪些字段可以表示流媒体的特性？

3．请详述一下 RTCP 中 SR 报文的每个字段的含义。

第4章 移动流媒体技术

流媒体是一种用流式传输技术实现即时传输的新型媒体传输方式,传输包括音频、视频、文本、图像和动画等数据,流媒体技术现在广泛应用于网上视频直播、点播、视频通话等网上媒体交流传输。而移动流媒体技术就是使流媒体在移动网络和移动终端上得以实现的技术,目前通过网络在各个移动终端(主要为手机)上被广泛应用,许多功能的实现都基于此技术,其同样被利用在娱乐、教育等各个领域,并促进这些领域的发展。

随着移动网络的不断发展,5G 移动网络时代已经来临,移动流媒体技术也将革新。在 5G 超高速率、超低延时、低功耗、泛在网和万物互联的条件支持下,移动流媒体技术的一些应用设想有了发展的可能。移动流媒体技术在 5G 的发展支持下,被应用于更多领域,而移动流媒体应用也可以开发出更多功能来方便人们的生活。

本章首先介绍移动通信网络的发展和关键技术,移动流媒体技术的发展和关键技术,然后介绍在 5G 移动网络下移动流媒体技术可能的发展方向,最后探讨其可能得到哪些应用,有哪些新的应用可能产生。

4.1 移动流媒体技术发展概述

随着移动终端功能越来越多,人们开始把流媒体技术运用到移动终端上,形成了移动流媒体技术。同理,移动流媒体技术就是用户也可以在下载的同时观看收听音视频内容,只是换成了在移动终端上实现,也可以把它看成流媒体技术发展进阶的结果。

4.1.1 移动通信技术发展概述

移动通信是指移动物体之间的通信,可以是移动体与固定物体的通信,也可以是移动物体与移动物体的通信,也就是接收双方至少有一方是移动的。与无线通信不同,通信物体不再被要求是固定的,移动通信是无线通信现代化的产物,它是电子计算机与移动互联网的重要成果之一。现在移动通信技术已经经过第一代、第二代、第三代、第四代的发展,来到了第五代发展的时代。

20 世纪 80 年代,第一代移动通信系统被提出,在 20 世纪 90 年代初完成,如 1981 年的 NMT 运营。20 世纪 90 年代初期,第二代移动通信系统开始发展,1996 年,欧洲电信标准协会提出了 GSM Phase 2+。到 20 世纪末,介于第二代和第三代之间的 2.5 代移动通信系统,实现高速的数据分组接入。然后第三代移动通信系统出现(IMT 2000),它有 WCDMA、CDMA2000、TD-SCDMA 三大分支。之后第四代移动通信系统出现,以 WLAN 技术为发展重点,运用 LTE 系统,传输图片视频更快、质量更好、图像更加清晰。到 2013 年,世界上开始进行第五代移动通信系统的研究,而 5G 以超高速率、超低时延、超大网络容量和超大覆盖为目标,最近5G的研究已趋于成熟。

1G(第一代移动通信系统)是模拟蜂窝移动通信,移动性和蜂窝组网的特性从第一代开始成为后面几代继承这一特性的基础,于1940年有了战地通信移动电话。40年后,大哥大与电话出现并普及。当时是爱立信和摩托罗拉的AB两网,移动、联通、电信等运营商还未出现,直到1999年AB两网被关闭,开启了2G时代。

2G(第二代移动通信技术)出现了更多多址技术(如TDMA和CDMA),比1G的抗干扰能力强很多。1995年,2G这一新通信技术开始成熟,国内也进入了2G时代。从这一时代开始,手机可以上网了,第一款可以上网的手机是诺基亚7110,那时的手机网速只有9kb/s,只能看看小说和文章。

3G(第三代移动通信技术)有了更高的网速,可以开始快速稳定地传输图片、视频、音频,用户不再仅限于小说和文章的阅读。美国以高通公司为首的TIA组织提出了CDMA2000,然后纠集利益同盟成立了3GPP组织并标准化了CDMA2000,中国当时的CWTS(现CCSA)提出了TD-SCDMA并也加入了3GPP,通过与来自ETSI的UTRA TDD融合完成了标准化。因此,3G的主流系统为WCDMA、CDMA2000 EVDO、TD-SCDMA以及后来IEEE组织的WiMAX组成的IMT-2000家族。

4G(第四代移动通信技术)与3G不同,其网络架构发生了大改变,基站直接连接核心网使整个网络更加扁平化,时延减少,用户体验上升。核心网由原来电路域开始全IP化,并由IMS承载原先的业务,空口技术变成了OFDM。4G几乎可以使所有客户都能快速方便地通信,视频在线观看点播技术十分成熟。2013年12月,工业与信息化部颁发了4G牌照给中国移动、中国联通和中国电信,移动互联网的速度已经和普通宽带相差无几,4G信号大规模覆盖,成为日常的主力网络。

5G(第五代移动通信技术)有物联网、与移动互联网两大类,具有超低时延、超高可靠、超低功耗的特点。5G的应用不仅包含提供超高清视频、实现VR/AR游戏交互、能支持大量机器的流量汇集,还有智能城市服务、智能家居系统、自动驾驶汽车、移动医疗等业务未来发展蓝图。

4.1.2 移动流媒体技术发展概述

流媒体是指文本、视频、音频等像流水一样从服务器传输到用户端的一种媒体传输方式。随着移动通信技术的不断发展,人们对于通信的需求越来越多,要求也越来越多,在第二代移动通信出现时,流媒体技术应运而生,在2.5G时,流媒体技术更加完善。但此时流媒体技术仅在固定的计算机上应用,为了使其应用在移动网络和终端上,移动流媒体技术产生了。移动流媒体技术的产生,打破了移动终端内存小、低耗能的限制,使移动终端也能点播、直播大量音频视频,丰富了移动终端的功能,也给用户带来了更多的娱乐和通信方面的享受。

在4G时代,移动流媒体技术发展更为成熟,已经运用在广播电视、网络广告、电子商务、远程教育、航空航天探测、深海探测、远程教育、现代医学等多个领域。而在5G逐渐完善成熟的现在,移动流媒体技术的应用和业务有广泛的发展前景,成为5G时代的热门业务之一。

在2004年CDMA2000 1x无线网络的环境下,中国联通和各厂家就发展流媒体业务进行了探讨,提出意见和解决方案并补充和完善了技术体制和业务规范,建立了移动 VOD 商用实验局。2005 年,上海文化广播影视集团和中国移动合作推出了能下载点播和直播的手机电视节目。

2015 年前后,三大电信运营商的话务费降低,移动流量速度大幅提升。根据移动互联网用户的使用时长可以看出,视频直播(长视频＋短视频＋直播)合计使用时长仅次于社交网络占比达到了 27％,两者加在一起所占比例能达到用户使用总时长的 60％左右。2017年,我国网络直播的市场规模达到 441 亿元,比 2016 年增长了 92.6％,但 2018 年网络直播市场增长趋于平缓,规模为 516 亿元,仅比 2017 年增长 17％。然而,2018 年短视频的市场规模快速增长至 467 亿元,与 2017 年相比增长了几倍。

4.2 移动通信网络的关键技术

了解 5G 网络的目标性能和实际情况,需要结合并了解移动通信网络的网络结构和关键技术。了解后有助于理解 5G 的网络结构和关键技术,从而结合 5G 谈论移动流媒体技术的发展和应用前景。本章主要介绍 2G 的 GSM 系统、3G 的 WCDMA 系统、4G 的 TD-LTE系统和 5G 移动通信网络系统的网络结构和关键技术。

4.2.1 2G 系统的网络结构和关键技术

本节详细介绍了 GSM 的网络由哪些部分构成,这些部分都有什么作用,以及这一系统的接口协议和其中的关键技术。

1. 2G 系统的网络结构

GSM 系统主要由移动台(MS)、基站子系统(BSS)、移动网子系统(NSS)和操作维护中心(OMC)四部分组成,如图 4.1 所示。

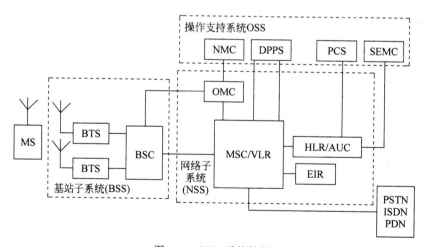

图 4.1 GSM 系统结构

(1)移动台(MS):移动台的类型包括手持台、车载台和便携式台,是公用 GSM 移动通信网中用户唯一能够直接接触和使用的设备。

(2)基站子系统(BSS):基站子系统可以说是 GSM 系统无线蜂窝方面的基本组成部分

之一,无线接口成为它和移动台连接的桥梁,它和移动台共同工作来传输无线信息和管理无线资源;它还与网络子系统(NSS)中的移动业务交换中心(MSC)相连,用来在移动用户之间和移动与固定用户之间建立通信,并负责在整个系统中间传输系统信号以及用户信息等。

(3) 移动网子系统(NSS):移动网子系统由移动业务交换中心(MSC)、归属位置寄存器(HLR)、拜访位置寄存器(VLR)、鉴权中心(AUC)、设备识别寄存器(EIR)、操作维护中心(OMC)和短消息业务中心(SC)构成。MSC可以控制位于它覆盖区域中的MS和交换话务,连接移动通信网与其他通信网,负责其整个区内的呼叫控制、移动性管理和无线资源管理,是一个实体。VLR存储了进入其覆盖区用户与呼叫处理有关信息的动态数据。为了方便MSC通过VLR检索信息来处理其覆盖区中MS的来话和去话呼叫,通常把VLR与MSC设立在同一物理实体中。HLR作为管理移动用户的数据库,主要存储的信息是与用户有关的业务信息和用户的位置信息,每个移动用户在HLR归属的位置寄存器注册登记才能实现它管理用户的功能。

(4) 操作维护中心(OMC):顾名思义,它的主要作用是管理移动用户和管理移动设备以及操作和维护网络,维护是主要任务。

2. 2G系统的网络接口与协议

在通信系统中,接口是模块之间或设备之间以及设备与模块之间传输信息的桥梁。想完整流畅地传输信息,就需要接口两端的连接物采用相同的协议。为了满足不同情况的模块或设备的通信就制定了各种各样的协议。

GSM系统的接口主要包括Um、Abis、A、B、C、D、E、F、G等。网络优化中为分析信令数据查找网络存在的问题通常需要在A接口和Abis接口进行信令跟踪。按照一定的信令流程可以实现系统中的接入、切换和位置更新,通过接口的信令跟踪准确定位问题并及时处理,工作效率快速提升。

3. 2G系统的关键技术

为了较好地完成网络优化工作,还需要了解GSM系统的关键技术,包括频率复用、时分多址和跳频技术等。

1) 频率复用

在不同位置的小区内使用相同的频率相当于提高频率的利用率,但同一频率的使用干扰很严重。

2) 时分多址

在GSM系统中,发射前信息经过加密处理来确保信息传递的安全,将一个频点作为一个TDMA(Time Division Multiple Access,时分多址)帧,输入不同的参数运用加密算法来保证加密的安全。

3) 跳频技术

在GSM系统中,在固定的时间间隔内改变信道的使用频率,这种跳频技术属于慢速跳频,有干扰源分集与频率分集的作用。

GSM系统中,基带跳频由腔体合成器实现,而射频跳频由混合合成器实现。前者是随时间的变化使用不同的频率发射机发射语音信号,后者是随跳频序列的序列值变化用固定的发射机发射不同频率的语音信号。

4.2.2　3G 系统的网络结构和关键技术

3G 与 2G 从技术上比较最主要的区别在于提高了空中接口的传输速率,本节主要介绍 3G 三大主流系统中的 WCDMA 系统。WCDMA 系统是从 GSM 系统演进而来,采用频分双工、直接序列扩频方式和越区软切换方式。

1. 3G 系统的网络结构

第三代移动通信系统的分层结构如图 4.2 所示。

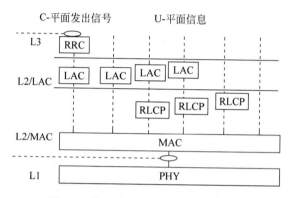

图 4.2　第三代移动通信系统分层结构

（1）物理层：由一系列下行物理信道和上行物理信道组成。

（2）链路层：由媒体接收控制子层（MAC）和链路接入控制子层（LAC）组合而成。LAC 子层不同的业务实体会有不同的要求,MAC 子层就根据这些要求来管理和控制物理资源,并提供 LAC 子层业务实体所需的 QoS 级别。LAC 子层控制和管理与物理层相对独立的链路,提供更高级别的 QoS 控制,这种控制通过 ARQ 等方式实现来满足来自更高层业务实体的传输可靠性,MAC 子层无法提供。

（3）高层：它集 OSI 模型中的网络层、传输层、会话层、表达层和应用层为一体,负责各种业务的呼叫信令处理是高层实体的主要任务,它还兼顾控制话音业务和处理数据业务等任务。语音业务包括电路类型和分组类型,数据业务包括 IP 业务、电路和分组数据、短消息等。

2. 3G 系统的网络接口与协议

3GPP 定义了 WCDMA 系统各个接口的上层协议,而底层则借鉴了已有的协议。WCDMA 系统对比 GSM 系统增加了很多接口,例如,增加了 Uu、Iub、Iur 和 Iu 等接口的 R99 版本,增加了 Mc、Nb 和 Nc 等接口的 R4 版本,增加了 IMS 相关接口的 R5 版本。在 R99 版 WCDMA 系统中,使用 ATM 作为底层传输技术,采用了新的接入网 UTRAN,通过 Iu 接口与核心网相连。

3. 3G 系统的关键技术

与 GSM 系统相比,WCDMA 系统数据业务比重增加,业务的分配较为烦琐,复杂的业务环境需要更复杂的机制来完成业务处理。WCDMA 系统网络优化涉及的关键技术主要包括：系统消息广播、网络选择与随机接入、功率控制、测量与切换等。

1) 系统消息广播、网络选择与随机接入

在大多数地点,每个 UE 会同时收到多个小区的信号,因此 UE 选择信号最好的小区驻留,它取得小区的下行主扰码来读取系统广播信息,通过监测系统广播消息来获得系统消息。

UE 开机后寻找并选择网络通过小区进行注册,在系统验证用户和网络合法之后,就允许 UE 接入网络,注册完成后进行位置更新以便网络可以找到 UE;UE 待机时为保证它始终在条件最佳的小区驻留,时常根据测量的信号强度更换驻留小区;它从驻留的小区系统信息块中获得相邻小区的信息并测量,把测量结果与当前驻留小区对比并判断。

UE 与网络通信就是一个随机接入的过程;在 UE 发起通信前网络不会分配专业信道资源给 UE,所以 UE 需要 RACH 来发送呼叫请求;UE 向网络发送 RRC 消息通过 RACH,UE 和网络通信的基础是 RRC 连接,随机接入的目的就是在 UE 与 SRNC 间建立一条 RRC 连接。

2) 功率控制

功率控制是在保证信号传输质量的前提下,通过限制移动台和基站的发射功率来减少 WCDMA 系统中小区间和小区内的同频信号干扰。功率控制有多种分类方法,在上下行概念方面可分为上行和下行功率控制,在功率控制的对象方面可分为专用业务和公共信道的功率控制,在控制的特点方面可分为开环和闭环功率控制等。

下行公共物理信道包括 P-CCPCH、S-CCPCH、AICH 和 PICH 等。P-CPICH(小区公共导频信道)的功率设定决定小区覆盖的大小,以 P-CPICH 为参考设置其他下行公共信道的功率;UE 通过 P-CPICH 判断小区下行的覆盖,当下行公共物理信道的覆盖小于 P-CPICH 时,小区边缘的 UE 无法正常读取小区的下行公共物理信道,当大于 P-CPICH 时就会对相邻小区造成干扰。

3) 测量与切换

与无线管理相关的很多功能,如切换过程和其他网络功能,在无线网络中都需要测量且以测量结果为依据。测量通常可以分为 UE 侧测量和 UTRAN 侧测量。

UE 在移动过程中与网络通信时用切换过程来保证通信的质量和连续。切换可分为软切换和硬切换,切换时的链路是两种切换的主要区别,前者在切换时 UE 同时保持原有的和新的无线链路,而后者是先断掉原有的链路然后切换至新的链路。

4.2.3 4G 系统的网络结构和关键技术

4G 系统主要采用 LTE 系统,2004 年 12 月,3GPP(The 3rd Generation Partnership Project,第三代合作伙伴计划)组织确定的 UMTS(Universal Mobile Telecommunications System,通用移动通信系统)技术标准的长期演进结果 LTE(Long Term Evolution,长期演进)系统在多伦多会议上正式立项并启动。LTE 是无线数据通信技术标准,LTE 系统开始的初期以提升无线网的数据传输能力与速度为主要目标,这一目标靠发展一些新技术和新调制方法(2000 年前后提出)来实现,如新的 DSP 技术。到了 LTE 系统发展的后期,网络的传输能力和速度已大幅度提升,以此为基础考虑简化或重新设计网络体系结构来解决 3G 转换为 4G 的一些潜在问题,使其成为 IP 化网络。之后会介绍 LTE 系统的网络结构、接口与协议和关键技术。

1. 4G 系统的网络结构

LTE 无线系统架构由 EPC 和 E-UTRAN 两部分组成,其中,EPC 是基于系统架构演进(System Architecture Evolution,SAE)架构的核心网技术,由移动性管理实体(Mobility Management Entity,MME)、业务网关(Serving Gateway,S-GW)、分组数据网关(PDN Gateway,P-GW)、归属用户服务器(Home Subscriber Server,HSS)等网元组成,如图 4.3 所示。在结构上,EPC 不包括电路交换,EPC 和已有的 3GPP 的网络结构在节点的结构和每个节点的功能上都有所不同。其中,E-UTRAN 只由 eNode-B 组成且 eNode-B 负责所有的无线功能,去掉了 RNC 节点,这样节点种类减少使结构更加简单也减少了时延。IP 连接层(EPS)由移动台、E-UTRAN 和 EPC 构成。LTE 系统不存在电路交换节点和接口,所有的业务只用 IP 的方式来支持。业务连接层通过 IMS 提供服务。eNode-B 之间都通过 X2 接口相连,它可以同时管理和调度多个小区的无线资源,作为几个相邻小区之间的无损通道来进行数据沟通。简化网络架构后的 LTE 无线接入网,其系统的传输响应大幅降低。

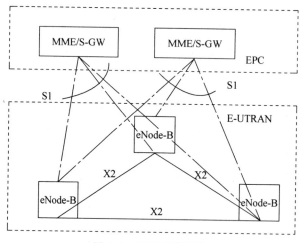

图 4.3   LTE 系统结构

2. 4G 系统的网络接口和协议

S1 接口分为 S1 用户面接口和 S1 控制面接口,是移动台和核心网之间的接口。eNode-B 和 S-GW 之间的接口是 S1-U,主要功能是用户面的数据传输和控制。S1-MME 指的是 eNode-B 和 MME 之间的接口,应用协议是 S1AP。S1 接口的主要功能有:管理 EPS 的承载业务的建立、修改和释放;在 EMM 已连接的状态下管理移动终端移动的信息,包括 LTE 的内部切换以及 3GPP-RAT 间的切换;有寻呼功能并可以传送 NAS 信令和选择 NAS 节点;共享网络、支持漫游和区域限制以及参与初始内容的建立;可以管理所有种类的 S1 接口。

X2 接口连接每个 eNode-B,由用户面接口和控制面接口这两个接口构成,协议是 X2AP。X2-U 是用户面接口提供非保证的用户面 PDU 的传送。X2-CP 是 eNode-B 之间的控制面接口。X2 接口的功能有:能管理所有普通的 X2 接口,指出错误并自行处理不复杂的错误;中断正在切换移动终端的行为;支持前后 eNode-B 之间的上下文传送和用户通道控制、移动台在 EMM 连接状态时的 LTE 系统内部移动;管理上、下行的负载。

3. 4G 系统的关键技术

LTE 系统中,物理层关键技术有了较大创新,主要内容为:实现了视频资源的灵活配置；进一步提高了频谱效率；进一步实现了传输性能的提升以及实现对不同应用环境的支持。本节将依次介绍 OFDM 技术、MIMO 技术、HARQ 技术及链路自适应技术。

1) OFDM 技术

OFDM(Orthogonal Frequency Division Multiplexing,正交频分复用)技术与传统的频分复用技术不同,它采用多个正交的子载波来并行传输数据,使子信道的频谱互相重叠,信号的调制/解调用 IFFT/FFT 实现,使频谱的利用率大幅提升。信道传播特性不理想会产生的码间干扰,需要复杂的频域(或时域)的均衡方法来消除,但因 OFDM 系统各子载波正交的特性,接收端也不需要使用这一方法,接收机也得以简化,因此 OFDM 具有高数据传输能力。

下面简要阐述 OFDM 信号的产生,以 QAM-OFDM 为例,信号产生框图如图 4.4 所示。

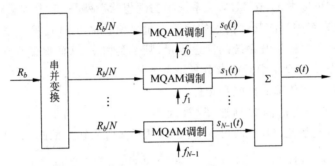

图 4.4　QAM-OFDM 信号产生框图

若 QAM 进制数是 M,经过 MQAM 调制后,R_s 如式 4.1 所示。子载波间隔 $\Delta f = \dfrac{1}{T_s}$、速率为 R_b 的信息序列,串并转换分为 N 路,然后经 MQAM 调制,再进行加和,因为 MQAM 调制符号速率降低为输入的 $1/\log_2 M$,因此:

$$R_s = R_b/(N\log_2 M) \tag{4.1}$$

LTE 系统的上行链路与下行链路都可以自适应地使用正交相移键控(QPSK)、16 星座正交幅度调制(16QAM)和 64QAM 等多种调制技术,OFDM 技术可以看成是高星座正交幅度调制。图 4.5 是整个 OFDM 系统的结构框图,比特流数据经过数字调制后实行串并变换,然后进行 IFFT 变换和并串变换并加入循环前缀(Cyclic Prefix,CP),最后形成了一个完整的发射信号,再将这一发射信号用一个成型滤波器处理后发送至信道,这是发送端的流程；接收端的过程就是发送端过程的逆推最后得到的信号数据。

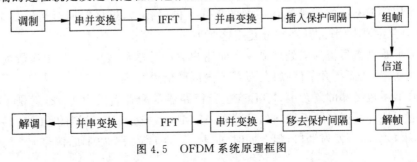

图 4.5　OFDM 系统原理框图

2）MIMO 技术

多进多出（MIMO）天线系统在它的发射端以及接收端都布置了天线来形成信道，每一端的天线不再是仅一根，所以可以用这种方式快速地提高信道容量。目前已有的频谱资源已被充分利用，而 MIMO 系统就通过利用空间资源来增益频谱资源的有效性和可靠性来使频谱利用率提高。但因 MIMO 系统两端的天线增多，使其两端的处理更加复杂化。因此，为了不使两端的复杂处理影响 MIMO 系统的吞吐量、可靠性和传输范围，使用了更复杂的信号处理技术来处理信号。MIMO 通过建立更多信道来成倍地提高信道容量，从而大幅地提升了系统的吞吐量。设发送天线数为 m，接收天线数是 n，分离每个天线发送信号的情况下，有如下信道容量公式。

$$C = m \times \log_2\left(\frac{n}{m} \times \text{SNR}\right), \quad n \geqslant m \quad (\text{SNR 为每个接收天线的信噪比}) \quad (4.2)$$

根据这个公式可以发现，在 MIMO 系统中的理想状态就是，信道容量随着 m 值的增加而不断增加，以此来突破当前其他技术的信道容量峰值。MIMO 技术可以不用提高带宽以及天线的发射功率而大幅提升系统的信道容量、频带利用率，从而保证高数据速率业务的传输质量。MIMO 技术在复用增益或者分集增益的搭配方面大大提升，进而增大了小区的覆盖范围和容量以及数据传输的性能和指标。

为了满足 LTE 系统的高数据速率、高通信质量等方面的要求，LTE 系统下行链路 MIMO 的基本天线配置是 2×2（两根发射天线，两根接收天线），如图 4.6 所示。

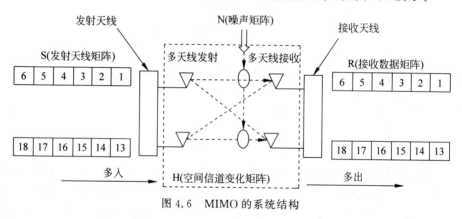

图 4.6　MIMO 的系统结构

LTE 下行链路采用的 MIMO 技术主要包括发射分集、空分复用和波束成形。

发射分集是接收天线比发射天线少时采用的空间分集。它利用空间分集的特点，因为发射端的天线多，所以接收端的天线即使是一根也能获得空间分集的增益。

空分复用能使不同的信号流在不同的天线上同时传递，这样能同时传递更多的信号。LTE 系统中它主要有闭环/开环空分复用这两种。

波束成形是把信号流加工处理成一个向用户方向传的波束，这样传输数据的方向上会有更多的功率，从而提升了信噪比、覆盖范围以及信道容量。

为了降低手机终端的复杂度，LTE 在上行链路通常配置天线为 1×2，就是手机终端布置一根发射天线和两根接收天线。但这样的 MIMO 系统是一个虚拟的 MIMO 系统，从发送端来说，手机有一个发射端口，但会同时同频发送两个及两个以上的信号流；从接收端来说,其他手机的信号流会被当成同一发射端上不同天线的信号流;这样就整体构成了一个虚拟 MIMO。这中间手机和手机之间的通信都由基站作为中转站来统一调度分配。

3) HARQ 技术

HARQ(Hybrid Auto Repeat reQuest,混合自动重传请求)是 FEC(Forward Error Correction,前向纠错)与 ARQ(Automatic Repeat-reQuest,自动重传请求)合并的产物,它运用 FEC 纠正可纠正的错误部分,通过错误检测出不可纠正的部分,将不能纠正的错误数据包丢弃,向发送端发生重传请求。

LTE 系统中 HARQ 技术主要有两种实现方式:软合并和增量冗余。在软合并中,通过缓冲存储器将错误数据包与重传数据包组合,产生更可靠合并组件数据包进行解码。增量冗余(IR)技术是在首次传输时发送传输的信息和一部分冗余比特,在重传时除了信息再发送另外的冗余比特。重传更多冗余比特,可以降低信道编码率,提高解码成功率,解决第一次传输没有成功解码的问题。若这样依然无法正常解码,则不断重传来使冗余比特不断增加,从而使信道编码率不断降低来不断提高解码成功率。HARQ 技术与 AMC 技术相配合能弹性地并精细地调整 HARQ 进程速率。

图 4.7 是同步 HARQ 协议和异步 HARQ 协议在 HARQ 重传时重传时间的具体描述。LTE 系统上行链路采用的是同步 HARQ 协议,而它的下行链路采用的是异步 HARQ 协议。HARQ 重传时都会有 HARQ 进程号,同步 HARQ 协议在预定好的时间重传,从而不需要把进程号发送给接收端。而异步 HARQ 协议可以在上一次传输之后的任何时间重传,所以让接收端得知进程号十分重要。

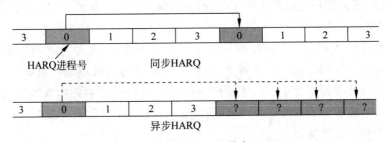

图 4.7 同步 HARQ 和异步 HARQ

4) 链路自适应技术

链路自适应技术是指系统根据获取的当前信道信息,为自身能适应当前的信道而调整自身的参数。由此得知,这一技术主要需要做到两方面:一是获取信道信息,这一信息包括准确有效的信道环境参数和信道指示参数,信道指示信息主要用来直观地反映当前的信道状况;二是能调整自身的参数,这些参数包括编码方式、调制方式、发射功率和时频资源以及冗余信息。链路自适应技术其实是混合自动重传请求、自适应调制与编码技术、信道选择性调度技术和功率控制技术几种技术的总和,其中最关键的技术是 AMC(Adaptive Modulation and Coding,自适应调制编码)。

AMC 技术会根据当前收到的无线信道变化的信息,来对应寻找出最适合当前状况的链路速度和调制方式,从而更好地利用整个系统获得当前最多的用户数据量。在这一技术中,终端周期性地测量和报告信道质量,MCS 不再是传统的改变终端发射功率,而是随信道环境变化而在不同的载干比区间改变信道最大吞吐量。高阶 MCS 的载干比、吞吐量与用户和基站之间的距离有关,距离越近这些数据越高,相反则越小;在区域边界有大量的噪声和干扰且信道衰落严重,此时,低阶 MCS 的载干比和吞吐量成反比。因此,MCS 为达到不同信道环境下最大的吞吐量,会选择最合适的调制编码方法。根据信道质量调整发射功率的情况如图 4.8 所示。

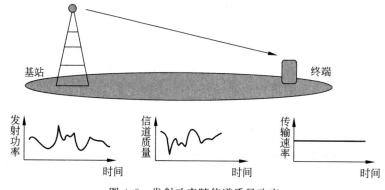

图 4.8　发射功率随信道质量改变

5)小区间干扰消除与协调技术

不同小区的基站采用同一频率组合成一个网络(同频组网)会出现小区间的干扰,小区间干扰协调(Inter Cell Interference Coordination,ICIC)技术就是为解决这一现象而出现的。LTE 采用的是正交频分复用(OFDM)技术来减少信道之间的相互干扰(ICI)。但这一技术只能解决小区内用户之间存在的干扰,而无法解决小区之间的干扰,这种组网方式下小区的边缘受到的干扰最为严重。下面会详细介绍解决这一干扰的技术之一——ICIC 技术。

ICIC 技术通过两种方式来消除或协调小区间的干扰,一是尽量保持系统吞吐量不变化,二是尽量提升小区边缘用户的频谱率,总的来说就是通过管理无线资源(干预资源使用和负载等)来避免小区间干扰。这一干预的具体实施是限制时频资源或发射功率。而静态 ICIC 由部分频率复用(Fractional Frequency Reuse,FFR)和软频率复用(Soft Frequency Reuse,SFR)两种方式来实现。

(1)部分频率复用。

FFR 通过将频率资源分成不同的复用集合来达到消除干扰的目的,频率因子大于 1 的集合和等于 1 的集合,其中,中心用户调度使用等于 1 的频率复用集合,边缘用户调度使用大于 1 的频率复用集合。

(2)软频率复用。

SFR 中系统将带宽分为三份,小区边缘使用 1 份量的带宽且频率因子为 3,小区中心使用剩下的 2 份量的带宽且频率复用因子为 3/2。

(3)动态 ICIC。

不仅是静态 ICIC 这种控制带宽和频率的方式,还有动态 ICIC 这种用随时变换的调节指令来实现对两小区间的控制,从而协调小区间干扰。

4.2.4　5G 网络的性能特点与关键技术

近年来,以 LTE 技术为代表的 4G 系统已十分成熟且广泛商用,在这样的情况下,人们已越来越不满足当前的数字移动通信应用和服务,而这类应用会随着无线网络的发展越来越多。2020 年 5G 出现,无限数据流量和其更高的网络容量,能够使用户体验实现大幅度提升,人们对数字移动通信服务需求越来越多。因此,为了解决这一问题,新一代移动通信系统 5G 的研发是众望所归,5G 成为相关行业领域研究的热点。

无线网络和各种设备的结合产生了各式各样的无线通信技术与业务,5G 网络的容量会持续扩大。如今,移动流量不断急速增长,已经到了网络面临容量不足和耗能巨大的地步,而对于运营商来说运营成本越来越高。不仅是前面这些问题,目前可用的频谱资源也逐渐无法支撑增长的流量,现在的可用频谱在整个频谱当中是十分分散的,且频谱与频谱之间相隔甚远,因此频谱资源很是稀缺。寻找新的技术或运用新的网络架构才能有效地提升网络容量和速度。

1. 5G 网络性能特点

本节主要介绍了 5G 移动网络的性能特点,阐述了 5G 的三大业务场景和六大基本特点。

1) 5G 三大业务场景

3GPP 组织确定了 5G 的三大业务场景——eMBB、mMTC 和 URLLC。其中,eMBB 指的是人们可以观看享受 3D/超高清视频等大流量数据的服务;mMTC 指的是实现大量机器可以相互通信,不受网络限制;URLLC 则是指可以做到超低时延、超高可靠性链接的通信服务,这些服务可以用在需要此特性的应用上。

根据上面三大业务场景具体描述可知,现在普遍要求 5G 不仅要在速度、网络容量上做出突破,还要在连接、通信和耗能甚至架构等各个方面做出突破,相当于把原来的通信进行翻天覆地的改变。5G 除了人的通信外还要满足人、机和机对机之间的通信,真正做到万物互联。根据这些要求又可以把 5G 的要求概括为六点。

2) 5G 的六大基本特点

(1) 高速度。

面对现在已经发展成熟的 4G 系统,5G 要解决的首要问题就是巨大的网络容量和超高网络速度的问题,这样各种各样的业务才能在高速度、高容量的网络土壤下快速发展。亦如之前每代的通信系统,5G 的容量、速度甚至峰值,都因环境、时间和损耗以及不断发展的通信技术等各种原因,无法确定成一个准确的数字或者数值,如不同时期的速率波动都导致 5G 的速度无法固定。以目前的各种状况和技术来说,5G 的基站峰值应不低于 20Gb/s,这个速度可能会随着新技术的产生而提升。在这样的速度下,高清视频的下载、VR/AR 的高体验和广泛应用等都会成为可能。

(2) 泛在网。

随着业务的发展,网络业务需要在更复杂的场景上使用,广泛存在于人们生活的每一方面。泛在网的"泛"包括平面上的广泛和每个层次的普及两方面。广泛是指有人类活动的任何区域,都要覆盖上 5G 网络,不论是高山还是沟壑,各种地形各种环境都要覆盖到。每个层次的普及是指人们日常生活中每个角落每个方面都要有 5G 网络覆盖,与 5G 网络有联系。卫生间网络质量差和地下停车场、地下室基本没信号的今天,在 5G 到来后,将变成每个地方都能享受高速 5G 网络的明天。

从某方面来说,与高速度相比泛在网更重要,要保证 5G 的服务与体验就要实现泛在网。3GPP 的三大场景虽然没提到它,但它却是三大业务场景实现的根本。

（3）低功耗。

5G想要实现mMTC就要对功耗有严格的要求。近年来，可穿戴产品也在发展，但始终不能普及，其主要原因就是实用性差，如智能手表这种待机时间短需要经常充电的应用。各种能连接网络的产品都离不开通信与能源，目前实现通信的方法各种各样各有特点，但能进行能源供应的就只有靠蓄电池这一种方法。若通信过程能量消耗巨大，物联网产品就难以在人群中普及开。

若能降低各种联网产品的功耗，就能大幅提高用户体验，并使其应用更加便捷，从而快速普及。

（4）低时延。

5G要求网络时延最大不超过1ms，几乎做到无时延。在这样的环境下，类似于自动驾驶、机械全自动化才有机会快速发展。否则，例如无人驾驶，几十甚至上百毫秒的延迟，即使在人们看来时间很短，在机械上面也会发生无法挽回的损失和惨案。同理，无人驾驶飞机则更是如此。因此这种机械全自动化的应用服务，都需要5G的极低时延。5G有这样严格要求的网络，才能给这类应用发展的机会。

想要大幅降低时延就要在5G网络构建中寻找各种方法，例如边缘计算这样的技术会被运用到5G的网络架构中。

（5）万物互联。

终端在传统通信固定电话时代十分有限，一群人使用一个固定电话。终端在手机时代到来时数量激增，几乎每个人都有一个手机。而终端到了5G时代可能会数量暴增，每个家庭甚至每个人都可能会有数个终端。

2018年，中国的14亿移动终端用户大部分以手机为主。而通信业对于5G的期望是每平方千米的网络都能支撑100万个移动终端同时运行。这样未来接入到网络的终端，可能不仅是手机，还可能是其他东西，如日常生活中常见的眼镜、衣服、门窗、空调、冰箱、洗衣机等都可以接入5G网络成为智能家居产品，形成智能家庭。不只是家庭生活，社会生活中的大量设备如垃圾桶、公交站台等公共设施也能开始联网，联网后成为智能设备更易于管理。

（6）重构安全。

安全问题目前不是3GPP组织考虑的重点，但是它是5G大量普及和进入商用需要考虑的重点。传统的网络只注重解决信息传输速度、可靠性的问题，显然无法满足5G成为智能互联网的要求。安全是5G智能互联网的首位要求，若不构建完善的安全体系，那5G的巨大能力也会变成巨大的破坏力。若没有完善的安全体系，那无人驾驶系统就容易被入侵发生事故，智能健康系统被入侵导致大量用户信息泄露，智能家居被攻破会让用户家中安全无法保障，这些问题一旦出现就难以修复，还会造成无法挽回的损失。

因此，在5G的网络构建之初，从架构底层开始就应加入安全机制对一些信息进行加密，在面对一些特殊服务时，更要建立成熟可靠的安全机制。

2. 5G网络关键技术

为实现5G强大的业务支撑能力，其在无线传输技术和网络技术方面都将有新的突破，主要体现在超高效能的无线传输技术和高密度无线网络（High Density Wireless Network，HDWN）技术。下面将分别详细叙述大规模MIMO技术、基于滤波器组的多载波技术、全双工技术(Full Duplex)、超密集异构网络技术(Ultra Dense Network，UDN)、自组织网络技术(Self-Organizing Network，SON)、软件定义无线网络(Soft Defined Networking，SDN)技术和内容分发网络技术(Content Distribution Network，CDN)等关键技术的原理和作用。

1) 大规模 MIMO 技术

MIMO 技术在提高系统频谱效率和传输的可靠性这些方面十分擅长,已经被用在很多系统中了,如 LTE 系统、LTE-A 系统等。根据之前对于 MIMO 技术原理的介绍可以得知,系统的信道容量和吞吐量会随收发天线的数量大幅上涨。因此,对于 5G 这种需要大量的信道容量和吞吐量的系统,就需要在收发两端的基站布置大量的天线,这也就形成了大型 MIMO 系统。这一系统能做到在一个时间频率上支持多个用户的各项服务。这种系统根据其天线配置的不同还能分为两种——集中式和分布式,根据名字就能判断,集中式是所有的天线都布置在一个基站上,而分布式是所有的天线分散地布置在多个节点上面,其基本模型如图 4.9 所示。

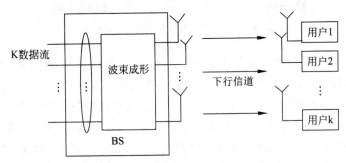

图 4.9　大规模 MIMO 基本模型

大型 MIMO 的优点主要有以下几条:一是它比现有的任何 MIMO 技术的空间分辨率都要高,对于空间资源的利用度更深,这样在不加大基站密度和带宽的值的情况下就能极大限度地提高频谱利用率,还能支撑大量用户在同一时间和基站通信;二是它能通过集中波束在很窄的范围内来大幅减少干扰;三是它即使大幅度地降低了发射功率,也能带来更高的功率效率;四是当天线的数量足够多时,线性预编码和线性检测器的功能会达到最好的效果,且噪声及其他不相关干扰少的都几乎可以被忽略。

2) 基于滤波器组的多载波技术

滤波器组多载波技术(Filter Bank based Multicarrier，FBMC)可以有效地解决频谱效率问题、多径衰落问题。它能在满足一些高速率通信需求的同时保障信号的接收质量,具有较强的抗干扰能力。

FBMC 属于频分复用技术,也就是分开频谱(用一组滤波器)来实现频率复用。这一组滤波器为分析滤波器组和综合滤波器组。综合滤波器组就是把接收到的各个信号综合在一起并重建成一个信号,然后经信道发送给分析滤波器,而分析滤波器组就把接收到的信号分解成多个子信号。由此可知,分析滤波器组和综合滤波器组互为逆向结构。分析滤波器组与综合滤波器组都是由原型滤波器改变后组成的,原型滤波器经过频率移动处理后就能变成各种滤波器。分析滤波器组和综合滤波器组的原型函数互为共轭和时间翻转。分析滤波器组和综合滤波器组的数学表达式如下。

分析滤波器组:

$$h_k(n) = h_p(n) W_M^{-nk} e^{-j2\pi(L_p-1)/2} \tag{4.3}$$

综合滤波器组:

$$g_k(n) = h_p^*(L_p - n - 1)W_M^{-kn}e^{-j2\pi(L_p-1)/2} \tag{4.4}$$

其中,* 表示共轭;h_p 为分析滤波器组原型函数;$W_M^{-kn} = e^{j2\pi nk/M}$ 为频移系数;L_p 为滤波器长度且有 $L_p = KM$,M 为滤波器个数,K 为重叠因子;n 的取值范围为自然数,即 $n = 1, 2, 3, \cdots$。多载波系统收发端示意图如图 4.10 所示。

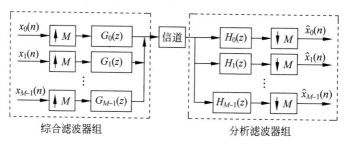

图 4.10 多载波系统收发端示意图

已知 FBMC 技术都是在滤波器组的基础上实现的,发送端和接收端分别要实现多载波的调制和解调,因此它们也会使用不同的滤波器组,如图 4.10 所示。各种滤波器的形成方式有所不同,综合/分析滤波器都是由一对并行的成员滤波器组合形成的,而调制滤波器是通过多载波调制原型滤波器的每个成员滤波器形成的。FBMC 技术与 OFDM 技术不同的是,原型滤波器的设计是可以根据各种需要而改变的,如各子载波的带宽、冲击响应、频率响应、是否插入循环前缀和各子载波之间是否正交等。这样就能动态地控制各子载波之间的交叠深浅,从而能动态地控制相邻子载波之间的干扰,一些零碎的频谱资源也能被使用起来。它的各子载波之间不需要特地进行同步处理,它们可以单独进行同步、信道估计、检测等处理。但系统上行链路的各用户之间难以严格同步,因此要用 FBMC 技术。

3) 全双工通信技术

全双工通信技术指可以在同一时间同一频率进行双向通信的技术,如图 4.11 所示。在目前所有的无线通信系统中,基站和终端的固有发射信号和接收信号之间会产生干扰,因此,有技术条件的强大限制,同频、同时的双向通信无法实现。目前,主要通过时间或频率来分离接收和传送信道,如 3G 的 TDD 模式通过在不同频率上发送信号来分离链路,4G 的 FDD 模式通过在不同的时间上发送信号来区分链路,同时、同频的双向通信无法实现使无线资源(频率和时间)理论上只利用了一半。

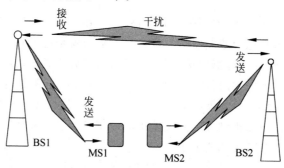

图 4.11 同频、同时全双工技术

理论上,最佳条件下全双工通信技术可以灵活地使用更多的频谱,这样频谱的利用率会提高到原来的两倍。随着器件设备技术和信号处理技术的快速发展,为更深层地利用无线频谱资源,全双工通信技术会是 5G 系统研究不可缺少的一点。接收信号与发射信号的功率不同,这样它们之间会有巨大的功率差从而导致严重的自干扰现象。因此,若想全双工通信技术进入实际使用的阶段,就要先解决自干扰这一难题。

4) 超密集异构网络技术

5G 系统不仅包括新的无线传输/接入技术,还包括这些技术的很多后续演进技术。因此,5G 系统会包含多种无线接入技术,如 5G、4G、LTE、UMTS(Universal Mobile Telecommunications System)和 Wi-Fi(Wireless Fidelity)等会在其中共存。负责广阔覆盖网络的基站和负责热点大面积覆盖的低功率小站会同时存在 5G 系统中,例如 Micro、Pico、Relay 和 Femto 等多无线接入技术多层覆盖异构网络,其模型如图 4.12 所示。这些数量巨大的低功率节点分为两种,一种是经过规划的运营商部署的宏节点低功率节点;另一种是未经过规划的用户部署的低功率节点,而这种节点也有两种类型,分别是 OSG(Open Subscriber Group)类型和 CSG(Closed Subscriber Group)类型,这样就使网络拓扑和特性变得很复杂。

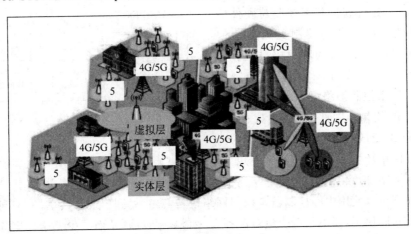

图 4.12　超密集异构组网模型

超密集异构网络是指各种网络节点和基站增多,使网络覆盖得更加密集从而使所有用户终端与网络的距离都更近了,大大地提高了功率效率和系统容量,使得各种接入技术和各覆盖层间的业务分担更灵活。但这种网络也会因节点距离的减少出现一些新的问题——各种干扰问题,可能会存在同一类无线接入技术之间的干扰、不同接入技术相同频谱之间的干扰、不同覆盖层次之间的干扰,这些干扰不解决就会给整个网络带来性能损伤,现在急需更进一步的深层研究来解决这些问题,并达到多无线接入技术、多覆盖层次之间共存的目标。

5) 自组织网络技术

原来的移动通信网络的网络部署、运营和维护都需要通过投入大量的人力资源来维持,从而使运营商为了运行投入大量的成本。目前,各大运营商总收入的 70% 基本都投入到了运营上,且在移动通信不断发展的背景下,人工操作对网络优化的作用越来越小。因此,为了解决网络运营维护成本过高的问题,在自身可持续发展的前提下高效运营、维护网络并且满足客户需求。因此,NGMN 联盟中的运营商发起并联合大部分的设备制造商提出了自组织网络这一概念来解决当前人力投入难以解决的问题。自组织网络根据字面意思就是指网络可以自行地维持稳定状态并进化自己,也就是网络可以自行优化、检测并修复自身出现的问题等,这样就减少了大量收效甚微的人力资源投入。现在,它凭借显著的优势使其被渐渐投入市场,现在新铺设的网络必须有自组织网络这一功能。5G 系统复杂多样的无线传输/接入技术和网络架构等会导致网络管理的复杂化加剧,急需网络深度智能化来确保 5G 的性能实现。自组织网络将成为 5G 的重要技术之一。

6)软件定义无线网络

在之前所有的网络架构中,控制平面和转发平面合并在一起且都被封闭在网络节点中,因此,网络技术的创新变得艰难起来。为解决这种模式所带来的问题,美国斯坦福大学研究人员提出了软件定义网络的概念。在这种网络中,其所有有关控制功能的决策都由中心控制器决定,而中心控制器由软件进行统一控制,这样就做到了控制与硬件的分离,从而使网络设备的控制更加集中便捷。软件定义网络中,分为应用层、控制层、基础设施层,如图 4.13 所示。其中,控制层通过网络接口来控制网络设备,从而达到控制网络节点的效果。因此,在这种架构中,路由从分布式变成了由控制器集中定义。

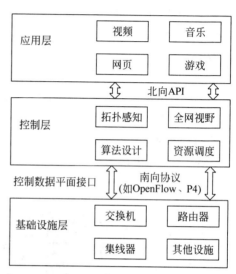

图 4.13 软件定义无线网络架构

在当前无线网络环境下,不同的运营商想为用户提供服务无法共同使用一个基础设施。软件定义无线网络分片化了基站资源,从而使基站虚拟化并导致了网络的虚拟化。这样,无论哪个运营商都可以使用中心控制器来控制网络设备,真正做到了设备共享,一个网络设施由不同运营商共同使用,而不是每个运营商都有一套基础设施,从而减少了这些运营商的网络运行成本,增加了净利润。

7)内容分发网络

内容分发网络被提出是为了解决互联网访问质量的问题,目前的网络中,如果内容提供商想要提供内容,需要在其服务器上发布内容供用户选择。越来越多的用户对于内容的需求会导致访问过多,从而使服务器严重负载和堵塞网络,这样用户的访问体验会十分不好。为解决这种问题,就使用了 CDN 技术。CDN 技术为了解决服务器负载过多的问题会使用缓存服务器,把这些缓存服务器布置在用户访问多的地方,然后 CDN 技术会在有内容请求时,根据节点到用户的距离等各种信息,综合选出最佳的服务器给用户发送内容,用户就能从这里取得想要的内容,解决网络的拥挤问题和访问网站的响应速度问题,如图 4.14 所示。

3. 5G 网络架构

5G 网络中包含多种现在已有或即将出现的无线传输/接入技术和多种系统的网络,包括传统蜂窝网络、大规模 MIMO 网络、认知无线网络(CR)、无线局域网(Wi-Fi)、无线传感器网络(WSN)、小型基站、可见光通信(VLC)和设备直连通信(D2D)等,管控它们需要用统

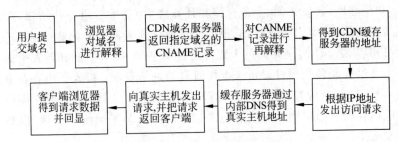

图 4.14 访问 CDN 缓存后流程

一的核心网络,这样可以让用户体验到超高速率和超低时延以及多场景一致的服务。
图 4.15 是一个预想的 5G 系统架构。

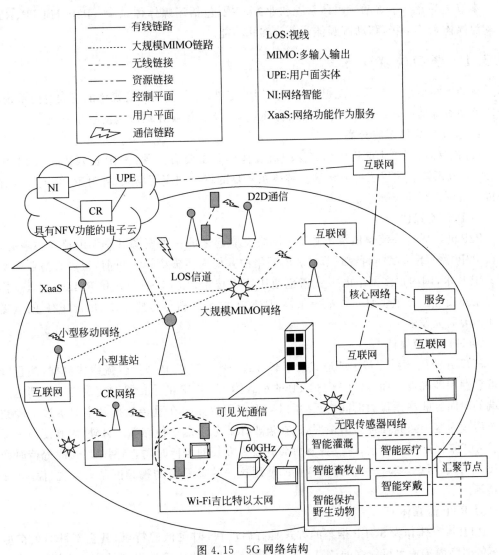

图 4.15 5G 网络结构

这一 5G 网络架构,引入了分离控制与转发等功能,与相应的硬件设备一起能够及时获
取各种网络资源的具体信息,并选择出合适的网络连接和功能来调度资源。接入网(提供多

111

种空口技术)和核心网(转发平面、业务存储和计算能力)功能的进一步增强,形成的复杂网络拓扑能支持多连接、自组织等方式,能根据需求最佳地实现差异化业务。

由上述可得,以上 5G 网络架构可大致分为控制平面、接入平面和转发平面。控制平面就是在网络上通过控制各个硬件设备来调控所有的网络资源;接入平面有着多种类型的基站和无线接入设备,能响应控制平面的灵活调度来快速做出调整;转发平面由业务流加速和能缓存集成内容的分布式网关等功能构成。它们由控制平面统一管理,提高了路由灵活性和数据转发效率。

4.3 移动流媒体技术

本节主要介绍了移动流媒体系统和业务,主要包括流媒体体系——P2P、HTTP、RTP,移动流媒体系统结构,移动流媒体业务分类和功能。

4.3.1 移动流媒体系统

移动流媒体系统是移动流媒体实际应用的基础,本节先描述流媒体的三大主流系统,再介绍移动流媒体的系统结构,与后文结合 5G 阐述移动流媒体的应用前景相对应。

1. 移动流媒体系统分类

目前在移动网络中应用较为广泛的流媒体体系主要有三种:P2P 流媒体、HTTP 流媒体、RTP 流媒体。这里主要分析这三种体系各自的特点和应用场景,并对 RTP 流媒体体系的传输机制进行重点研究。

1) P2P 流媒体

P2P 流媒体这一流媒体技术是基于网络发展起来的一种资源共享型的流媒体业务,用户在 P2P 模式下可以同时观看节目和向网络中其他人传输资源。目前,很多直播业务都使用 P2P 技术,国内很多网络电视直播也使用这一技术,如 PPStream 和 PPLive。但点播系统的用户交互操作过多且对终端要求高,P2P 技术无法满足这些要求,因此 P2P 的点播技术还需要研究发展。

2) HTTP 流媒体

HTTP 流媒体系统基于渐进式的下载方式,使用 HTTP 来传输流媒体数据,注重链路的可靠性和准确性。而 TCP 是 HTTP 的承载体,因 TCP 的重传机制使重传数据到达用户终端的时间可能在预播放时间之后,所以会出现用户无法在重传数据到来前跳过这段数据播放后续内容导致画面停止的情况,这在流媒体业务中是一种弊端。另外,因其使用无损的下载方式来保证播放质量,所以观看前会有较为漫长的等待时间,当网络较慢时等待时间会更长,不利于用户体验。目前我国常见的使用这一传输系统的视频网站有乐视、优酷、搜狐视频等。

3) RTP 流媒体

RTP 流媒体作为 3GPP 推荐的方式具有启动快、时延低的特点,其主要目的是在尽可能短的时间内传尽可能多的信息。它因其稳定可靠的传输性得到了广泛应用,全球很多公司的网站和电视台都采用这一系统实时播放音视频与电视节目,甚至我国许多大型的音乐会、新闻报道、开幕式的直播也采用此系统。而我国许多运营商的点播系统也采用 RTP

传输,如中国联通的 wap. tv. wo. com. cn 网站进行的流媒体点播业务。

RTP 系统明确定义了流媒体业务的每个过程,包括初始接入、功能协商、会话建立、开始播放、结束挂机,这样做便于监控业务的同步情况,降低了传输时延。它传输流媒体数据通常使用 UDP,也可以在其他协议(如 ATM 或 TCP)上工作。一般 RTP 和 RTCP(Real time Transfer Protocol,实时传输控制协议)搭配使用,流媒体数据的传输由 RTP 负责,RTCP 负责更多的控制功能,当传输流媒体数据时用户终端和服务器会相互发送 RTCP 报告(丢包率、时延等信息)。终端会根据报告改变播放速率来适应当前的网络状态,服务器也根据报告来动态调整使传输速率达到最佳状态。因此,在 UDP 没有重发机制的情况下,RTP 发生丢包时服务器是否重传会根据流媒体文件的特性来决定,有时还会丢弃一些不重要的数据,这样就保证了业务的连续性。由此可以看出,RTP 数据包含例如负载类型、网络状况、终端和服务器的类型、丢包、时延等丰富的信息,这样使网络资源的分配更为合理。相较于其他的流媒体系统,RTP 能从信令中获得最大的信息量且评估与优化更易进行,也最规范。

2. 移动流媒体系统结构

本节主要描述了一个高性能、用户体验质量好的移动通信系统,该系统主要包括网络电视直播功能和音视频实时发布功能。该系统有高负载性能,以防大量用户并发访问,该系统同样使观看中切换频道不易发生延迟。

1) 系统组成

高性能移动流媒体系统主要有三大子系统:移动终端缓存共享子系统、基于预加载的网络电视频道快速切换子系统和音视频实时发布子系统,如图 4.16 所示,各部分说明如下。

(1) 移动终端缓存共享子系统。

移动终端缓存子系统又主要分为硬件编码器、流媒体服务器、移动智能终端三部分。它的运作流程主要是,硬件编码器先采集有线电视网络的模拟频道信号,把它转码成音视频流(MPEG-TS 格式);音视频流再被流媒体服务器的流切片模块切成相近大小的文件块编号后存储在磁盘上;然后把文件块读到内存中来保证快速响应

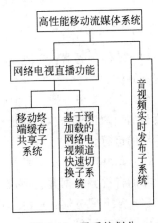

图 4.16　子系统划分

移动终端对视频内容的请求,根据编号移动终端能快速找到所需的文件块;最终在网络上采用 UDP 上的自定义通信协议把文件块传输到移动终端系统上。该系统与传统网络电视流媒体的 C/S 架构模式不同的是,它的移动终端系统间能通过自定义的通信协议共享缓存中的视频数据,减少了服务器的带宽负载使它能够承受多用户同时访问。

(2) 基于预加载的网络电视频道快速切换子系统。

该子系统使用的是基于预加载的网络电视频道快速切换方法。媒体服务器缓存了每个频道预设时长内的音视频数据块,这样快速切换频道时,终端只要少量的额外带宽来预加载使用频道的最新音视频数据块就能快速解码并播放,同时为后续数据向媒体服务器发出请求。用这种方式,终端与服务器控制信息的交互过程和媒体数据的传输导致的时延在频道切换中将消失,因终端即时请求媒体数据、填充本地视频缓冲区过程的时延也会大幅减少。

这一系统大量减少频道切换的时延使用户体验大大上升。

（3）音视频实时发布子系统。

该系统实时采集移动终端的音视频数据发布到流媒体服务器后台通过 RTP，之后服务器把视频流转换成 HTTP 格式形成直播节目单，其他终端的用户可以通过直播节目单选择频道进行同步观看。

2）系统网络拓扑结构

系统的网络拓扑结构如图 4.17 所示，各部分说明如下。

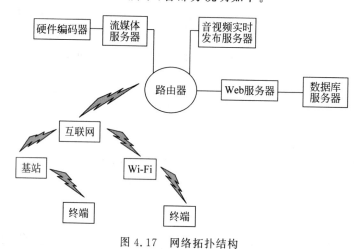

图 4.17　网络拓扑结构

（1）硬件编码器：它把接收到的有线电视网络的模拟频道信号转换成 MPEG-TS 格式的音视频流。

（2）流媒体服务器：它把向硬件编码器请求的音视频流进行切块、编号等处理，并处理接收到的用户请求，支撑移动终端缓存共享子系统和基于预加载的网络电视频道快速切换子系统的运行。

（3）音视频实时发布服务器：及时接收移动终端实时发布音视频的请求，同时接收用户发布的音视频数据并转换成 HTTP 格式，动态生成频道节目单让其他用户端观看。

（4）Web 服务器：它用来管理网络电视直播的频道节目单和用户分享的实时音视频所动态生成的节目单。

（5）数据库服务器：用来存储运行参数数据，可以直观地看出系统运行状态。

（6）终端：通过基站的蜂窝数据网络或 Wi-Fi 等向服务器发出请求获得相关数据资源，实时观看下载不同频道的音视频，还可以通过流媒体服务器直播或向其他用户分享音视频信息。

3）系统技术架构

高性能移动流媒体系统可分为移动终端、服务器端和数据层三个部分，其各个部分使用的技术架构如图 4.18 所示，各部分说明如下。

（1）移动终端：主要包括音视频流的解码播放和摄像头、麦克风的音视频实时采集与发布分享两大类不同的功能。开源技术 VLC 播放器能解码播放音视频流，本地内存缓存中的音视频数据通过集成 VLC 播放器播放，使网络电视业务能在安卓平台实现。解析移动终端实时录制的音视频数据，并从中提取出 H.264 和 AAC 数据打包成 RTP 格式的音视

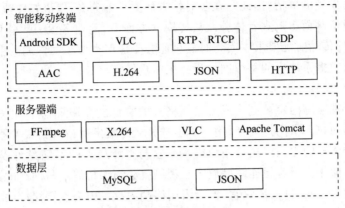

图 4.18　系统技术架构

频流,通过 RTP、RTCP 发送到流媒体服务器,就能实现摄像头和麦克风的音视频的实时采集和发布分享功能。其中,会话描述采用的是 SDP 会话描述文件。HTTP 能使智能终端从服务器获取相关运行数据(频道列表等),使用 JSON 格式作为数据格式。

(2)服务器端:包括流媒体服务器、音视频实时发布服务器和 Web 服务器。流媒体服务器的编解码、切块音视频等操作都使用开源项目 FFmpeg、X.264 进行。音视频实时发布服务器通过 VLC 重新编码和转发智能终端发送来的音视频。Web 服务器通过在 Apache Tomcat 服务器上运行 JSP 脚本来处理相关的业务。

(3)数据层:主要存储运行参数数据使系统能顺利运行,能直观地感受系统的运行状态,存储数据到 MySQL 数据库中。

4.3.2　移动流媒体业务

本节主要描述了移动流媒体业务分类、结构与功能,介绍了移动流媒体业务主要有几种,需要提供哪些功能,移动流媒体业务结构和结构中每一层的说明。

1. 移动流媒体业务分类

根据播放方式的差异和对实时性要求的不同,可以将移动流媒体业务划分为三类:下载、直播和点播。

1)下载

一定程度上,实时流媒体业务不包含下载类业务。下载是使用顺序流传输或实时流传输技术下载流媒体数据到终端让人观看。这种业务只有下载的时候需要网络,下载完之后播放在无网络状态下也可以进行,由此可以看出,下载业务比实时流媒体业务对网络的负荷轻,但因它需要完整的源文件,所以终端需要很强的存储能力。下载业务从技术上又能分成 Progressive Download、普通 HTTP/WAP 和 OMA 下载三种。

2)直播

直播业务是通过编码器把现场采集到的实时信号制作成特定格式的文件再上传到服务器,然后服务器在移动网络下分发流媒体数据到不同的用户终端上。这种直播类业务,观看时无法快进、快退等,当网络断开又重新连接成功时,用户只能观看现在正在播放的内容,无法查看断开连接时间内的那部分内容。这种业务的作用是使用户不在现场也能几乎和在现场一样观看实时发生的事情,因此它在实时性方面要求十分高,使流媒体数据的时延和抖动不能超过某一数值从而影响观看体验。从传输这方面看,此业务没有严格限制误码率和丢包率,但有较高的传输时延要求。因为时延可能会受任何类似于文件编码率等因素的影响,所以要严格要求直播系统中的每个网络设备来尽量缩短时延。

3)点播

点播就是音视频等内容被制作成流媒体格式的文件放在服务器上,这些内容的简介被整合放置在网站门户上供用户选择,用户单击选择后终端发送请求给服务器,服务器就会把所选内容以流式传输的方式发送给用户终端。它与直播最大的不同是可以进行快进/退和播放暂停等交互操作。但若想连续播放完音视频就必须保持终端与网络的连接状态。当点播内容播放完后,终端会自动清除它,不会占用终端内存。因为点播播放的不是正在发生的事情,所以对时延和网络的要求较低。用户与网络点播系统之间可以有更多的交流,服务器能够根据终端反馈的当前播放情况及网络能力这些信息来动态地改变分发策略,使系统能更好地利用资源。

2. 移动流媒体业务结构与功能

这里主要介绍移动流媒体业务的结构与功能,首先描述移动流媒体业务的网络架构,再描述移动流媒体业务的主要功能。

1)移动流媒体业务结构

移动流媒体业务网络架构如图 4.19 所示。在流媒体业务的实现过程中,根据不同阶段与环节的作用,可以分为以下 4 层,自下而上分别如下。

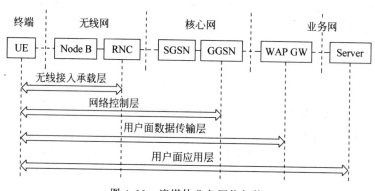

图 4.19 流媒体业务网络架构

(1)无线接入承载层:包含 RRC 连接建立等流程,承载建立终端与 UTRAN 侧的信令,在此基础上终端同核心网设备、业务平台进行信令和业务用户面数据的交互。

(2)网络控制层:包含 PDP 激活、附着、Service Request、PS Paging 等流程,这些流程又由许多子流程组成,如 RAB 指配、鉴权、GGSN 通知 WAP GW 的计费等,这些使移动网络能够实现一系列用户相关的功能。

(3)用户面数据传输层:主要是用户面数据传输的 IP/TCP 层,承载了应用实现和用户操作。这部分主要研究如何更好地建立 WAP GW 和终端之间的链接,优化在移动网内用户面 IP 数据包传输时的分片机制;既优化了流媒体业务,还给其他各类分组数据业务的优化提供了参考。

(4)用户面应用层:其中包含流媒体的业务建立、暂停操作等流程,流媒体业务内容最上层的应用交互通过它来实现,通过7层协议可知,这里主要指的是 IP/TCP 层之上的应用层(含 HTTP、RTP、RTCP 等协议)。

流媒体业务实现需要用户面数据传输层、用户面应用层等上述各层面之间相互配合。流媒体业务的应用就是用户通过使用流媒体业务来获取自己想得到的内容,如在线点播流媒体文件、下载播放流媒体文件和收看实时流媒体广播以及观看直播内容等,它还必须能接口其他服务或应用。

2)移动流媒体业务功能

(1)业务发现功能:用户能够访问并发现移动流媒体业务的门户网站,这一功能通常通过 WAP 或 HTTP 方式实现。门户网站会根据用户发来的请求信息(包含当前浏览器类型和用户身份识别信息)确定用户身份和终端类型并发送对应格式的网站页面给终端。此外,网站运营商还能通过 PUSH 的方式以 WAP PUSH、短消息等形式发送新业务的链接和介绍给用户,用户直接单击链接就能访问流媒体业务。

(2)业务认证功能:用来识别用户身份并授权给业务使其能够使用。

(3)计费功能:这一功能是业务商用的关键,移动流媒体业务系统能提供可以满足不同计费需求的可灵活制定的付费方案并记录用户的使用记录。

(4)内容传送功能:它是移动流媒体业务能够实现的核心功能,这一功能的原理是以数据流的方式把所选内容通过流媒体服务器传输给用户终端。

(5)内容制作功能:流媒体业务系统主动把所选内容制作编码成符合用户使用条件的流媒体数据流格式。

(6)对终端的适配功能:流媒体业务系统支持所有类型的移动流媒体终端,如处理能力不同、支持协议不同的终端。

(7)网络带宽适配功能:这一带的网络不论任何移动用户在任何时间都可以满足他们实时播放的要求,尽量克制无线环境多变性的影响。流媒体业务系统在用户播放流媒体时检测到用户当时的带宽并以此带宽速率压缩内容,随后把压缩的内容发送给用户终端,确保用户在不同带宽下的观看都无中断,这就是带宽适配功能。这一功能是移动流媒体系统特有的功能之一。

(8)业务管理功能:主要包括设备管理、内容管理、收入管理、用户管理和 SP 管理等。

(9)内容下载管理功能:这一功能使用户可以下载流媒体内容到终端上,从而能观看不受网络影响的高质量流媒体内容。

(10)版权机制(DRM):此功能主要保障了数字媒体的版权问题,保护了内容提供商和运营商的利益。它主要用来限制用户对媒体文件的下载、转发和播放次数。

3. 流媒体业务指标

与流媒体业务相关的指标有 QoE(Quality of Experience,用户体验感受)、KPI(Key Performance Indicator,关键性能指标)和 KQI(Key Quality Indicator,关键质量指标)三种。这三种指标的侧重点不同,QoE 主要关注用户的使用体验,KPI 更关注整个网络的质量包括各个网络设备的质量好坏,KQI 是指用户对流媒体业务能力的感受具体化。下面对这三种指标分别介绍。

1)QoE

QoE 的概念从通信网络的 QoS(Quality of Service,服务质量)演化而来,传统的 QoS

主要确保基站与终端之间数据传输的服务,主要通过如时延、抖动、带宽等指标来做出反馈,因此通过 QoS 只能认识到整体的网络质量如何而得不到用户的反馈。QoE 则从用户的角度出发,让用户来描述对网络整体和业务的评价。QoE 是指用户对网络和系统、设备、应用或业务的质量和性能(是否有效和可用等)的综合主观感受,以使用户使用舒适为主要目的。通过 QoE 评分,运营商根据用户反馈来优化网络等各方面。在移动流媒体业务方面,用户感受主要包括能否连接到服务器;连接服务器速度的快慢;单击播放以后,多久能够看到画面;画面是否清晰;播放过程中是否出现停滞;播放过程中是否会中断等。

2) KPI

KPI 主要是由一系列可测量的参数构成的在网络层面对网元设备的性能描述,如 RRC 建立成功率、RRC 建立时延等,便于运营商测量和管理网络。KPI 定义如表 4.1 所示。

表 4.1 KPI 定义

KPI	指 标 定 义	数 据 来 源
RRC 建立成功率	RRC 建立成功次数/RRC 建立请求次数	RNC 话统、DT 测试
RAB 建立成功率	RAB 建立成功次数/RAB 建立请求次数	RNC 话统、DT 测试
附着成功率	附着成功次数/请求次数	Iu-PS 接口信令
PDP 激活成功率	PDP 激活成功次数/请求次数	Gn 接口信令
TCP 连接成功率	TCP 连接成功次数/请求次数	Gi 接口数据
Streaming 业务建立成功率	Streaming 业务建立成功次数/PLAY 消息次数	Gi 接口数据
RRC 连接建立时延	开始时间:RRC 建立请求 结束时间:RRC 建立成功	RNC 话统
RAB 连接建立时延	开始时间:RAB 建立请求 结束时间:RAB 建立成功	RNC 话统
附着时延	开始时间:附着请求 结束时间:附着成功	SGSN 话统、Iu-PS 接口信令
PDP 激活时延	开始时间:PDP 建立请求 结束时间:PDP 激活成功	SGSN 话统、Iu-PS 接口信令、Gn 接口信令
TCP 连接时延	开始时间:TCP 连接请求 结束时间:TCP 连接完成	Gi 接口数据
Streaming 业务建立时延	开始时间:收到 OPTION 消息 结束时间:收到 PLAY 消息	Gi 接口数据
丢包率	(发送 RTP 包总数-接收 RTP 包总数)/发送 RTP 包总数	Gi 接口数据
下载速率	实际下载的总数据量/总时间	Gi 接口数据
业务中断率	流媒体异常中断次数/成功点播技术	RNC 话统、用户投诉

3) KQI

KQI 这一概念把用户对流媒体业务的主观感受转换成了直观的数据,能更加客观地反映移动流媒体业务端到端的业务质量。KQI 主要反映的是用户对于业务质量的感受,这一指标包括运营商在业务流程中直接测量到的数据和统计分析可得的数据(如流媒体业务建立时延和业务建立成功率、丢包率)。

表 4.2 列出了与移动流媒体业务相关的 KQI 及与 QoE 之间的对应关系。

表 4.2 KQI 与 QoE 之间的关联

QoE	KQI
能否连接到服务器	流媒体业务连接建立成功率
连接服务器速度快慢	流媒体业务连接建立时延
单击播放以后,多久能够看到画面	流媒体业务初始缓冲时间
画面是否清晰	流媒体业务播放质量
播放过程中是否会出现停滞	流媒体业务速率
播放过程中是否会中断	流媒体业务中断率

根据流媒体业务实现的流程与关键环节,从无线接入承载层、网络控制层、用户面数据传输层、用户面应用层等的定义与功能,详细地从上而下地分析和描述了 KQI 与 KPI 之间的联系。根据流媒体业务实现流程,KQI 可以进行如表 4.3 所示的分解。

表 4.3 KPI 与 KQI 之间的关联

KQI	统计层面	KPI	计算方法
流媒体业务连接成功率	无线侧	RRC 连接建立成功率	RRN 连接建立成功率×RAB 建立成功率×附着成功率×PDP 激活成功率×TCP 连接成功率×Streaming 业务为建立成功率
	无线侧	RAB 建立成功率	
	核心网	附着成功率	
	核心网	PDP 激活成功率	
	用户面	TCP 连接成功率	
	用户面	Streaming 业务建立成功率	
业务连接时延	无线侧	RRC 连接建立时延	RRC 连接建立时延＋RAB 建立时延＋附着时延＋PDP 激活时延＋TCP 连接时延＋Streaming 业务建立时延
	无线侧	RAB 建立时延	
	核心网	附着时延	
	核心网	PDP 激活时延	
	用户面	TCP 连接时延	
	用户面	Streaming 业务建立时延	
初始缓冲时延	终端	初始缓冲时间	记录播放前时延
播放质量	用户面	丢包率	统计 RTP 丢包
业务速率	用户面	下载速率	下载 RTP 总包数/下载时间
业务中断率	用户面	网络掉话率	统计 PS 掉话率

4.4 5G 网络下移动流媒体的前景与应用

在 5G 技术驱动下,一个大容量、大内容、大联动的大视频时代正在到来。在这之中大容量是所有要求性能实现的基础,有高适应性、大覆盖范围和强数据处理性能的网络基础设施架构作为基础,才能推动音视频乃至各个行业网络应用的发展创新。更清晰更立体的视觉听觉感受和更沉浸式的服务体验都会是音视频服务未来主攻的方向。大内容是核心,5G带来的更快的传输速率以及网络更大的应用背景,内容不再只是音视频,还可以是更多人体感官的服务内容,媒体的形式更加多样化。大联动是架构,在 5G 时代下,音视频业务能与更多行业领域结合起来,推动更加智能便利的服务产生,也使各个行业的应用服务便利等方面升级,如智能家居、无人驾驶、远程医疗等。

4.4.1　5G 中 eMBB/URLLC 对流媒体业务的支持

URLLC/eMBB 场景为目前 5G 最为迫切需求的场景,eMBB 业务在其中又更为基础重要。5G 业务发展初期(2019—2020 年)主要为高速率、高容量的挑战会以热点区域、城区覆盖的 eMBB 业务为主。到中期(2021—2022 年)eMBB 业务会主要靠 5G 承载,URLLC 业务开始发展但不能影响 eMBB 业务的频谱效率。最后在 5G 发展已成熟时(2023—2025年),URLLC 业务也发展至成熟阶段,面向新兴的车辆网、工业自动化等物联网及垂直行业的 URLLC 业务将成为 5G 的又一大承载业务。

5G 技术路线与场景的演进,如图 4.20 所示。目前 4G(LTE/LTE-Advanced)已在全球有大规模的部署,为了继续推动网络发展并提高用户体验,将继续进行 4G 的演进探索,研究可以使通信系统可用频段增多的技术来全方位提升系统的各项功能指标。

图 4.20　5G 技术线路与场景

1. URLLC/eMBB KPI

eMBB 的目标是用户体验速率在 0.1~1Gb/s 以及大于 20Gb/s 的峰值速率,URLLC业务的 KPI 主要是用户方面的时延和用户连接的可靠性。RAN NR 的设计要求是URLLC 业务上、下行用户面时延应最大不超过 0.5ms。但这一时延也只是没有确定的URLLC 业务分组值和指标时的平均目标值。在面对不同的 URLLC 业务时其时延要求也不同,如对自动驾驶和 AR/VR 等这样的技术有超低时延的要求。

高可靠性体现为一个 XB(非定值)的 URLLC 业务包在满足 1ms 内用户时延的前提下传输成功概率达到 99.999%。URLLC 关键技术最难的一点是难以保障链接的可靠,目前针对这方面的研究还很少。X 值的大小目前还没有确定,RAN 1 提出的 32B 在现如今的各大公司系统级仿真中被使用得最多。URLLC 业务模型是泊松流和周期性共存的混合模型,业务分组大小有 32B、50B、200B 三种可选择,而 eMBB 业务模型是泊松流或 Full Buffer,业务分组大小有 0.1MB 和 0.5MB 两种。在无 URLLC 业务负载时,eMBB 用户采用泊松业务模型的条件下,协议规定 eMBB 业务占用 20%~50% 的时频资源负载。与 URLLC 业务不同,eMBB 业务的用户面最大时延不超过 4ms,最低可靠性不低于 90% 就可以了。

2. eMBB/URLLC 业务复用场景

不同传输方向上两种业务相互碰撞有 4 种场景,如图 4.21 所示。每个场景的复用技术需要用最佳方式动态地解决 eMBB 业务和 URLLC 业务碰撞来使系统容量最大化,因此这些技术存在差异。场景 1 和场景 2 的工作模式主要为 FDD,当处于 TDD 工作模式时发生的业务碰撞情况就如场景 3 和场景 4 所示。因 TDD 模式下基站要频繁地切换传输方向,所以切换时间不大于 0.125ms 才能满足 URLLC 业务的超低时延性。频繁上下行切换所使用的 PDCCH 传输和作为下行转上行切换保护间隔的特殊时隙都会消耗和占用许多资源,使 eMBB 业务性能下降。

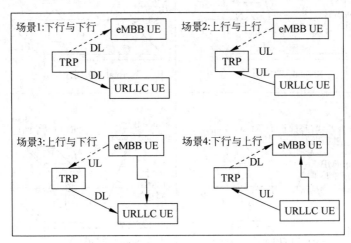

图 4.21 业务复用场景

3. eMBB/URLLC 业务复用方法

FDD 模式下的同向业务复用中两种业务的参数要求是不同的。因此,若不调取一些承载 eMBB 业务的资源给 URLLC 业务,URLLC 业务就会受 eMBB 业务调度间隔的影响而无法实现超低时延。因场景 2 的上行传输过程里基站无法中断用户的上行业务,所以为了应对 URLLC 业务的突然到达,就要以半静态调度的方式周期性地为 URLLC 业务预留出空闲资源块,资源块带宽的大小取决于调度需要多大的带宽。其中,eMBB 调度为 slot-based 调度,URLLC 调度为 mini-slot based 调度。为了便于描述,称 eMBB 调度间隔为 Normal TTI,URLLC 调度间隔为 Short TTI。但资源预留法也有明显的缺点,当预留资源较少时,URLLC 的 KPI 可能无法达到标准;当预留资源多时,eMBB 频谱效率会大幅降低从而浪费更多的系统资源。场景 1 的模式节约了资源,提高了频谱效率;在这一场景中不仅有预留空闲资源,基站还可以把已分配给 eMBB 用户的资源分配给随机到达的下行 URLLC 业务,这一方法能避免资源复用时大量的资源浪费。但这样很有可能导致 eMBB 用户解调数据失败,当数据解调失败就要进行 HARQ 反馈,之后接收更多的信息来增加解码率。eMBB 用户被下行 DCI 信令 PI(Pre-emption Indication)及时告知它被占用资源的信息,这一信令是基站采用以位图的形式配置出来的,eMBB 用户被系统经过 RRC 子层信令通知周期性地检测 PI。eMBB slot 的末尾或起始位置一般是 PI 的检测区域。被 URLLC 占用的部分会被 PI 指出,参考区域为被 PI 指出的有资源占用发生可能性的区域,不同 PI 指示精度会划分出不同的指示区域。不同场景下的业务复用方法示意图如图 4.22 所示。

显然,PI 的指示精度越高开销就越大,就可能会消耗更多的 eMBB 用户资源。eMBB 用户的设计成本与 eMBB 业务的性能受 PI 指示格式、指示精度的配置和检测区域的配置几方面不同程度的影响。所以动态地调整 PI 的负载和指示精度能有效提高 eMBB 与 URLLC 复用时的性能。这已成为下行动态资源复用研究的核心之一。

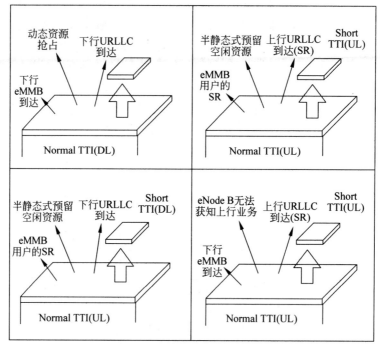

图 4.22　不同场景下的业务复用方法

　　在场景 3 中,为了保持超低时延的特性,基站必须在上行 Normal TTI 内有突发的下行 URLLC 业务时以 Short TTI 为单位预留出空闲的资源。场景 4 中基站会首先考虑把已经分配给 eMBB 用户的下行资源给下行 Normal TTI 内突发的上行 URLLC 业务。但在下行 Normal TTI 内,使用了预留空间就意味着上行 URLLC 业务到达了,基站就会接收到 SR 信息来得知 URLLC 业务已经到达,所以只有有预留空间才会接收到 SR 信息。所以 TDD 模式(场景 3 与场景 4)下的资源浪费比 FDD 模式以 RB 组为单位预留资源的浪费严重。

4.4.2　5G 时代下流媒体业务的创新

　　大视频时代的媒体生态背景促进了广电媒体业务的创新和发展。首先,5G 技术在传输速度、网络容量方面将有重大突破,从而给媒体信息的生产、传输、分发等带来了很大的变革。与 4G 相比在传输速度上,5G 网络要求流信息源与观众之间的信息传递近乎零时延(时延少于 3ms),这样在 5G 中下载一部高清电影可能只用花费几秒。如今用户也能生成内容(UGC),照片音视频上传速度的提高也使用户生成的内容愈加丰富。在 5G 技术的良好条件下,用户能实现在高速稳定的流媒体服务同时享受高清视频。未来媒体的更高速多种类发展成为必然趋势。

　　5G 技术将打乱广电产业价值链的格局,渠道的价值会再次被重视起来。5G 技术的前期发展需要投入大量的成本,如基础设施、设备的建设,目前来说准入的门槛较高。因此,新闻价值链将会向后方倾斜,需要考虑如何重新分配渠道。5G 提供商手握可以提供最优质内容的渠道,5G 对商业环境、消费者习惯和公众期望带来的变化将是颠覆性的,媒体行业必须适应这一点,改变自己来适应 5G 环境并提供更好的服务。目前一些有线电视或视频平台或科技公司已开始有计划地与 5G 移动运营商合作从而进入 5G 领域,例如,亚马逊和 Dish

Network 计划开发 5G 网络。2018 年 12 月底起,我国四大运营商和华为公司、中国广播电视总台共同发布了 5G 国家级新媒体平台,树立了 5G 新媒体项目标杆,如基于 5G 的两会报道、春晚报道等例子。

这种情况下受众的媒介消费习惯会发生改变。目前音视频内容在许多商业领域只作为辅助功能存在,抖音、快手这类的短视频软件的兴起在一定程度上引导了观众对时间短、内容抓人眼球和节奏快的视频的喜好。但传输速率限制的打破,可能会使移动化、场景化的长视频快速发展成为主流,而音视频也占据主导地位,成为一切有关沟通交流业务的基础。根据英特尔发布的报告,在未来十年内会有赢得近三万亿美元累积收入的机会,媒体和娱乐公司将会激烈竞争,而 5G 网络将会带来接近 1.3 万亿美元的份额。5G 的出现会加速在移动媒体、移动广告、家庭宽带和电视上的内容消费,并增强改善各种新的交互式和沉浸式技术的体验,如增强现实(AR)、虚拟现实(VR)等挖掘这些新媒体服务的全部潜力和性能。5G 传输的低成本接入使全天式移动媒体消费增加,使人人都能做到这样,如一边出游一边实时观看电影等,为 5G 媒介消费创造和开拓了更广阔的空间。

4.4.3　5G 技术支持下的流媒体场景服务

增加移动宽带的容量从而提供承载量更高的通信服务是 5G 的目标之一。5G 系统要使不同场景都有服务,无限的新兴场景消费将出现在社会的各行各业中使社会转型和升级。根据国际电信联盟(ITU)的表述,5G 系统将会向着增强型移动宽带(Enhanced Mobile Broadband)、大规模的机器式通信(Massive Machine Type Communication)和可靠性高、延迟性低的通信(Ultra-reliable and Low Latency Communication)三大方向发展,如图 4.23 所示,这些性能对 5G 城市的形成必不可少,与生活有千丝万缕的联系,近乎彻底地改变社会架构。对广电媒体来说,5G 需要支持的场景主要包括现场事件中的边缘音视频内容生产、沉浸式视频分发、超高清实时无线传输三种。

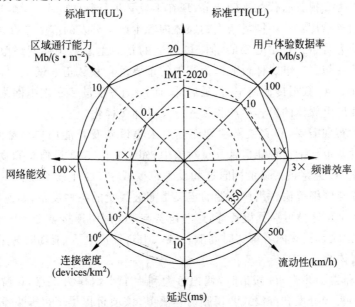

图 4.23　5G 系统性能与 5G 城市架构

1. 边缘音视频内容生产

基于边缘计算来生产内容的工作就是边缘内容生产。云数据中心有强大的处理海量数据的能力,由于云数据中心和终端设备距离较远,其传输数据会一直受到网络传输速率的限制。但在目前电子设备越来越普及的情况下产生的数据越来越多,使传统的云计算模型负载越来越大,从而导致处理响应和数据传输的时间更长。因此边缘计算产生了,几乎在事物、数据和行动源头处的计算就是边缘计算。处理、分析数据直接由数据生产地附近的网络边缘节点进行,节省了大量的反应时间,不仅精细化了局部作业,还减少了数据流传,从而减轻网络负载形成了更高效的计算模型。

在当前生活中,智能终端不再是只用来消费内容的平台,其越来越丰富的功能和应用程序都实现了生成数据的能力。这些数据能对社会公众产生影响的同时还具有很大的商业价值。因此,数据的传输和处理速率对服务质量和用户体验很重要,设备性能高才能满足需求。5G 网络众多的边缘节点能使用户更接近计算和存储资源,减少了垂直媒体行业中大量数字服务流量同时聚集的问题。

与传统 UGC 用户集成内容不同,边缘内容生产能支持用户实时的内容采集、生产与传输。在网速更快、延时更低、边缘节点处理能力更强大的 5G 架构下,这种边缘内容生产成为可能。在边缘内容生产模式下互动内容是极有发展潜力的。与传统视频不同的是互动视频的数据传输量较大、需要系统及时反应,而 5G 的边缘计算能力为这一新兴视频形态的发展提供了土壤。2018 年,互动剧情游戏《底特律:成为人类》、Netflix 的《黑镜:潘达斯奈基》和 2019 年的《隐形守护者》这类游戏的特点都是分支剧情很多有不同结局,把观众从上帝视角带入了其中成为参与者和创作者。它们的火爆表明了观众对这类互动内容的兴趣和需求,观众不再是被动地接收内容,而想有更多的主动权决定剧情走向。有技术和观众需求的同时推动,使互动内容不断发展,成为广电行业的热门趋势。

2. 沉浸式内容分发服务

广电行业作为大视频时代的基础业务,现在不仅是进行新闻的生产,其更大的价值在于提供更全面的服务给用户。不同场景下的媒体内容生产与分发的应变能力即使在目前互联网互联万物的能力背景下也是有限的,但 5G 创建的新的生态系统使网络服务链部署可以由垂直领域直接参与。广电媒体行业作为其中的重要垂直领域正尝试用 5G 技术提供更丰富的服务给大众。5G 数据传输速率高、延迟低、连接设备数量多和虚拟网络的智能协调等方面的潜力能使广电媒体的内容生产和服务分发更加多样化。

这一架构的实现需要 5G 系统解决智能信息采集设备及智能用户终端两个节点问题。新的视频采集设备也包括在智能信息采集对象中,如无人机、360°摄像头和物联网系统上的智能传感器。在 5G 网络被接入的同时这些设备也变成了 5G 生态系统的一部分来实现超高清的实时采集与网络传输。用户终端的定义是能被买卖的各种设备,如连接电视、移动智能手机以及 VR/AR 这种可穿戴设备等,这些设备与 5G 网络连接就形成了流媒体服务,能使采集、传输和接收音视频内容都实时高清且融入用户日常生活,能随时为用户提供沉浸式音视频内容消费体验。

例如,在欧洲尝试部署 5G 城市时,就把意大利卢卡小镇作为试点,让游客体验到了超高清(UHD/4K)视频分发和沉浸式音视频内容服务,该项目提供了卢卡夏季节后台、5gcity视频宣传、卢卡漫画和游戏以及博物馆的沉浸式艺术之旅等一系列内容,用户还能在浏览城市的同时用智能手机或 VR/AR/MR 类设备获取与周围环境(建筑、雕像等)相关的其他内容,允许最终用户通过在城市中移动,用 360°视频摄像头加深了用户的沉浸感,用户能通过视觉搜索看到的图片视频与数据库匹配来获得想得知的信息,还可以通过二维视频、全景视频和三维模型等有强烈真实性的沉浸体验的方式进行检索。这种交互因要传输高质量的UHD/4K 视频信号需要容量极高的带宽和极低的系统延迟来保障互动式体验。在 5G 架构进一步铺设后,这种沉浸式的内容服务将会成为广电行业的新兴业务。

3. 超高清移动实时传输

目前的电视业务基本都使用独立单元架构这种方式,将多个 4G 内容连接在一起,传回总的电视台或数据处理中心来进一步处理,从而实现在偏远地区的视频传输。这种技术虽已比较成熟,但仍有无法在负载大的网络环境下使用的局限,因为这样网络运营商无法保证网络连接或需求的带宽。因此在负载大的环境下,一些电视广播公司传输内容使用独立卫星技术,这种方法提高了传输容量,却因为需要预订卫星时段,以及卫星传输的高成本,大幅降低了传输灵活性。

5G 基础设施的共享超越了传统的基础设施共享是 5G 的一个关键优势,5G 技术利用软件定义网和网络功能虚拟化开发了虚拟框架或网络切片,以及在同一物理基础设施内分段的虚拟资源集(如计算、存储和网络),资源的灵活性和使用效率大大提升,实时、移动、高清的内容传输也得到了保障。2019 年 3 月,新华社客户端进行了 5G 手机全链条直播报道,在全国政协十三届二次会议第三场记者会上,成为继 2019 年两会央视使用"5G+4K"技术的移动直播后 5G 手机应用的再次创新。2019 年 5 月,在伦敦、曼切斯特等 6 个城市的部分区域的商业 5G 服务是由英国最大电信运营商 EE 率先推出的。BBC 新闻网闻讯派出 3 组报道团队前往,抢先完成了英国国内首次 5G 新闻直播,这些都是 5G 实时高清技术的试水。

5G 除了有利于专业的新闻机构报道,其能保障的移动稳定性也使普通群众可以生产创造新闻。现在移动设备的轻巧灵便使每个携带智能手机的人都可以采集、编辑和播发新闻,还可以通过社交媒体平台访问、分享和交流新闻,还能设置位置信息来协调和集成这一位置的新闻。现在设备上可以创建编辑内容的应用很多,可以随时随地地生产新闻,信息的场景化内容的广泛化日益增强。移动新闻会越来越规范化,目前移动新闻发布会日益增加,如法国的 Video Mobile 和爱尔兰的 MojoFest,每年都会有大量的新闻投稿给它们,并且来自世界各地出席研讨会的学者和新闻从业者越来越多,移动新闻正在被越来越多的人关注。

4.4.4 未来流媒体盈利增长空间

5G 技术的出现颠覆了广电媒体行业,基于 5G 技术的丰富的场景应用也使得广电媒体的盈利方式愈加丰富。随着 5G 技术的进一步普及,在大视频时代,未来广电行业的价值增长点将包括以下几个方面。

1. 移动视频媒体内容将持续发展,流媒体将引领潮流

根据《移动互联网全景生态流量洞察报告》所公布的数据,2019 年 2 月,中国移动网民人均单日上网时长同比增长 26.7%,月度人均使用 App 种类同比增长 13%,这表明越来越多的用户会在移动终端上娱乐、消费。随着 5G 打破了传输限制,在 5G 到来时会有更多的社交平台、移动应用程序和网站免费提供高质量媒体内容,使消费者消费更高价值的 OTT和付费订阅服务。同时也产生了在社交平台上直播实况视频这一盈利方式,这会使流媒体服务成为未来广电主要的盈利点。新闻媒体想要抓住观众的兴趣就需要提供令人难忘的沉浸式、场景式的流媒体服务体验,同时媒体需要在各平台提供为贴近用户定制的视频内容,来使不同目标的对象保持兴趣并吸引新观众。

2. 社交视频将推动直销模式的发展,用户和媒体平台关系将更为紧密

营销人员在 5G 下能通过社交视频连接产品并提供服务,视频功能会成为在线市场和服务的基本功能。媒体和娱乐内容提供商、赞助商可以利用社交网络以互动直播流或短片的形式提供不同的营销方式面向用户使用户消费。2018 年起,许多音视频平台陆续开始联动其他平台、品牌,例如,优酷与阿里巴巴系的其他业务间的联系就通过 88 会员,腾讯视频与京东 plus 在 618 期间的线上联合会员活动等。在优质内容和更多增值服务的促进下,会有越来越多像这样的跨平台的商业合作,用户与平台的联系也会越来越紧密。

3. 社交媒体平台正迅速转向以视频为中心的服务,全员媒体时代真正到来

在传输效率的限制没有被完全打破之前,无法实现真正意义上的人人都可以生产和传播内容,最主要的内容生产者还是意见领袖。4G 时代的短视频业务的兴起才使普通大众的生活出现在大众视野之中,普通大众才开始成为真正的内容生产者。而 5G 才能真正意义上使社会全员有了生产传播的能力,为他们能生产传播提供了技术支持,到那时最主要的表达方式和广电媒体的重要业务领域会是中长视频。观众被激活会创新更多可能模式的未来广电行业的内容服务,网络生活的不断丰富使"参与式媒体"成为未来社交平台发展的新方向。

4. 人工智能将渗入广电产业的各个环节,促进智慧广电的构建

从目前来看,互联网信息传播的领域主要基于社交的关系链传播和基于 AI 的算法型内容推送。大部分传统媒体因体制的约束、有限的规模、滞后的技术以及市场运营能力的迟滞在流量争夺方面已落入下风。但在 5G 各行各业、万事万物互连的情况下,过去的优势将不复存在,社会个体被机器取代成为新的信息网络节点,多源数据和复杂算法成为网络化、扁平化后各个节点权力的赋权者和赋能者,信息传递的流程会更加简短快捷。人工智能辅助视频制作的技术、推荐内容分发、参与进选题策划的能力和精度会在未来广电媒体的发展中大幅提升,广电行业的运营效率也将大大提升,从而实现"智慧广电"的终极构想。

习　题

1. 简述移动流媒体系统结构的基本组成。
2. 简述移动流媒体的主要业务。
3. 举例说明移动流媒体的应用前景。

第5章 P2P流媒体技术

随着移动互联时代发展得越来越快,人们已经不仅满足于现有的媒体资源,而是渴望寻求一种更加快速、便捷的技术手段来获得媒体服务,这也正是当初 P2P 技术由于自身理论上存在的无限的可扩展性被引入流媒体服务的原因。P2P 流媒体技术无论是在商业抑或是专业领域都被广泛使用,本章将围绕 P2P 流媒体系统中的关键技术展开论述。

5.1 P2P 流媒体技术概述

5.1.1 P2P 技术的引入

根据第二十届中国互联网大会发布的《中国互联网发展报告 2021》,截至 2020 年底,中国网民规模为 9.89 亿人,互联网普及率达到 70.4%;特别地,中国互联网网络音视频产业规模达到 2412 亿元,同比增长 44%,网络音视频用户规模持续增长。数字音乐产业市场规模达 732 亿元,同比增长 10%,网络视频活跃用户规模达到 10.01 亿人,网络音频娱乐市场活跃用户规模达到 8.17 亿人,同比分别增长 2.14% 和 7.22%。网络音视频市场依托技术升级、用户代际更替、消费模式转换等变量推动,产业效能持续提升,网络直播规模持续增长,技术和商业模式持续拓展。为了使每个用户都能够得到相同的体验,扩大流媒体服务系统规模势在必行。目前主要有以下四种方法。

(1) 媒体服务器集群。媒体服务器集群就是集合多个流媒体服务器一同工作,完成用户的大量请求,如图 5.1 所示。虽然这样的方法的确可以增大服务器规模,但是和用户带宽有一定关系。

(2) CDN(Content Delivery Network,内容分发网络)方式。如图 5.2 所示,CDN 的模式是在全世界范围内架设许多台服务器,它们共同承担用户的请求,当用户向服务器发起请求时,数据不会从主服务器发

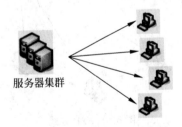

图 5.1 媒体服务器集群

出,而是选择离用户最近的服务器发出。相比于媒体服务器集群,CDN 的可扩展性大大增加,但是用户分布情况需要与服务器相近,否则可能造成一些服务器负载过大,而一些服务器无人问津的情况发生,造成资源浪费和用户体验下降,且成本过高难以维护。

(3) IP 组播方式。即一份数据通过路由器复制的方式到达多个用户的客户端,如图 5.3 所示。因为资源服务器只需要发送一次数据,这样可以极大减轻服务器的压力。不过要能够真正落实 IP 组播非常麻烦且繁杂,导致这种情况的原因是路由器在每次工作时都

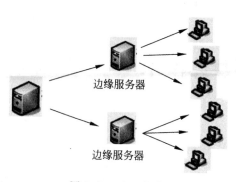

图 5.2　CDN 方式

会录入用户信息,完成之后才能正确转发消息,其次,IP 地址缺少也是不被大众认可的重要因素。

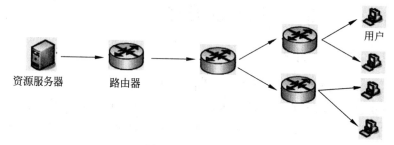

图 5.3　IP 组播方式

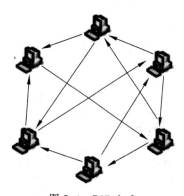

图 5.4　P2P 方式

（4）P2P 方式。P2P 即 Peer to Peer,也称对等网技术,如图 5.4 所示。它的核心思想与传统的 C/S 模式完全不同,数据的传输不需要通过服务器,而是直接进行传输,每一个用户都是一个网络中的节点参与数据传输,所以,可以将 P2P 技术与流媒体视频直播或者点播系统结合起来,有资源一方就可以分发数据,不再单一依靠服务器分发数据,减轻压力。理想的 P2P 模型可以无限制地拓展下去,所以将 P2P 与流媒体结合在一起拥有无限的可能。

虽然在日常应用中,往往会因为网络、节点等各种因素对采用 P2P 方式的系统造成不确定性,使得无限扩展只存在于理论上,但是综合来看,把 P2P 应用在流媒体系统中是最具有潜力的方式。

5.1.2　P2P 技术的发展

目前,国外研究 P2P 最著名的是 IRIS 计划以及英国斯坦福大学的 P2P 研究计划。IRIS 计划是由美国政府支持五所著名大学和研究所共同合作的一项致力于解决网络安全漏洞的存储系统。这个存储系统的基石就是 P2P 网络的支持。但与其他研究 P2P 网络计划不同的是,IRIS 计划主要研究的是 P2P 网络中的资源定位服务,通过研究 DHT 在 P2P

中的应用,开发出一款既可以共享文件又可以供给其他应用服务的平台软件,创造一个网络安全的分布式 P2P 网络。另一项则是斯坦福大学的研究,主要针对 P2P 资源搜索和与 IRIS 同样的构造网络安全环境。对于 P2P 资源搜索的研究集中在通过设定一定的搜索方式来使 P2P 网络能够更加有效、准确地展现出用户所想得到的结果。对于构建安全的 P2P 网络来说,研究侧重于网络的稳定、高效以及可靠。微软公司针对研发 P2P 技术专门设立了工作组,同样,在 2000 年 P2P 技术的早期,英特尔公司就已经宣布成立工作组专门致力于研究 P2P 项目。国内的 P2P 研究主要集中在知名的大学研究机构,如北京大学研究开发的 Maze 系统,当在个人的 PC 端安装 Maze 客户端后就可以加入 Maze 网络中,通过共享发送或接收来自好友的文件。华中科技大学自主设计的 anysee 直播软件也同样备受瞩目。anysee 不仅支持一对多进行传输,同时还支持防火墙的功能,使得 P2P 系统能够得到有效的扩展。还有诸如清华大学的 Granary 等都是 P2P 应用研究的领头羊。

国外相对于 P2P 和流媒体的研究起步较早。如果能同时提供给大量用户高画质、高帧率、高可靠性的流媒体服务,那么无疑这款应用是拥有极大前景的。但 20 世纪的传统 C/S 结构恰恰与之相反,由于服务器的瓶颈导致用户体验差、视频质量低等种种问题。1998 年正是因特网萌芽阶段,当时一个学生编写了一个搜索歌曲应用程序,程序会把搜索的音乐放入集中服务器,从而为用户过滤筛选,这个程序就是著名的 Napster,在最高峰时拥有 8000 万用户。Napster 由一个目录服务器和若干个客户端形成星状结构,用户提出需要的 MP3 后,客户端开始连接目录服务器,之后目录服务器会开始检索所需资源,然后服务器将检索后得出的结果反馈给客户端,用户再与音乐的作者连接,传输 MP3。这样大大降低服务器负担且使得用户获得广泛资源。Napster 使用的 P2P 技术开始进入流媒体研究者的视线。1998 年,一位美国的研究者提出了一种称作 Webcast 的流媒体播放系统,虽然这款基于 P2P 技术的流媒体应用采用最简单的树状结构进行传输数据,但是人们看到了 P2P 技术应用于流媒体服务中强大的可扩展性。到这里为止,P2P 流媒体正式开始被人们研究发展。

2000 年,P2P 流媒体技术得到了快速发展。2000 年出现的 ESM(End System Multicast)是第一个 P2P 流媒体直播系统,系统采用节点互相连接形成一个组播网,在节点之间传播数据,ESM 标志着 P2P 流媒体正式发展。之后出现许多 P2P 流媒体系统,如 Peercast,P2PRadin,Overcast,Coopnet,SplitStream 等,以及应用最广泛的 Goosip 协议。节点在传输数据时,首先把数据发送给邻居节点,再通过邻居节点进一步传输出去,以此类推。另外,还有一些研究机构将 P2P 技术与传统的流媒体技术结合起来,如美国奥利根大学研究的 PALS,利用分层编码技术,让网络中的不同节点将各个层次的媒体编码流传送到接收者,然后接收者根据自身的带宽资源等条件接收部分或者全部的编码流。

国内 P2P 流媒体技术由于早期进入时间不长所以发展缓慢,但是由于我国互联网技术不断的发展和对 P2P 的重视,P2P 正在迅速发展。2004 年,一款名为 CoolStreaming 的直播系统软件被香港科技大学研究出来,这款基于 Gossip 协议的应用在欧洲杯期间试行成功。CoolStreaming 系统所采用的 Gossip 协议具有十分高的可扩展性和稳定性,且支持多对多传输,使得用户的用户体验大大上升。也正是因为如此,当时得到了许多专家和用户的称赞。因为 CoolStreaming 系统是第一个成功问世且广泛应用的 P2P 直播系统,所以人们把它称为 P2P 直播的第三次革命。到此为止,P2P 直播逐渐开始商业化。

在商业上也出现了许多 P2P 流媒体产品,如 PPLive、PPStream、UUSee 和沸点等。以 PPLive 为例,它采用的网络拓扑模型有效地提高了网络视频点播服务的质量,解决了服务器端带宽和负载有限的问题。同样颇具影响力的 PPStream,其最大优势在于几乎所有新加入的用户都可以在 1min 内播放所需视频数据,且实现了用户越多播放流畅性越高的特性。

PPLive 作为我国商业化形成的 P2P 流媒体视频直播与点播软件,被人们广泛认可。PPLive 系统中有多个 tracker 服务器和资源服务器,tracker 服务器之间负载平衡通过 DHT 算法来实现,资源服务器向用户提供最初的流媒体资源。当用户欣赏资源时,客户端就会把接收到的数据包根据相关的策略进行缓存,与此同时,用户节点定期向 tracker 服务器报告自己的缓存等相关状态信息,其他的节点就可以在服务器的辅助下找到需要的数据进行播放。随着 P2P 技术的不断发展更新,PPLive 也不断更新着服务器质量和用户体验,正是由于 P2P 网络的特点,只要能够保持一定量增长的用户,PPLive 服务器质量也会更加稳定和高效。由于点播系统相对于直播系统对于用户来说拥有更强的交互性和体验感,因此越来越多的专家利用 P2P 流媒体技术研究点播系统,如 PPStream 也开始提供点播服务。

5.1.3　P2P 技术的基本概念

目前 P2P 流媒体技术已经受到越来越多的关注,无论是学术或者商界,它都能对客户端的闲置资源进行最大限度的充分利用,大大缓解因用户过多而带来的网络带宽压力,因其所具备强大的可扩展性,也为人们在日常生活中解决流媒体内容分发问题提供了一个新的方向。

通过前面的内容我们知道,随着计算机的发展和人们日常生活需求的不断增长,流媒体(Streaming Media)技术应运而生,从"流媒体"这三个字上不难看出,所谓的流媒体就是流式媒体,流式媒体就是一种采用流式传输的方式在网络上传输多媒体数据。流媒体采用的是流式传输,即边下载边播放,不用完整的文件即可播放,因此它与传统媒体的区别主要体现在:①启动所需时间极大地缩短;②对缓存容量的上限大大降低;③流媒体需要特定的传输协议进行传输;④传输数据信息量比传统媒体大。

点对点技术(Peer-to-Peer,P2P),也称为对等网技术,是一种分布式的应用体系架构,它的任务是对于分配到网络的各个节点,所有节点拥有相同的功能,在程序中等效应用,不存在主从之分,节点与节点之间互连形成了对等网络。当前,很多国内外研究人员都把 P2P 技术视作研究的重点项目。P2P 技术在共享、直播、点播、教育、金融等行业都已经取得了极大的发展和成果。它被《财富》杂志评为当今影响互联网发展的四大科技之一,回归了互联网最初设计的本质——网络中的节点可以互相通信,且不需要网络中其他节点参与,所以 P2P 技术更重要的是其设计思想。在 P2P 网络中,参与到网络中的用户共享它们拥有的一部分硬件资源(如处理能力、存储空间、网络带宽等)。在这个共享网络中,节点共享的资源和内容可以被其他节点使用,且不需要其他中间节点提供支持。网络中的节点既是资源的提供者,也是资源的利用者。

传统的基于 C/S(Client/Server)架构的网络,是以服务器为中心,所有客户端的资源均由服务器进行提供,客户端之间并没有关联通信。当客户端的规模数量不断增加时,受限于服务器承载能力的上限,服务器难以提供给每一个客户端高额的资源,成为整个网络架构的局限。此外,每一个客户端的请求与命令都需要服务器进行分析再给出应答,因此特别容易出现拥塞,不仅影响网络的效率,而且一旦服务器瘫痪,所有客户端也会随之一起瘫痪。

P2P 与传统 C/S 完全不同,图 5.5 与图 5.6 给出了两种架构的对比图。可以发现 P2P 网络结构与传统集中式的 C/S 网络结构截然相反,它是一种非中心化的结构,节点与节点之间相互联系,不用通过中间节点进行过渡,完美解决了 C/S 架构的缺点,因为没有中心服务器,所以网络中每个的节点既是服务器,又是客户端。

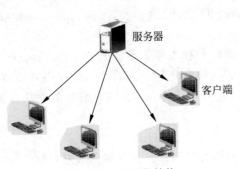 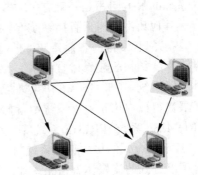

图 5.5 C/S 网络结构   图 5.6 P2P 网络结构

通过对比 C/S 网络架构与 P2P 网络架构,不难看出 P2P 网络的特点。

(1) 结构非中心化。传统 C/S 网络往往由于客户端过多而导致服务瓶颈,P2P 网络中的资源和服务在节点上进行传输和实现,又无需其他节点的帮助,使得 P2P 网络避免了 C/S 网络的弊端。

(2) 可扩展性。随着源源不断的客户端加入 P2P 网络,节点数量越来越多,每个客户端可利用及传输的资源点也越来越多,拥有无限可能的扩展性。

(3) 容错率高。由于日常网络中往往会出现网络延迟、拥塞、节点失联问题,这些问题都会影响整个网络的稳定和安全,在传统 C/S 网络中,一旦服务器出现问题,整个网络也会出错,而 P2P 网络中的节点出错时最多影响一部分,其余大部分节点仍然可以正常工作,容错率高。

(4) 高性价比。随着网络硬件、存储空间快速发展成熟,若人们在空余时能把闲置的资源部分利用起来,这样的资源利用是不可估量的,P2P 网络能将这一功能实现,投入极少的资源,收取大量的性能。

综上所述,与传统的 C/S 结构网络相比,由于 P2P 网络中并没有绝对意义上的主机,每个节点既是主机也是客户端,因此彼此间可以直接通信、交互和共享信息。一个分布式的 P2P 网络可以提供传统网络不能实现的特性,而使真正的分布式计算成为可能。

5.1.4 P2P 流媒体的直播与点播系统

P2P 流媒体服务系统根据播放类型的不同,分为 P2P 流媒体直播系统和 P2P 流媒体点播系统。

1. P2P 流媒体直播系统

对于 P2P 直播系统,何谓直播? 直播就是系统播什么用户看什么,是一个实时发生的播放系统,并不能让用户与系统通过交互互相联系在一起。在直播系统中,无论节点是在何时加入进来的,他们的观看进度总是相同的,节点所需的内容也基本相同,因此节点之间的共享资源大大增加。不同于点播要求交互的重要性,如何使直播更加稳定、高质量是直播系统所要解决的重要问题,因此节点间的资源共享方式相对比较简单。P2P 流媒体直播系统主要分为以下三种。

1）基于树状结构的直播系统

美国斯坦福大学开发的基于应用层多播树 Spreadlt 系统是树状结构直播系统的代表。请求重定向技术是这个系统管理整个多播树的主要手段，再利用 P2P 节点转发流媒体数据。该系统的最大问题是一旦有一方节点退出，会使另外一方被孤立，而导致长时间去重连服务器。其他典型的树形直播系统有：微软研究院设计的 CoopNet 和 Splitstream 系统等。

2）基于网状结构的直播系统

基于网状结构的流媒体直播系统如中国香港科技大学张欣等人研发的 CoolStreaming 流媒体直播系统，基于 Goosip 协议进行数据的转发和传输。网状多播协议因其高可靠性、高可扩展性得以应用于点播系统中，得到了大量用户们的肯定。其他典型的网状直播系统有：PROMISE 系统、PRIME 系统等。

3）基于混合式结构的直播系统

基于混合式的流媒体直播系统如微软亚洲研究院与加拿大西蒙弗莱逊大学共同提出的 mTreebone 系统。顾名思义，即将树形与网状结构相结合起来，把性能强的节点作为树形的树干，把普通的节点用网状与树干结合。

2. P2P 流媒体点播系统

P2P 流媒体点播系统与直播恰恰相反，用户可以通过系统来选择自己想要的节目，同时还可以继续快进、后退等操作。用户的交互体验是点播系统的重中之重，因此，越来越多的用户喜欢使用点播服务。但正是由于点播系统强调交互性，使每个节点的位置都不一样，相互节点利用缓存资源少。因此，如何在点播系统中增加节点缓存资源利用率成为点播系统的重点问题。P2P 流媒体点播系统主要分为以下三种。

1）基于初始数据缓存的点播系统

P2Cast 点播系统基于 Patching 流技术，这个系统会在用户使用之前，向系统内的节点发送命令，使节点预缓存一定时长的流媒体文件，这样在用户发送请求观看命令后，不会因为网络波动而产生延迟，降低用户体验。这种系统的特点是比较容易构建、发展潜力大、花费低，但同时因为需要初始缓存，节点需要大量的存储空间。

2）基于就近数据缓存的点播系统

DirectStream 是基于中心索引服务器而开发的点播系统。节点内存在 FIFO 队列，用服务器索引的方式来了解节点的情况和缓存状况。但其对中心索引服务器的能力和带宽要求过高，导致可扩展性差。

3）基于全局指定缓存的点播系统

P2PStream 是基于全局供应与需求的分段缓存的点播系统。该系统中每个节点缓存的流媒体数据段全部由中央服务器根据全局策略进行统一分配指定。P2PStream 系统中节点根据其 IP 地址的前缀信息被组织到多个网络集群中，集群中的每个节点根据 Round-Robin 策略来支配节点的缓存操作。节点缓存流媒体分段数据后，向所在的集群中心节点报告其所缓存的片段以及上传速率。当节点请求资源时，每个节点都尽量优先从本地集群中的其他节点处获取流媒体资源。当节点新加入系统以后，中央服务器根据每个集群中分段数据的需求与实际供应情况进行评估，然后根据二者关系决定新入节点该缓存什么数据和缓存多少数据。新入节点从中央服务器中获取分段供应。

近年来，越来越多的研究机构开始对 P2P 流媒体进行研究。2007 年，PPS 直播兼点播的流媒体系统的出现,实现了极少带宽供几万用户同时使用的功能。

在点播系统中,节点播放不同导致差异性,容易造成网络共享资源的减少从而出现网络卡顿、播放异常等问题。所以,如何在提高视频质量的同时改进服务器负荷是当前的一个研究方向。

5.2　P2P 流媒体网络拓扑结构

网络拓扑(Network Topology)是指由各个节点组成的网络中每个节点的位置与状态。节点之间或是节点与主机之间相连接而形成的连接图就是拓扑图。人们在日常中常常见到的拓扑图如星状拓扑、环状拓扑、树形拓扑等。每一种拓扑在网络的扩展性、安全性方面都有区别。和计算机网络拓扑一样,P2P 流媒体网络也分为物理拓扑和逻辑拓扑两种。而人们常常把 P2P 网络拓扑分为四种,分别是中心化拓扑、结构化 P2P 拓扑、非结构化 P2P 拓扑以及分层式拓扑。下面对这四种模型进行分析与比较。

5.2.1　中心化拓扑

中心化 P2P 拓扑结构也叫集中式拓扑结构,它把 P2P 架构和传统 C/S 结合使用,是最早一代的 P2P 技术。中心化拓扑结构如图 5.7 所示,它是由中央目录服务器和各个连接的节点组成,所以它不是纯粹的 P2P 网络结构。在传统的 C/S 架构中,中心服务器往往对资源进行垄断式的管理,客户端只有被动地接收资源,并不能进行交互或者选择,虽然 P2P 中心化拓扑结构中也存在中心服务器,但是中心服务器仅仅是起到资源的索引、维护功能,真正管理和存储资源的是网络结构中的每一个对等节点,它们每个都是独立的中心服务器,当有一个节点请求资源时,中心服务器会指引目标节点,让节点与节点对接。

Napster 是中心化拓扑结构中的典型代表之一,结构如图 5.8 所示。Napster 由一个目录服务器和若干个客户端形成星状结构。目录服务器只负责目标资源的索引和维护功能。使用者在终端上安装客户端后方可加入网络,之后根据自己的需要向目录服务器提出请求。用户提出需要的 MP3 后,客户端开始连接目录服务器,之后目录服务器会开始检索所需资源,然后服务器将检索后得出的结果反馈给客户端,用户再与音乐的作者连接,传输 MP3。Napster 把检索交给服务器,把传输交给用户之间,这样大大地减少了服务器的负荷,同时缩短了传输 MP3 的时间。

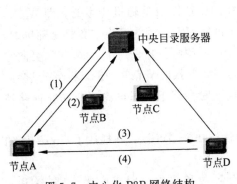

图 5.7　中心化 P2P 网络结构

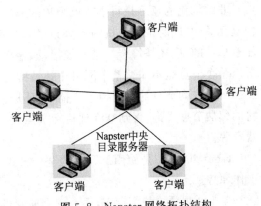

图 5.8　Napster 网络拓扑结构

这种拓扑架构的主要优点如下。

（1）结构简单，方便维护。

（2）索引快，目录服务器不负责传输，所以效率高。

然而，它也存在许多的不足。

（1）和传统 C/S 服务器一样，目录服务器是整个架构的核心，如果服务器崩溃，整个网络将随之崩溃。

（2）成本高。目录服务器需要不断更新以跟上网络的扩展，容易成为瓶颈。

综上所述，中心化 P2P 网络结构结合了传统 C/S 网络结构，既有优点也延续了缺点，服务器的瓶颈效应使得它不适用于大型网络。

5.2.2　全分布式非结构化拓扑

中心化 P2P 网络模型的瓶颈效应导致网络的不断扩大得不到相应的服务支持，产生了第二代网络拓扑结构。全分布式非结构化拓扑是真正意义上的 P2P 网络拓扑结构，如图 5.9 所示。它移除了中心服务器，节点随机进入网络，然后连接与自己相邻的节点，形成一个逻辑上的覆盖网络。全分布式非结构化拓扑广播发布要查询和发布的资源，各个节点维护一个邻居节点。

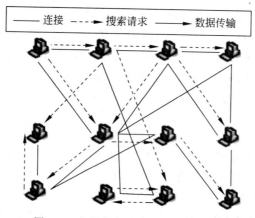

图 5.9　全分布式非结构化网络拓扑

非结构化的意思是每个节点维护的邻居节点都是随机的，网络资源的存储点和拓扑结构是无关的，同时也是随机的。分布式非结构化拓扑的构造图也是随机产生的。图虽然是任意形状的，但还是符合一定的规律，如幂次法则、小世界模型。因为节点位置都是随机的，所以单个节点是不知道整个网络拓扑结构的。一个节点寻找另外一个节点时，首先会向它发出一个查询节点的洪泛请求广播，当邻居节点不是想要寻找的节点时，那么邻居节点会向它的邻居节点查询，直到查询到目标节点为止。在查询时会记下走过的路径以防止回路浪费资源。

Gnutella 模型是使用最广泛的全分布式非结构化拓扑模型，图 5.10 描述了 Gnutella 的工作原理。

若 M2 想要寻找资源 E，那么它会向它的邻居节点 A 和 C 发送寻求广播，如果 A 和 C 都没有资源 E，那么 A 和 C 就会向它们的邻居节点发送请求，M6 和 M4 会进行寻找，此时

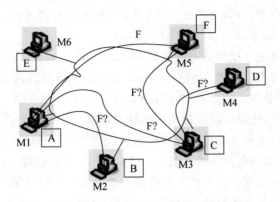

图 5.10　Gnutella 工作原理

发现 M6 有资源 E,那么 M6 就会把资源传输给 M2 完成传输。

从 Gnutella 模型可以看到,全分布式非结构化拓扑模型是纯粹的 P2P,比起一代 P2P 的容错与扩展有了很大的提升。但是逐个节点的洪泛广播在网络规模不断扩大后会造成网络的阻塞和时延,消耗大量带宽的同时阻止了网络继续扩展的可能性。

全分布式非结构化拓扑有以下两个好处。

(1) 容错性高。

(2) 查询结果多。

这种模型也有不足。

(1) 扩展性差。随着网络的扩大,查询量增加,在同一时间网络中可能存在大量的查询信息,导致网络崩溃。

(2) 查询速度慢。需要相邻节点逐个传递,且不保证查询信息的精准程度。

(3) 网络难控制和管理。

5.2.3　全分布式结构化拓扑

由于非结构化 P2P 网络模型存在扩展性不够大、查询效率低等问题,为了进一步提高资源的利用和速度,人们想出了纯 P2P 结构化网络模型。如图 5.11 所示,全分布式结构化网络运用的是第三代技术,并且也是没有中心服务器的网络,它有效地解决了无结构网络的扩展性问题,不再使用洪泛的方式广播请求消息。与无结构网络不同的是,网络中的节点不再是无规律的随机性分布,而是由网络统一管理调度分配,对于资源的索引查询信息也按照

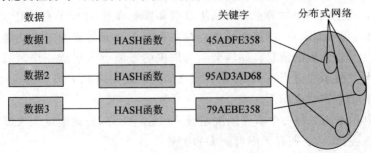

图 5.11　分布式散列表示意图

一定的规则保存在节点中,采取分布式传递,以最少的时间最快速查询到相应节点。此模型的典型代表有 Chord、Kademlia、Tapestry 和 Pastry。

分布式结构化网络主要使用分布式散列表(Distributed Hash Table,DHT)来组织网络中的节点。当进行文件索引时要用到一个(key,value)键值对,key 表示关键词或文件名,value 表示存储文件的节点。当查找文件时会通过搜索 key word 的方式通过 HASH 函数得到 key 值再找到节点,比起洪泛广播更加便捷和快速。从全局上看,所有节点维护的邻居节点路由表都按照某种全局方式将节点组织起来,形成了一个整体的结构化 P2P 网络。

综上所述,分布式结构化网络的长处是:维护量小;扩展性好,分布式散列比起洪泛更加迅速便捷且不会造成阻塞。分布式结构化网络的不足是:DHT 的维护比较复杂,系统会花费时间和精力去应对节点的波动,因此不适合高动态的网络环境。

5.2.4 分层式拓扑

中心化 P2P 网络拓扑结构和分布式网络拓扑结构尽管有明显优点,但同时也有较大缺点,为了更好的网络架构并充分利用前者的优势,研究者提出了分层式 P2P 网络拓扑结构,也称为混合式 P2P 结构,如图 5.12 所示。

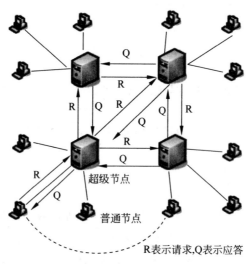

图 5.12　分层式网络拓扑结构

分层式拓扑结构网络吸收了之前网络结构的优点,在增加了检索速度的同时也保证了结构的扩展性。它把网络中的节点分为超级节点和普通节点,超级节点就是如内存大、容量高、运算强等具有优势的节点,这些超级节点在共享资源方面与普通节点功能相同,但是它们还存储网络中其他节点的信息。超级节点与周围的普通节点形成一块区域,这个区域内的超级节点领导其他节点进行查询,不同区域之间使用的是纯 P2P 模式的查询机制。

分层式结构的主要优点如下。

(1)节点利用率高。每一个节点围绕超级节点进行工作,查询速度大大加快。

(2)扩展性强,理论上拥有无限可能大的扩展性。

分层式结构的主要缺点:网络拓扑实现较难,同时对超级节点的能力要求高。

5.2.5 P2P 网络拓扑结构比较

P2P 流媒体网络最基本的就是网络拓扑结构,由于 P2P 网络没有传统 C/S 架构中的主服务器,因此选择合适的网络拓扑类型来为后续的数据传输、调度等十分关键。从可靠性、扩展性、发现效率、可维护性和复杂查询几方面对四种结构进行比较,结果如表 5.1 所示。可以得出,在网络扩展性、可靠性、可维护性方面,全分布式结构化拓扑是综合最优的,但它不支持复杂查询,中心化拓扑结构和非结构化拓扑在资源查找方面做得最好,但因为服务器垄断式管理导致扩展性较差。

表 5.1　主要拓扑结构性能比较

比较标准 ＼ 拓扑结构	中心化拓扑	全分布式非结构化拓扑	全分布式结构化拓扑	分层式拓扑
扩展性	差	差	好	中
可靠性	差	好	好	中
可维护性	最好	最好	好	中
发现效率	最高	中	高	中
支持复杂查询	支持	支持	不支持	支持

5.3　P2P 流媒体视频自适应技术

自适应流媒体技术就是能够智能感知用户的下载速度,然后动态调节视频的编码速率,为用户提供最高质量、最平滑的视频演播的技术。

5.3.1 可伸缩视频编码

网络中每一个客户端的实际下载或是上传速度都会受到当时的许多因素影响而每时每刻发生变化。同时,每一个用户对于视频的质量、清晰度都有着不同的要求。所以,P2P 流媒体系统需要提供不同的视频流来满足每一个用户的不同需求。人们将普通的转码、联播技术应用于 P2P 流媒体系统中时,会造成一定的时延并且使服务器负荷运作,导致不能解决该问题。2004 年,为开发一种新的方便灵活的可伸缩视频编码标准,SVC 技术草案应运而生。2004 年 10 月,JVT 最终确定采用德国 HHI 研究所提出的基于 H.264 的扩展架构作为 SVC 标准的实现框架和研究起点,MPEG 和 VCEG 的联合组织 JVT 将此标准定义为 H.264-SVC 标准。通过对该标准的不断修订和完善,H.264-SVC 标准终于在 2007 年 10 月成为正式标准。

SVC 编码是以 H.264 为基础来制定的,与其他的编码方式不同,它通过 H.264 的高效运算只对视频进行一次编码,就可以产生空间、图像质量、时间上的可伸缩。将压缩码流进行提取、解码再传输,重新构造出不同画面质量、帧数的视频资源,如图 5.13 所示。SVC 将编码进行分层,分为基础层和增强层两层,基础层只含有一层,顾名思义是整个视频的基础数据,如分辨率、帧率、图片质量等,增强层则是对视频进行空间、时间、质量增强。所以编码的前提是基础层,增强层并不能进行单独的操作。如图 5.14 中 SVC 码流的模型,每个立方块代表一个分层组合。

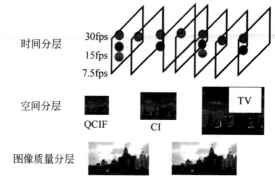

图 5.13　SVC 分层示意图

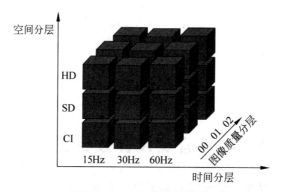

图 5.14　SVC 码流的模型

如图 5.15 所示,为达到空间上的可伸缩,需要通过采样生成不同空间分辨率的数据。层次较低的运动和纹理信息可以被更高层次空间进行利用预测。SVC 的基础就是采用区域编码,在区域内能够实现预测编码的功能,图像往往选取可伸缩编码的方式存储于空间层内。

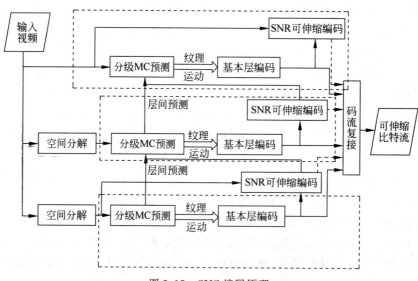

图 5.15　SVC 编码原理

1. 时间可伸缩

JVT 采用层次 B 帧预测技术来实现时间可伸缩,使每一层具有不同的帧率。以图 5.16 为例,图中 SVC 以 8 个图像为一组进行编码,即 Group of Pictures(GOP)等于 8,帧序号为 0～8。GOP 的大小决定时间分级数量,图中时间分为 4 层。每个图像组包含一个关键帧,该关键帧被编码成 I 帧或 P 帧,如帧 0 和帧 8。关键帧之外的帧全部采用双向预测 B 帧进行编码。如帧 0 和帧 8 预测出帧 4,即 B_1 帧。帧 0 和帧 4 预测出帧 2,即 B_2 帧。同样,帧 0 和帧 2 预测出帧 1,即 B_3 帧。以此类推,完成整个图像组的时间可分层编码。层次 B 帧预测时,时间基础层只是用本层前一个图像进行预测,而时间增强层使用两个低时间层的图像进行双向预测。

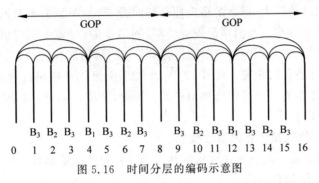

图 5.16　时间分层的编码示意图

2. 空间可伸缩

如图 5.17 所示为空间可伸缩的空间分层示意图。同一时间层内一定存在互相关联且对应的高低层,即层间冗余。空间可伸缩指的是首先对原视频进行采样,然后分出不同分辨率的高低层,再在各层内进行时间和质量的改变。消除在不同层域内的冗余就可以大大提高效率,来达到空域的变化。SVC 提供三种层间预测方案,一是层间帧内预测,这种预测方式的宏块信息完全由层间低分辨率的参考帧上采样实现;二是层间运动预测,宏块预测采用层间参考帧相应块的预测模式,其对应的运动矢量也利用层间参考帧相应块的运动信息预测编码;三是层间残差预测,利用残差的层间相关性对帧间预测的图像继续进行层间预测,以进一步压缩码流。

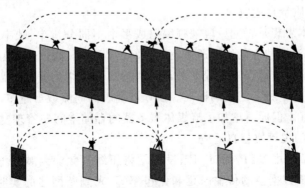

图 5.17　空间分层示意图

3. 质量可伸缩

每一层逐步减小量化步长来达到质量可伸缩的效果。常用的方法有两个：粗粒度质量可伸缩编码（CGS）和中等粒度质量可伸缩编码（MGS）。CGS 和空间可伸缩中的层间预测相似，不同的地方在于它不用进行向上采样，通过采用比前一 CGS 层更小的量化步长来重新量化残差，这样就可以采取到更加精细的纹理，但 CGS 存在的主要问题是它在调整视频质量时只可以使用几个不变的码率点，导致灵活性大大降低。所以 JVT 提出了 MGS 方案，运用关键帧的概念来控制误差传播和质量增强层编码效率两者之间的折中。

5.3.2 P2P 流媒体视频质量自适应技术

现代网络状况波动极大，网络的稳定性会随时改变，最明显的就是网络带宽的波动，带宽很难固定在某一个数值。当网络出现波动时，网络变差，带宽突然降低，用户在观看视频时会出现突然的卡顿，大大影响用户的观影体验；当网络情况良好时，用户在观影时想要更高的清晰度，即更好地利用带宽。此外，为了让 P2P 流媒体系统更好地应用在不同的终端上，需要开发不同类型的视频流来增加用户群。因此，需要研究更好利用带宽的适应网络波动的视频质量自适应技术。

1. 传统的流媒体视频质量自适应技术

流媒体视频质量自适应技术主要包括转码、联播、自适应编码以及多描述编码等。

1) 转码的视频质量自适应

20 世纪 90 年代后期，转码技术是网络上多媒体视频质量自适应的核心解决方案，成为当时的研究和应用热点。转码是指在服务器上保存一个质量足够好的压缩视频流，根据网络变化和用户端情况，对高质量视频流进行部分解码和编码，以输出合适的视频流。主要实现方法是：在发送端和接收端之间建立一个反馈信道，接收端将网络状态（如带宽、丢包率、时延等）反馈给发送端，在可接受的时间范围内，发送端转码器根据这些反馈信息选择性丢弃压缩数据中不会严重影响视频质量的部分，如选择性丢帧或丢弃 DCT 系数的高频分量，以获得较低码率/分辨率/帧率的视频流。这种转码技术虽然能够适应网络带宽的变化，但由于其需要为每个用户定制合适的码流，当大量用户点播时，会加重转码服务器运行负载，并带来少量的视频转码延时。

2) 联播的视频质量自适应

联播技术的基本思想是将同一段视频编码成多个不同分辨率、帧率和码率的压缩视频流，将这些压缩视频流用独立的组播通道发送到网络，用户根据自己的需求和网络的变化选择合适的视频流。这种方案在一定程度上解决了用户和网络的异构问题，并且服务器的计算复杂度很低，不受限于特定的编码标准。视频被编码的码流数目越多，该方案对动态网络变化的适应性就越好。但同时增加了流媒体服务器的存储空间和管理复杂度。

3) 自适应编码的视频质量自适应

自适应编码通常采用 RTP/UDP/IP，发送端将压缩视频流封装成 RTP 包发送给接收端，接收端监测 RTP 数据包的传输时延和丢包率等，来判断网络的实时带宽变化，并通过 RTP 中的 RTCP 将网络情况反馈给发送端，发送端根据网络带宽情况，通过多种方式（例如改变分辨率、跳帧、调节量化参数等）来生成与网络环境匹配的码流。这一方法能很好地适应网络带宽变化，但码率的调整范围受限，重新生成码流会带来一定时延，且不适用于离线的编码系统。

4）多描述编码的视频质量自适应

多描述编码是将原始视频分成多个描述，对每个描述独立编码形成多个码流。其中，任何一个码流都可以被独立解码成一个满足基本质量的视频。接收端接收到的码流越多，恢复的视频质量越好。多描述编码是一种可兼顾数据传输实时性要求，同时能够解决数据失真问题的编码方案，在多径传输和多播中具有优势。

2. 采用 SVC 的 P2P 流媒体质量自适应技术

因为 SVC 只需一次编码，就可生成一个基础层码流和若干个增强层码流，以自动适应网络的变化和终端设备。所以相比于其他的编码类型，SVC 编码有效地降低了所需资源的数量并且提高效率，它无须固定码率，只需要一个大范围就可以有固定的视频质量和适应大多设备的视频流，灵活且高效。

采用 SVC 的 P2P 流媒体系统可实现以下两方面的视频质量自适应。

（1）在视频接入的初始就进行自适应，根据视频的大小、类型以及网络情况来确定自适应的视频质量。

（2）在视频被用户进行下载的同时进行自适应过程。例如，当用户的网络情况良好时，通过增加增强层下载数量来提供用户更好的观看质量；若用户网络情况差时，就会降低视频质量来保证用户获得更长时间的观看。

3. SVC 的视频质量自适应关键问题

那么如果需要将 SVC 引入 P2P 流媒体系统，仍然需要解决以下几点问题。

（1）视频质量的评判标准。视频质量自适应的最终目标是使用户获得更好的观看体验，因此首先要明确什么才是更好的观看体验。目前的研究中多数是通过 QoS 的指标或者终端下载视频层数来衡量视频质量。

（2）视频质量调整的依据。就是需要考虑何时对视频质量进行改变，例如，将缓存中待播放数据量作为调整的依据。

（3）如何选择下载的分层数据。SVC 可实现时间、空间、质量三个维度的可分层，满足同一网络条件的视频流可能会有多种层组合，这些层组合也可能具有不同等级的质量，只有选出能获得最好的视频观看体验的层组合才能最大化满足用户需求。

5.4 节点缓存策略

节点缓存，就是在使用数据之前，提前将数据缓存在节点内，由于 P2P 网络的特性，每个节点既可以接收也可以发送，所以数据缓存在节点，资源就可以最大化利用了。在 P2P 流媒体服务系统中，为了达到最好的利用效果，系统中的每个节点都会把部分流媒体数据缓存到节点来提供给其他节点使用。对于 P2P 流媒体直播系统，播放时序由流媒体服务器决定，所以即使每个节点在播放时所需的流媒体数据不同，但是由于与后续播放节点时序大致相同，节点缓存数据重合度高，缓存相对简单。对于 P2P 流媒体点播系统，节点的播放时序与加入点播系统的时间相关，节点之间缓存数据重合度低，缓存相对复杂。

5.4.1 节点缓存机制的重要性

P2P 网络流媒体系统有很多方面的性能特征表现,从单个用户角度来看,主要的性能指标包括:启动时延、播放连续度、与服务器的同步性(针对直播系统)、Seeking 时延(针对点播系统)、带宽利用的合理性等。而对于绝大多数用户来说,能最直接体验到的性能是播放的时延和连续度。优化时延和连续度就要从最根本的节点入手,通过适当的节点选择、数据块调度等策略进行改良,因此,节点缓存机制对整个系统性能的优化具有极其重要的意义。

第一,节点缓存资源显著影响着系统中流媒体播放的启动时延与 Seeking 时延。因为当用户启动播放时,节点早就已经缓存并准备好了播放所需要的数据块,那么节点就没必要再从头向其他相邻节点要求传输数据,也就避免了中间所产生的传输时延,从而大大减小了启动时延和 Seeking 时延。但是在选择节点缓存策略时需要更加仔细,因为这不仅是降低时延,也会同时影响播放质量等其他方面。

第二,合理的缓存机制可以有效地降低网络抖动、网络拥塞,进而改善流媒体播放连续性。当用户在播放 P2P 流媒体文件时,由于网络的状况是每时每刻都在变化的,因此往往会产生播放的卡顿和不连续,正是因为节点所携带的数据没有按时在播放点到达,所以合理的节点缓存机制可以预先将所需数据缓存在节点中,避免网络波动而卡顿,影响流畅性。

第三,对于 P2P 网络流媒体系统中的源服务器负载来说,节点缓存机制带来的影响更为突出。因为对等网的特点就是每个节点既是客户端也是接收者,节点既可以发出数据也可以接收数据,所以当节点作为负载为服务器缓解压力时,节点缓存机制就显得尤为重要了。

综上所述,制定有效的、合理的节点缓存机制,以及有效的流媒体缓存策略对 P2P 流媒体系统具有重要的意义。

5.4.2 节点缓存机制问题分析

对于 P2P 网络流媒体系统中的节点缓存机制,需要考虑几个主要的问题:①对等节点应该缓存哪些媒体数据块?②数据块怎么存储在节点之中?节点中的逻辑划分如何展开?③如何更有效地预缓存数据块?④当有限的缓存区数据已满时,缓存数据块的替换问题如何操作?对于这些问题,找到最适合的解决方案就能最大限度地发挥节点缓存机制的作用。

5.4.3 数据块预缓存策略

过去在研究 P2P 流媒体系统时,都默认用户在观看或者点播时都会从头至尾地浏览视频文件,因而忽略了用户的交互操作来设计预缓存策略,然而,经过大量的分析调研用户的观看习惯,事实证实这种假设完全错误。通常情况下,观看视频的用户更加倾向会选择一种随机搜索的方式观看视频。随机搜索指的是用户从视频当前的播放片段随机地跳转到另一个片段进行播放。这种现象产生的原因,一种情况是用户对当前播放的内容没有观看的意向,于是想要跳转至另一个内容进行观看;另一种情况则是用户没有办法可以完整地观看整个视频,于是他们选择快速地浏览视频,或是选择视频最精彩的部分进行观看。随机搜索是流媒体点播服务中的常见行为,是区别于流媒体直播服务的重要特征。当用户进行随机搜索时,当前节点的视频播放数据就会发生改变,它会向相邻节点请求传输相关数据,而原本的邻居节点所存储的视频数据并不能提供。因此,节点需要重新获取一个新的邻居节点,而在此之前,节点必须向媒体服务器发送数据内容请求,从而增加了媒体服务器负载。另外,若节点等待新的邻居关系建立后,再从邻居节点获取媒体数据进行播放,会极大地增加随机搜索时延(Seeking Delay)。所以,设计有效的节点缓存机制,使节点尽可能地在本地缓存中获取到随机搜索时所需的媒体数据内容,对于减少随机搜索时延以及媒体服务器负载就具有非常重要的意义。

最近几年,对于P2P视频点播系统在随机搜索操作发生后,如何制定有效的策略来降低随机搜索时延的问题越来越受到研究者们的关注。例如,VMesh方案通过有效地利用网络中节点的限制资源来提高数据冗余,从而有效地支持随机搜索等交互性操作。视频媒体被分成多个数据块分布式地存储在网络中的节点上,节点通过结构化的覆盖网络被组织起来。VMesh在选择需要缓存的数据时,将媒体数据块的受欢迎程度作为主要考虑因素,通过在系统中缓存更多的高流行度的数据块来降低服务器负载。再如,基于指导性搜索的预缓存方案能有效地缩短用户的搜索行为发生后的时延。指导性搜索是指通过收集网络中各个节点的随机搜索信息,计算出视频中从数据块 x 跳转到数据块 y 的概率,从而根据跳转概率给用户的随机搜索操作提供指导性意见。

5.4.4 节点内部的逻辑划分

1. 存储对象的逻辑划分

存储对象的逻辑划分指的是通过各种方式方法对存储对象进行划分,来存储数据。一开始的缓存策略是把文件整个进行存储,但对于流媒体系统来说难以真正实现,因为流媒体文件占用空间通常比较大,如果把整个流媒体文件存储在单个节点内,对单个节点的性能要求极强,且会导致其他节点不能得到充分的利用,还会造成单个节点的瓶颈问题。所以P2P流媒体系统采取分段缓存方式,这样一来就可以应对节点在网络中动态地进出和异构性。分段缓存策略的关键在于分段的大小。目前典型的流媒体分段方法主要有前缀分段、固定分段、指数分段和 Adaptive & Lazy 分段。

1) 前缀分段

前缀分段就是将文件的前缀作为一个分段点,把文件分为前缀和后缀,分别存储在代理服务器和资源服务器中。当播放文件时,首先从代理服务器下载前缀文件,再从资源服务器下载后缀文件,因为后缀文件需要从服务器下载,所以当播放时跳过前缀文件直接播放后面时,这个缓存方法就不能有效地缓解带宽压力,也就失去了意义。

2) 固定分段

固定分段就是将流媒体文件等长地分为若干个分段存储,分段流媒体在传输及存储时以逻辑段为处理单元。固定长度的分段可以大大降低分段的复杂性,让系统更加简单地去执行分段操作。如何确定分段的固定长度是这个缓存策略的关键所在。

3) 指数分段

首先把流媒体对象分为各个独立的逻辑块,再由块与块不同的位置进行编号,编号由块到一开始之间的位移距离根据指数进行区分。由于指数的特性,越靠后指数增长倍率越大,越靠后的流媒体分段长度也就越长。由于该方法仅依据分段在流媒体文件中的位置进行长

143

度区分,缺乏一定的灵活性。

4) Adaptive & Lazy 分段

Adaptive & Lazy 分段方式是借助数据被使用频率来展开分段的。与前几种分段方式相反,前几种分段方式在数据被使用前就规定好分段规则,而 Adaptive & Lazy 分段方法是在数据被使用后统计频率展开分段。因此对于不同的文件都有各自的分段区间,Adaptive & Lazy 分段也就具备了很大的灵活性。基于分段的流媒体缓存策略将流媒体分段作为缓存与替换的基本单元。

表 5.2 对前缀分段、固定分段、指数分段和 Adaptive & Lazy 分段展开对比。通过对比发现每一种分段方法都有各自的优缺点,如 Adaptive & Lazy 分段缓存灵活,固定分段简单易实现;但也有各自的缺点,如 Adaptive & Lazy 分段需要一定量的访问等。因此对于不同的环境,需要选择合适的分段方法。

表 5.2　数据分段策略比较

分段策略	前缀分段	固定分段	指数分段	Adaptive & Lazy 分段
分段大小	前固后不固	分段都是一个固定长度	距离越大,长度越长	由数据被使用频率决定
分段时机	数据使用之前	数据使用之前	数据使用之前	完成数据使用频率调查后
分段优点	对象初始部分请求延迟少	简单易实现	易于快速调整部分缓存对象	独立处理对象,缓存灵活
分段缺点	所需时间过长	缺乏灵活性	划分依据单一	忽略冷门数据

2. 缓存空间的逻辑划分

节点缓存空间的逻辑划分和存储对象的划分不同,主要负责的是特定节点在节点里面如何进行分割的方法,从而来存储流媒体文件信息。节点缓存空间的划分主要分为两种:单频道缓存(Single Video Cache,SVC)和多频道缓存(Multi Video Cache,MVC)。

SVC 的特点是它只把数据分享给与之处于相同频道内的其他用户,不支持不同频道的流媒体数据共享与缓存。用户 A 和 B、C、D 如果在同一时间收看某个视频,那么就把 A、B、C、D 一同加入一个 P2P 网,节点之间互相利用彼此的缓存来播放视频减少数据的传输。SVC 对于节点多的频道具有显著的作用,节点越多,共享的缓存也就越多。

但 SVC 也存在以下几点不足。

(1) SVC 对于节点少用户不多的效果作用不大。因为每个流媒体频道的用户数量都不相同,有的多,有的少,当频道内的节点少时,组成的 P2P 网络可共享的缓存数据也会变少,导致往往直接从流媒体服务器发出请求传输数据。

(2) SVC 不能充分利用其他频道的空闲节点。因为 SVC 把上传与下载分为两个频道,节点在请求数据时只看单个频道的节点,而不在一个频道就不会采用。

(3) SVC 普遍采用先下载先删除或者采用滑动窗口技术进行流媒体分段的替换,这可能造成某些热门分段也被替换的情况。

因为 SVC 缓存模式的不足之处,研究人员提出了 MVC 缓存模式。MVC 缓存模式可以实现不同频道的节点相互共享,并且支持同一时间下载上传不同频道的数据。

相对于 SVC,MVC 缓存模式的改进之处如下。

（1）SVC 的节点只会接入当前频道组成的 P2P 网络中，而 MVC 可以加入多频道的 P2P 网络中，当在相同频道时，MVC 和 SVC 的缓存模式相同，当其他频道需要节点加入缓存时，MVC 会根据已缓存的数据去上传到其他频道。

（2）MVC 在切换频道后仍然存储之前频道所下载的缓存数据，而 SVC 会在切换频道后把之前的缓存数据全部清空。

MVC 缓存模式的主要优点是：提高了节点的利用率，不仅可以对热门资源进行缓存，同时对于冷门资源也有顾及，使节点的缓存数据完全不被浪费，均衡资源。

综上可以看出，SVC 相较而言缓存方式便捷，但 MVC 更贴合实际用户体验。如 PPLive 系统使用的就是 MVC 的缓存模式。

5.4.5　流媒体缓存预取

流媒体缓存预取指的是节点在播放之前就进行预载数据，预载后续的数据或其他频道的数据，这些数据可以与其他节点共享，提高了播放性能。

（1）按照空闲对象的不同，流媒体缓存预取分为网络预取和节点预取。网络预取指的是网络状态良好带宽充足的情况下，节点开始预取操作。节点预取指的是节点状态良好存储空间足够时开始预取操作。当在网络状态良好带宽充足时，节点预先把一部分数据缓存下来，这样当网络出现繁忙时，带宽压力增大后，不会出现卡顿或者传输不流畅的情况。这样做有助于节点与节点之间更好地共享数据，但要保证节点不会提前退出或者失连，否则无法与其他节点共享，如果节点退出还会使预取资源浪费，造成后续网络的传输压力。

（2）按照频道的不同，流媒体缓存预取分为：单个频道和多个频道。单个频道指的是节点会预缓存节点所在频道的后续数据，用户在观看前一部分视频的同时，后续视频就缓存完毕，因此可以有效改善系统的播放性能。多个频道是指节点在用户观看视频时，不仅缓存当前频道的后续资源，还会缓存额外多个频道的视频。在节点缓存完毕之后并不会下线，而是保持在线与其他节点共享资源。

（3）按照预取的分段序列号是否连续，将缓存预取算法分为连续分段数据预取与非连续分段预取。连续分段预取指的是对节点当前位置后的后续数据进行分段，然后按照顺序进行预取。非连续分段预取是指节点预取的分段序列不再连续，而是以一定的规则对播放位置较远的流媒体数据进行缓存预取。近年来，许多研究者提出了基于概率的非连续分段预取方案。基于概率的预取机制是指节点按照一定的规则计算预取数据段的概率，然后依照概率的大小进行缓存。预取概率的大小通常由数据段距离节点当前播放位置的远近来决定。

5.4.6　流媒体缓存替换

流媒体缓存替换指的是流媒体数据在缓存中的更新方式，它决定了在流媒体数据中需要被更新的对象和更新的对象。它主要包括缓存空间频道替换和缓存存储单元替换两种。缓存空间频道替换是指当节点缓存的空间不足时，节点会选择删除几个流媒体频道进行更新。此方案有利于目的节点的定位和数据调度，但是忽略了流媒体文件内部的流行度因素，在一定程度上降低了节点缓存空间的命中率。缓存存储单元替换则是节点把存储的单位作为替换对象。由于流媒体文件的不同部分具有不同的访问程度，为提高节点缓存空间的命中率,基于流媒体分段的缓存替换策略成为当今缓存替换的主流方案。

现有的流媒体分段缓存替换算法主要有如下几种。

(1) 基于访问时间的缓存替换。将缓存替换的对象按时间进行排序,典型的缓存替换算法有 FIFO、LRU 等。LRU 算法会换出最少访问的缓存,主要考虑访问时间性。但它只考虑了近期的访问而忽略了访问的频率与换出的大小。如果一个对象只是最近较少访问但总体来说访问量是最大的,那么就大大降低了对象请求的命中率。

(2) 基于访问频率的缓存替换。它以访问频率来进行对象的更新。典型算法有 LFU、LRU-K、LIRS 等。LFU(Least Frequently Used)在更新时首先找到存储空间中访问频率最小的对象然后将它更新替换。但是 LFU 算法存在缓存污染问题,因为 P2P 流媒体系统是不断更新且不断在更新的,随着时间的推移不断改变,LFU 会把历史访问量高却随着时间推移而访问量越来越小的对象仍然保存在节点的缓存中,大大浪费了空间。

(3) 基于访问时间和访问频率的缓存替换。该方案同时兼顾缓存对象的访问时间和访问次数,使得该方案在数据访问模式的更新变化中仍然有着较好的性能。典型算法有 FBR、LRFU 等。LRFU(Least Recently Frequently Used)算法是将 LRU 和 LFU 进行结合,同时衡量访问时间和访问次数,采用权值函数对所有以前访问过的对象进行加权评估,最近一次访问所占权值最大,越往前其权值越小。该算法为每一个缓存项记录一个权值 $W(x)$,每一次直接替换 $W(x)$ 最小的对象。

以上三种流媒体缓存替换更新方法主要以访问时间、访问频率以及时间与频率相结合的方式进行替换的衡量因素。这些方案也被应用于许多基于 P2P 的流媒体分布式缓存中。但是由于在 P2P 网络中单个节点的变化会影响其他节点,使用这些方案进行替换时往往效率不高,如何找到一个合适的替换更新方案值得进一步研究。

5.5　P2P 流媒体数据传输与调度

为使用户能够得到最佳体验和使用感受,节点缓存策略的选择解决了启动时延和播放流畅程度的问题,而选在节点缓存策略之后,节点之间的传输效率也是必不可少的一个关键要素。本节根据在传输过程中角色的不同,主要从传输路径、结构、传输方式的内容来分析传输对整个系统的影响。

5.5.1　P2P 流媒体数据拓扑

当数据在节点与节点之间互相传输时,如何去构建节点互相的组合方式才能高效传输数据,即传输拓扑要解决的问题。通常情况下分为两种结构,即基于树(Tree-based)结构和基于网状(Mesh-based)结构。其中,基于树结构又分为单棵树与多棵树两种结构。

1. 单棵树结构

单棵树结构指的是把所有需要播放同一个视频资源的节点组成一个组播树,由流媒体服务源作为这棵树的根,如图 5.18 所示。传输数据时,首先由根节点

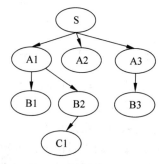

图 5.18　单棵树结构数据传输拓扑

向下发出数据,分发给连接它的子节点,再由子节点继续向下分发给后面的子节点,这样不断往下,前面的子节点作为下一个的父节点传输数据。传输并不会因为父节点的离开而终止,系统会启动备用或推举新的父节点来继续工作,如 DirectStream、P2Cast。

图 5.19 为 P2P 流媒体点播系统 DirectStream,它的主要特点是设置一个目录服务器,负责记录服务器和用户端的重点消息,如 IP 地址、缓存大小等,按就近服务策略引导节点的加入。由于 P2P 网络的特性,每个节点即是主机也是客户端,既接收数据又发送数据,同时把最近的视频资源缓存于节点里面,并提供给后续节点。在接收到用户的请求后,首先查找目录服务器记录的节点信息,将用户节点指引到拥有缓存资源的节点,这样不仅快速而且降低了服务器的负荷。

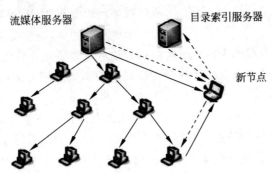

图 5.19　DirectStream P2P 流媒体分发树

图 5.20 为运用了 Patching 技术的 P2P 视频点播服务系统 P2Cast。P2Cast 的构想是假设节点请求到达时间为 t,以请求时间域值 T 为调节因子和约束条件创建流数据组播树。在到达时间 $t \leqslant T$ 时,把所有请求该资源的节点集中起来创建一个单棵组播树,这样就不会因为加入时间的不同而增加服务器负载,同时使得各个节点能够快速获取资源。按就近服务的原则,系统引导新加入节点搜索距其加入之前最近的节点作为 Patching 服务器获取最近的流媒体数据。

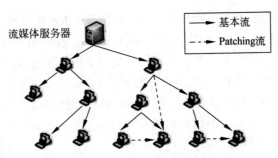

图 5.20　P2Cast P2P 流媒体组播树

单棵树拓扑结构具有如下特点。

(1) 树形拓扑结构,数据分发调度简单,使得用户能够快速获得流媒体资源。

(2) 一些节点不参与数据分发,导致树干中的节点分发压力过大,形成网络瓶颈。

(3) 对网络系统和前驱节点性能要求高,前驱父节点退出或失效而引起的网络抖动导致流数据的不连续,很难实现不间断连续播放,不适合大规模应用。

2. 多棵树结构

Microsoft 研发出的 SplitStream 与 CoopNet 是典型的多棵组播树结构的流媒体方案，都是以多描述编码（MDC）为基础提出的。容错能力强是多棵树与单棵树的最大区别，这对

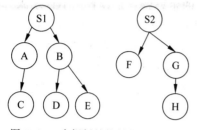

图 5.21　多棵树结构数据传输拓扑

于 P2P 网络不断动态变化的结构而言是至关重要的。因为选取了 MDC 的方式，所以资源解码时不需要相互依靠，同时能够分成多个层分别传输于多棵树上，节点从它们自己所在的多棵树结构上获得视频资源然后进行整合还原成视频，如图 5.21 所示。由于最后完整视频是由多个视频流汇合而成，所以视频流聚集得越密，最后呈现出的画质越好。与单棵树不同的是，当多棵树结构中的一个父节点

丢失时，并不会因为父节点的失效而引起数据传输分发的停止导致无法播放，节点还可以从其他树接收数据，只不过会降低最终视频所展现出的画质。绝大多数用户相比于无法播放更倾向于略微地降低画质。

SplitStream 与 CoopNet 相似，它的主要想法是在传输和分发数据的过程中把任务分配给每一个参与形成组播树的节点上，这样不会对单一的一个源节点形成过大的压力。但有所不同的是，它的 Peer 节点只在某一棵组播树中充当中间节点参与数据转发而在其余组播树中只作为叶节点接收数据，这样就可以尽可能地减少节点的动态进出而造成的影响，实现流数据的分发传输任务均匀分布到系统中的所有节点，增强容错性。

多棵树结构具有如下特点。

（1）最大限度地利用树组的节点，提高视频质量。

（2）容错能力大，不仅靠单一节点进行数据的传输与接收，而是由许多节点共同工作。

（3）传输路径固定，一般要求同一组播树内具有相同的传输速率，带宽利用率不高，抗抖动性能弱。

3. 网状结构

尽管人们对单棵树与多棵树这两种基于树形结构而产生的拓扑类型采取了许多不同的改良维护方法，但由于节点流动性大的特性，使得视频最终呈现出来的质量仍然不能满足人们的日常需求。于是人们开始研究基于网状结构的数据传输拓扑类型，对此许多基于网状拓扑结构的流媒体分发方案涌现出来，较为典型的系统包括 Donet、Anysee 等。它们都是采用 Gossip 协议来创造出一个完全随机的拓扑结构。当节点在进行数据传输的过程中，每个节点会根据已缓存的数据形成数据位图，然后在传输过程中，每个节点交换本地已缓存的数据位图，节点会根据自身的视频播放进度和形成的数据位图向相邻节点提出请求来接收数据，这样每个节点都知道自己所需要的是哪一部分资源，以及相邻节点拥有哪一部分资源，形成一个多对多的数据传输模型。

如图 5.22 所示，网状结构的数据拓扑不再是单一连接在拓扑主干上，而是一个节点同时接收多个节点的数据传输。

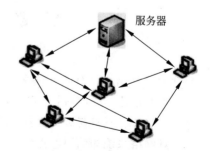

图 5.22　网状结构数据传输拓扑

Donet 是网状拓扑结构流媒体分发系统的一个典型系统。它利用轻量级的 Gossip 协议来构建一个应用层的覆盖组播网。它包含三个主要模块：①负责维护系统中部分其他在线节点的成员节点管理模块；②负责与邻居节点建立协作关系的伙伴管理模块；③负责和其他节点进行数据交换的数据调度模块。在网中的每个节点都维护两张表，其中一张是系统中的部分在线节点的成员关系列表，另外一张是和本节点交换媒体数据的伙伴关系列表。系统节点利用可扩展成员管理协议(SCAM)来得到其他节点状态信息，当新节点加入系统时将被多次重定向，从而每个节点拥有均匀分布的局部节点视图。在 Donet 中视频数据被分割成相同大小的片断用缓存映射数据位图来表示节点是否拥有某个片断的数据，节点和邻居通过不断交换数据位图来了解相互间的缓存情况，节点根据邻居的情况和在线状态来对邻居节点列表进行管理。

在网状网络拓扑结构中，节点与节点的相连完全是根据它们自身的需求而产生的。节点独立地请求和下载所需的流数据。动态的传输路径导致数据到达节点的时间和顺序也是动态的，所以接收数据的节点也需要动态地改变播放时间，让数据重新按照顺序依次播放。不同于树形结构的节点失效或离开会造成网络的波动，由于拓扑结构是动态的，节点对系统抖动的影响十分微小，因此网状网络拓扑结构具有系统维护开销少、鲁棒性和可靠性高的特点。但在流媒体播放过程中，需要持续对节点和网络性能状况进行实时监测，更新活动候选节点集，选择问题依赖于对底层网络的了解和参数约束，算法复杂度高。

5.5.2 P2P 流媒体数据调度模式

数据调度就是把数据通过调度方式以最高的效率发送到网络中的每一个节点。一个好的调度机制需要满足以下三点：①能够充分利用网络中其他节点的资源(计算能力、存储能力、网络带宽、I/O 端口)；②让用户在观看视频时感到满意，如播放连续性、播放时延等；③能应对不同的网络拓扑结构。目前，"推""拉""推拉结合"是主要的三种数据调度机制，由于网络结构的组成很大程度上决定了数据的调度方式，所以通过结合上文不同的网络传输结构来介绍这三种分发方式。

1. "推"模式

在 P2P 流媒体研究的早期，人们根据 IP 组播的经验，提出了"推"模式的数据分发方式。这种模式是应用于树形结构的架构上，流媒体数据依靠树进行分发。

推策略是一种由源节点驱动的数据调度策略。在上文提到过，在树形结构中，P2P 流媒体从树的根节点将流媒体数据推送给其第一级子节点，第一级子节点接收到数据后继续向其下一级子节点推送，以此类推直到最低一级子节点(叶子节点)接收到数据为止。树形结构中的子节点只从一个父节点接收数据(多棵树结构中节点也只从一个父节点接收一个条带)，易受节点动态性的影响。为此，研究者提出了候选父节点、联合随机数据转发等辅助机制。另外，为支持树形结构 P2P 视频点播系统，研究者还提出了 Patch 流。这种从上至下逐级推送数据的调度方式就称作推模式。推模式主要用于树结构，父节点直接将数据推给子节点，如 TURINstream。但是由于网状结构的节点都是动态连接，所以没有明确的父子节点关系，这就可能导致两个节点同时发送相同的数据到同一个节点上，不仅浪费了传输带宽，同时也增加了负载。

2. "拉"模式

当前很多流行的 P2P 流媒体点播系统如 CoolStreaming，PPLive 都是采用"拉"这种模

150

式的数据分发策略。在这种策略中,节点间一般形成网状的网络结构。每一个节点加入网络时,会选择一些节点作为自己的邻居节点,与这些节点在逻辑上形成一个网状的覆盖网。节点与自己的邻居节点定时交换数据的缓存信息,统计数据的分布情况,然后根据自己的需求和数据的分布情况,向拥有需求数据块的邻居节点要求建立数据互通,邻居节点得到响应,就转发所需要的数据。"拉"模式避免了"推"模式的弊端,因为它会要求系统内的节点定时地互相沟通,了解彼此的数据位图信息,这样节点与节点的传输效率大大增加,消除时延。然而,频繁地交换数据位图信息和请求信息会增加系统的开销,导致传输延迟。

3. "推拉结合"模式

总结了"推""拉"两种模式的数据调度方式后,人们发现无论是树形网络的"推"还是网状网络的"拉",都存在一定的缺点,于是结合两种模式的优点提出了一种全新的调度模式,即"推拉"结合模式。

图 5.23 是 mTreebone 的系统架构。该系统采用的就是"推拉"结合的方式,例如,首先节点从树形结构的树根节点用"推"的方式获取资源,但如果在这中间发生了因某一个节点而产生的数据丢失或者失效,那么节点就可以采用"拉"模式,主动地去向相邻节点发起请求,传输刚刚丢失的数据。使用这种方式,可以减少数据的调度时延和网络中控制消息的流量,增强了网络的鲁棒性,充分利用了网络中节点的带宽。

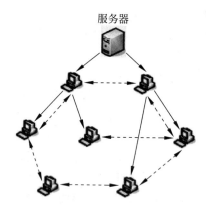

图 5.23 mTreebone 系统架构

5.5.3 数据调度模式比较

下面从带宽利用率、鲁棒性、时延、控制信息开销四个方面对三种数据调度模式进行比较,如表 5.3 所示。从表中可以得出,综合来看"推拉"模式无论在稳定性、时延和系统开销等方面都表现良好,只有带宽效率稍稍低于"拉"模式。而"拉"模式时延长、开销大,并不适合广泛运用。最后,"推"模式虽然时延低、系统开销微乎其微,但是效率低且稳定性差,同样不适用于当今成熟的 P2P 流媒体系统。

表 5.3 各种数据调度模式性能比较

分发方式	带宽效率	稳定性	时延	系统开销
"拉"模式	高	高	长	大
"推"模式	低	低	短	没有
"推拉结合"模式	中	高	短	小

习 题

1. 简述 P2P 流媒体技术的基本概念。
2. 简述 P2P 流媒体网络的拓扑结构。
3. 举例说明 P2P 流媒体的关键技术。

6.1　视频播放器

视频数据在信息交互中起着重要的作用。研究表明,与其他信息相比,人脑接收的信息 70%来自视觉信息。然而,随着移动终端和网络技术的发展,人们对视频的需求越来越大。据研究显示,2020 年视频数据占据移动数据的 75%。在 21 世纪初,由于计算机普及率较低,互联网发展缓慢,当时的多媒体播放器使用量包括在线和离线仅千万,随着计算机的大规模普及,该数字在 2010 年已经破亿。自 2010 年移动互联网大规模发展以来,带动多媒体播放器使用量突破 10 亿,多媒体技术也随着使用规模的扩大快速发展。各种音频视频资源在网上随处可见,可以说视频播放器已经成为人们生活中不可或缺的一部分。

现在的多媒体播放器很多追求花哨的外观、复杂的功能,部分播放器会启动网络加速功能,造成了局部网络拥堵,影响其他用户的使用。另外,各种广告弹幕、刷礼物等特殊吸金手段也被商家加持在视频播放器中,使得原本纯粹的观影体验多了几分消费的色彩。愈加臃肿的功能无法满足商家的利益,但是却在消耗本来就有限的计算机资源,严重影响用户进行其他的操作。这些花哨的功能对于用户来说形同虚设,对于计算机来说不堪重负。

人们目前在生活中使用的很多视频网站的软件都是基于 FFmpeg 多媒体视频处理工具,例如暴风影音、QQ 影音、KMP、GOM Player、PotPlayer(2010)Google、Facebook、YouTube、优酷、爱奇艺等。由于 FFmpeg 强大的流媒体视频音频解码功能,几乎所有视频软件都离不开它。FFmpeg 视频采集功能非常强大,不仅可以采集视频采集卡或 USB 摄像头的图像,还可以进行屏幕录制,同时还支持以 RTP 方式将视频流传送给支持 RTSP 的流媒体服务器,支持直播应用;FFmpeg 还可以轻易地实现多种视频格式之间的相互转换(如 WMA、RM、AVI、MOD 等);对于选定的视频,FFmpeg 也可截取指定时间的缩略图;FFmpeg 还可以给视频添加水印等。

6.2　视频播放器组成

容器/文件(Container/File):特定格式的多媒体文件,如 MP4、FLV、MKV 等。

媒体流(Stream):表示时间轴上的一段连续数据,如一段声音数据、一段视频数据或一段字幕数据,可以是压缩的,也可以是非压缩的,压缩的数据需要关联特定的编解码器。

数据帧/数据报(Frame/Packet):通常,一个媒体流是由大量的数据帧组成的,对于压缩数据,帧对应着编解码器的最小处理单元,分属于不同媒体流的数据帧交错存储于容器之中。

一般情况下,数据帧(Frame)对应压缩前的数据,数据报(Packet)对应压缩后的数据。编解码器(Codec)是以帧为单位实现压缩数据和原始数据之间的相互转换;复用(Mux)是把不同的流按照某种容器的规则放入;解复用(Demux)是把不同的流从某种容器中解析出来。

1. 复用/解复用

如图 6.1 所示,当通过网络接收到或者打开一个本地的多媒体文件以后,第一步就是解复用(Demux)。解复用是将文件中的视频和音频文件解绑,方便后面用于分别解码。因为同为一个多媒体文件,视频和音频需要打包捆绑在一起进行网络传输或者本地复制。然而视频和音频文件的压缩算法不一致,导致需要分别进行编码,然后再捆绑打包。这也就决定了到达终端进行显示的时候,需要分别进行解码。解码之前必须先使用解复用将两个文件解绑,方便视频播放器分别对视频和音频流进行解码操作。在 FFmpeg 中,解复用操作是通过 API 接口函数 avformat_open_input() 来完成的,接收到媒体文件以后要首先调用 API 读出文件的头部信息,并做解复用,在此之后就可以读取媒体文件中的音频和视频流。

如图 6.2 所示,复用(Mux)就是将各种数据流按照一定格式(FLV、MKV、MP4、RMVB、TS 等)存储在一个文件中。解复用(Demux)就是将一个文件中的内容拆开成不同的各种数据流。

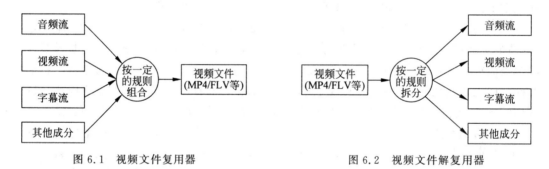

图 6.1 视频文件复用器　　　　图 6.2 视频文件解复用器

2. 编解码器

如图 6.3 所示,无论是哪种视频文件的格式,如 MP4、FLV 等,都是经过不同的编码算法压缩处理的。接收端接收到以后首先必须解复用,将视频和音频文件分离开,然后对其分别进行解码,得到原始的视频和音频文件。一方面,如果音视频不进行编码操作,对系统的存储设备是一个挑战;另一方面,如果音视频文件进行网络传输,网络带宽根本无法满足,同时也是对网络资源的一种浪费。所以在能够保证音视频质量的情况下,要对媒体文件进行尽可能的压缩处理,如第 2 章所述。在 FFmpeg 中,经过解复用读到的媒体文件中的视频流和音频流,可以通过调用 API 函数 av_read_frame() 从音频和视频流中读取出基本数据流 packet,然后将 packet 送到 avcodec_decode_video2() 和相对应的 API 进行解码。

H.264 是视频解码器,可以将原来的视频图像压缩为视频码流,降低视频的数据量,同时也可以转换回原始数据。

如图 6.4 所示,AAC 编码器是音频解码器,可以将原来的音频数据压缩为音频码流,降低音频的数据量,同时也可以转换回原始数据。

码率和帧率是视频文件最重要的基本特征,对于码率和帧率的特有设置会决定视频质量。

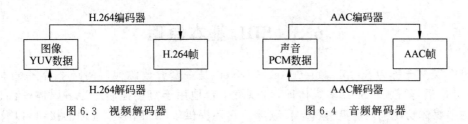

图 6.3 视频解码器	图 6.4 音频解码器

帧率：也叫帧频率，即视频文件中每一秒的帧数，肉眼想看到连续移动图像至少需要每秒 15 帧。

码率：也叫比特率，是一个确定整体视频/音频质量的参数，码率和视频质量成正比。

3. 音视频同步

通过解复用模块处理可以获得媒体文件的参数信息，根据得到的参数信息，需要对解码后的音视频文件进行同步处理。在媒体文件播放过程中，视频是按照帧进行播放，显示设备每次显示一帧图像，每秒钟显示的帧的数量为帧率，英文名称为 FPS；而音频是按照采样点播放，音响设备每次播放一个采样点，每秒钟播放采样点的数量为采样率。如果仅这样播放，声音和视频没有同步机制，会导致声音和视频不匹配，影响观看体验。音视频同步的目的就是为了使播放的声音和显示的画面保持一致。假如两者没有时时刻刻的同步机制，即使在播放开始的时候声音和视频是同步的，但是随着播放进程的进行，视频处理设备和声音处理设备由于播放时间难以精确控制、异常及误差会随时间累积的影响，处理速率不一致，都会导致声音和视频不同步，而且会越来越严重。所以，必须要采用一定的同步策略，不断对音视频的时间差做校正，使图像显示与声音播放总体保持一致。

下面以一个 44.1kHz 的 AAC 音频流和 25FPS 的 H.264 视频流为例，来看一下理想情况下音频视频的同步过程。

一个 AAC 音频帧每个声道包含 1024 个采样点，则一个 AAC 音频流的播放时长为 $(1024/44\ 100) \times 1000ms = 23.22ms$；一个 H.264 视频画面播放时长为 $1000ms/2 = 500ms$。声卡虽然是以音频采样点为播放单位，但通常每次往声卡缓冲区送一个音频帧，每送一个音频帧更新一下音频的播放时刻，即每隔一个音频帧时长更新一下音频时钟。

暂且把一个音频时钟更新点记作其播放点，理想情况下，音视频完全同步，音视频播放过程如图 6.5 所示。

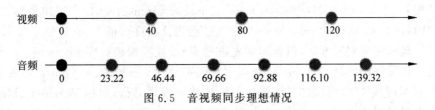

图 6.5 音视频同步理想情况

音视频的同步方式需要将音频和视频分为主时钟和从时钟，在播放过程中，主时钟作为从时钟的同步基准，从时钟落后于主时钟时追赶，超前时等待，所以分为以下三种情况。

(1) 音频同步到视频，视频时钟作为主时钟。

(2) 视频同步到音频，音频时钟作为主时钟。

(3) 音视频同步到外部时钟，外部时钟作为主时钟。

6.3   SDL 基本原理

SDL 英文全称为 Simple DirectMedia Layer,是一套开放源代码的跨平台多媒体开发库,使用 C 语言写成。SDL 多媒体库,可以跨平台地用于直接控制底层多媒体硬件接口。常见的多媒体功能包括键盘、鼠标、音频等。它还提供了 2D 图形帧缓冲的接口,以及统一了 OpenGL 和各种操作系统之间的接口标准,实现了 3D 图形的构建。

SDL 支持的主流操作系统包括 Linux、Windows、Windows CE、BeOS、Mac OS、Mac OS X、FreeBSD、NetBSD、OpenBSD、BSD/OS、Solaris、IRIX 和 QNX。SDL 用 C 语言开发,并且能很好地在 C++等高级语言中使用。在官方可以看到 SDL 所支持的语言很多(如 Ada、C♯、Eiffel、Erlang、Euphoria、Guile、Haskell、Java、Lisp、Lua、ML、Objective C、Pascal、Perl、PHP、Pike、Pliant、Python、Ruby、Smalltalk 和 Tcl)。

SDL 的优点主要是:跨平台,Windows、Linux、Android、iOS 四个常用的操作系统都可以使用;库的体积相对较小,可节省计算机有限的资源;随着 SDL2 版本的发布,其可以免费用于商业软件的制作,可以直接使用 SDL 的动态链接库并编译进入编写的代码中。

SDL 的缺点就是不能够采集音频,如果是使用 Android、iOS 这样的系统,可以直接使用系统本身的 API 采集。并且 FFmpeg 是支持采集音频的,必要的时候也可以直接使用 FFmpeg 采集。

首先读取视频文件并解码,将视频码流和音频码流按照一定的格式存储在一个文件中,再分离成音频流压缩编码数据和视频流压缩编码数据。将音频采样数据压缩成为音频码流,从而降低音频的数据量;将视频像素数据压缩成为视频码流,从而降低视频的数据量。音频压缩数据解码为音频采样数据,保存了音频中每个采样点的值;视频压缩数据被解码为视频像素数据,保存了屏幕上每个像素点的像素值。最后将解码的非压缩视频/音频原始数据进行音视频的同步,根据处理过程中获取到的参数信息,同步解码出视频和音频数据,并将视频音频数据送至系统的显卡和声卡播放出来。

6.4   FFmpeg 多媒体视频处理工具

FFmpeg 是一套可以用来记录、转换数字音频、视频,并能将其转换为流的开源计算机程序。采用 GNU LGPL(GNU Lesser General Public License,GNU 宽通用公共许可证)或 GNU GPL(GNU General Public License,GNU 通用公共许可证)。它提供了录制、转换以及流化音视频的完整解决方案,包含非常先进的音频/视频编解码库 libavcodec。为了保证高可移植性和编解码质量,libavcodec 里很多代码都是从头开发的。FFmpeg 是在 Linux 平台下开发的,但它同样也可以在其他操作系统环境中编译运行,包括 Windows、Mac OS X 等。这个项目最早由 Fabrice Bellard 发起,2004—2015 年由 Michael Niedermayer 主要负责维护。许多 FFmpeg 的开发人员都来自 MPlayer 项目,而且当前 FFmpeg 也是放在 MPlayer 项目组的服务器上。项目的名称来自 MPEG 视频编码标准,前面的"FF"代表"Fast Forward"。FFmpeg 编码库可以使用 GPU 加速。

FFmpeg 是相当强大的多媒体编解码框架,现在大部分的网络视频网站都使用了 FFmpeg 编解码框架,如迅雷、腾讯视频、QQ、微信、QQ 音乐、QQ 影音、暴风影音、爱奇艺、优酷、格式工厂等工具都基于 FFmpeg，利用开源 FFmpeg 架构对音视频进行编解码操作，如图 6.6～图 6.8 所示。

ogram Files (x86) › Tencent › QQ › Bin

名称	修改日期	类型	大小
Auyqgsdl.dll	2019/9/28 19:23	应用程序扩展	366 KB
avcodec-54bp1.dll	2017/3/22 9:28	应用程序扩展	10,862 KB
avformat-54bp1.dll	2017/3/22 9:28	应用程序扩展	1,236 KB
avutil-51bp1.dll	2017/3/22 9:28	应用程序扩展	445 KB
Camera.dll	2019/9/28 19:23	应用程序扩展	515 KB
CameraRS.dll	2019/9/28 19:23	应用程序扩展	32 KB
CefSubProcess.dll	2019/9/28 19:23	应用程序扩展	158 KB
ChatFrameApp.dll	2019/9/28 19:23	应用程序扩展	2,617 KB
Common.dll	2019/9/28 19:23	应用程序扩展	2,297 KB
ConfigCenter.dll	2019/9/28 19:23	应用程序扩展	691 KB
ContactInfoFrame.dll	2019/9/28 19:23	应用程序扩展	860 KB
ContactMgr.dll	2019/9/28 19:23	应用程序扩展	476 KB
CPHelper.dll	2019/9/28 19:23	应用程序扩展	131 KB
CustomFace.dll	2019/9/28 19:23	应用程序扩展	1,816 KB
dlcore.dll	2019/9/28 19:23	应用程序扩展	2,150 KB
DownloadProxyPS.dll	2019/9/28 19:23	应用程序扩展	68 KB
dwmcapDT32.dll	2019/9/28 19:23	应用程序扩展	54 KB
dwmcapDT64.dll	2019/9/28 19:23	应用程序扩展	125 KB
Extract.dll	2019/9/28 19:23	应用程序扩展	362 KB
FacePackageDll.dll	2019/9/28 19:23	应用程序扩展	750 KB
ffmpegsumo.dll	2019/9/28 19:23	应用程序扩展	1,875 KB

QQ影音

图 6.6 QQ 影音

名称	修改日期	类型	大小
ATL80.dll	2019/8/20 13:33	应用程序扩展	109 KB
atl100.dll	2019/8/20 13:23	应用程序扩展	143 KB
avcodec-ql-58.dll	2019/9/3 11:26	应用程序扩展	9,771 KB
avformat-ql-58.dll	2019/9/3 11:26	应用程序扩展	1,329 KB
avresample-ql-4.dll	2019/9/3 11:26	应用程序扩展	156 KB
avutil-ql-56.dll	2019/9/3 11:26	应用程序扩展	326 KB
BugReporter.exe	2019/9/3 11:26	应用程序	120 KB
cabarc.exe	2019/8/20 13:35	应用程序	69 KB
CefSubProcess.dll	2019/9/3 11:26	应用程序扩展	171 KB
charsetdetect.dll	2019/9/3 11:26	应用程序扩展	121 KB
Common.dll	2019/9/3 11:26	应用程序扩展	1,864 KB
concrt140.dll	2019/8/20 13:22	应用程序扩展	239 KB
COPYING.GPLv3	2019/8/20 13:32	GPLV3 文件	35 KB
COPYING.LGPLv3	2019/8/20 13:30	LGPLV3 文件	8 KB
d3dSampleFile.mp4	2019/8/20 13:33	媒体文件(.mp4)	888 KB
D3DX9_43.dll	2019/9/3 11:26	应用程序扩展	1,960 KB
d3dx11_43.dll	2019/9/3 11:26	应用程序扩展	252 KB
DataManager.dll	2019/9/3 11:26	应用程序扩展	3,470 KB
dbgeng.dll	2019/9/3 11:26	应用程序扩展	3,482 KB
dbghelp.dll	2019/8/20 13:24	应用程序扩展	1,185 KB
DelayLoad.dll	2019/9/3 11:26	应用程序扩展	7,867 KB
DesktopHelper.dll	2019/9/3 11:26	应用程序扩展	37 KB
DesktopHelperX.dll	2019/9/3 11:26	应用程序扩展	127 KB
ExternalComponent.dll	2019/9/3 11:26	应用程序扩展	67 KB
ExternalComponentXP.dll	2019/9/3 11:26	应用程序扩展	67 KB
ffmpegsumo.dll	2019/9/3 11:26	应用程序扩展	1,876 KB

腾讯视频

图 6.7 腾讯视频

名称 ^	修改日期	类型	大小
App.dll	2019/9/6 10:54	应用程序扩展	1,769 KB
appPluginBase.dll	2019/9/6 10:54	应用程序扩展	944 KB
AsyncHttp.dll	2019/9/6 10:54	应用程序扩展	190 KB
avcodec.dll	2019/9/6 10:54	应用程序扩展	11,682 KB
avformat.dll	2019/9/6 10:54	应用程序扩展	1,452 KB
avutil.dll	2019/9/6 10:54	应用程序扩展	355 KB
BrowserWrapper.dll	2019/9/6 10:54	应用程序扩展	1,299 KB
bubble.dll	2019/9/6 10:54	应用程序扩展	201 KB
ca-bundle.crt	2018/10/16 15:27	安全证书	251 KB
CID.dll	2019/9/6 10:54	应用程序扩展	154 KB
coeus.dll	2019/9/6 10:54	应用程序扩展	281 KB
CrashReport.dll	2019/9/6 10:54	应用程序扩展	156 KB
CrashReport.exe	2019/9/6 10:54	应用程序	213 KB
cube.dll	2019/9/6 10:54	应用程序扩展	1,159 KB

图 6.8　爱奇艺

现阶段 FFmpeg 的流媒体视频编解码功能十分强大,几乎囊括现在使用的所有音视频编码标准,所以只要是从事音视频相关工作,都要对 FFmpeg 进行学习和二次开发。

6.4.1　FFmpeg 库文件

FFmpeg 在编译后会生成一系列命令行工具,包括如图 6.9 所示的 ffplay、ffprobe 和 ffmpeg 等。其中,ffplay 是一个播放器命令行工具,使用 ffmpeg 库解析和解码,通过 SDL 显示,可以播放音频和视频文件;ffmpeg 是强大的媒体文件转换工具,常用于转码,命令的可选项非常多,包括编码器、视频时长、帧率、分辨率、像素格式、采样格式、码率、裁剪选项、声道数等都可以进行选择;ffprobe 主要用来查看多媒体文件的信息,如音频文件的播放时长、开始播放时间,以及文件的比特率等。

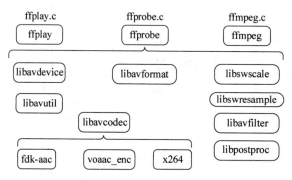

图 6.9　FFmpeg 库文件结构

如图 6.9 所示,为了编译生成命令行工具,需要库文件进行支持,下面对其中比较重要的库文件进行介绍。

libavformat:用于各种音视频封装格式的生成和解析,包括获取解码所需信息以生成解码上下文结构和读取音视频帧等功能;音视频的格式解析协议,为 libavcodec 分析码流提供独立的音频或视频码流源。例如,avformat_write_header(写文件头)、av_write_trailer(写文件尾)、av_read_frame(从文件中读取一帧编码后的图像/音频数据)、av_write_frame

（向文件中写一帧编码后的图像/音频数据）、av_seek_frame（给定一个时间戳,移动读指针到对应位置）,等等。

libavcodec：用于各种类型声音/图像编解码。该库是音视频编解码核心,实现了市面上可见的绝大部分解码器的功能,libavcodec 库被其他各大解码器 ffdshow,MPlayer 等所包含或应用。FFmpeg 默认不会添加 libx264、FDK-AAC 等库,但 FFmpeg 可以像一个平台一样,将其他第三方的 Codec 以插件的形式添加进来,并为开发者提供统一的接口。编解码需要用到的函数基本都在该库中,如 avcodec_find_decoder（找到对应的第三方解码器）、avcodec_decode_video2（使用对应的解码器解码一帧图像/音频数据）。

libavdevice：硬件采集、加速和显示。操作计算机中常用的音视频捕获或输出设备,包括 ALSA、AUDIO_BEOS、JACK、OSS、1394、VFW 等。

libavfilter：filter（FileIO、FPS、DrawText）音视频滤波器的开发,如宽高比裁剪格式化和非格式化伸缩。这个模块提供了包括音频特效和视频特效的处理,例如,把"drawbox＝10:20:200:60:red@0.5"这条命令传递给函数 avfilter_graph_parse()解析,并传递原始图像数据到该 filter 中,就能在图像坐标为(10,20)的点上生成一个宽高为(200,60)、透明度为 0.5 的红色矩形。

libavutil：包含一些公共的工具函数的使用库,包括算数运算字符操作。核心工具库是最基础的模块之一,其他模块经常依赖该库做一些基本的音视频处理操作,如 av_image_fill_arrays（填充原始图像数据到 AVFrame）、av_image_get_buffer_size（根据图像宽高、格式获取填充图像需要的字节数）、av_get_pix_fmt_name（获取像素格式的名称）等。

libswscale：（原始视频格式转换）用于视频场景比例缩放、色彩映射转换；图像颜色空间或格式转换,如 rgb565、rgb888 等与 yuv420 等之间的转换。

libswresample：原始音频格式转码,音频重采样,可转换音频的声道数、数据格式、采样率等格式。

libpostproc：（同步、时间计算的简单算法）用于后期效果处理；音视频应用的后处理,如图像的去块效应。

6.4.2　FFmpeg 数据结构

FFmpeg 中定义的数据对象很多,最关键的数据对象可以分成以下几类,其相互关系如图 6.10 所示。

1. 解协议（HTTP,RTSP,RTMP,MMS）

AVIOContext,URLProtocol 和 URLContext 主要存储音视频使用协议的类型以及状态。URLProtocol 存储输入音视频使用的网络协议封装格式。每种协议都对应一个 URLProtocol 数据结构。

2. 解封装（FLV,AVI,RMVB,MP4）

AVFormatContext 主要存储音视频封装格式中包含的信息；AVInputFormat 存储输入音视频使用的封装格式。每种音视频封装格式都对应一个 AVInputFormat 结构。

3. 解码（H.264,MPEG2,AAC,MP3）

每个 AVStream 存储一个视频/音频流的相关数据；每个 AVStream 对应一个

157

AVCodecContext,存储视频/音频流使用解码方式的相关数据类型；每个 AVCodecContext 中对应一个 AVCodec,包含该视频/音频对应的解码器。每种解码器都对应一个 AVCodec 结构。

4. 数据存储

一般每个 AVPacket 是一帧,音频可能有许多帧。

解码前数据：AVPacket,存储压缩数据(视频 H.264 等码流数据,音频 AAC/MP3 等码流数据)。

解码后数据：AVFrame,存储非压缩的数据(视频 RGB/YUV 像素数据,音频 PCM 采样数据)。

如图 6.10 所示,AVFormat 数据对象其成员包括指向 AVIOContext 结构体、AVInputFormat 结构体和 AVStream 结构体的指针等。而 AVCodecContext 结构体其成员包括指向 AVCodec 结构体的指针。

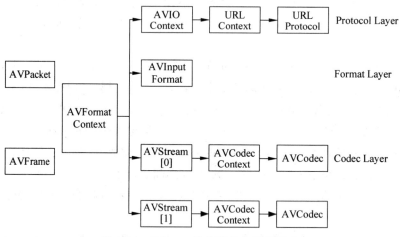

图 6.10　FFmpeg 数据结构之间的关系

6.5　视频播放器的设计流程

本节以视频播放器为例,简要阐述一下流媒体播放器的设计流程。在 Qt Creator 平台上完成基于 FFmpeg 的视频播放器设计,用 C++语言搭建出了基于 FFmpeg 的视频播放器框架,实现了基于 FFmpeg 的视频播放器实现剪辑和视频播放。

如果播放本地的多媒体文件,只需要经过解封装、解码音视频、音视频同步等步骤；如果播放互联网的视频文件,则需要经过解协议、解封装、解码音视频、音视频同步等步骤。本地音视频文件的播放器设计流程如图 6.11 所示。

图 6.12 为 FFmpeg 程序必要的首句,具体作用是注册库。

注册库完成以后,需要加载一个视频文件。选择视频文件打开,实现打开视频的槽函数,代码如图 6.13 所示。

在图 6.14 中,使用 FFmpeg 的 avformat_open_input()方法获取了 path 路径对应的多

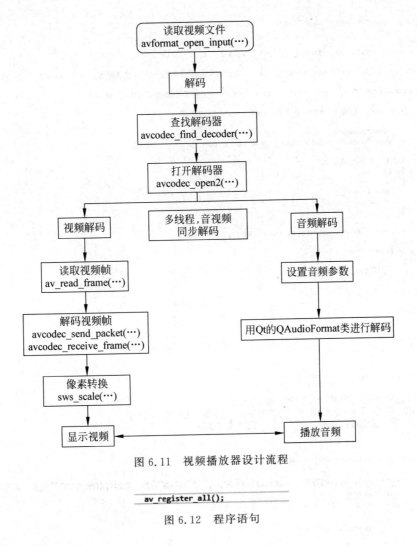

图 6.11　视频播放器设计流程

---

av_register_all();

图 6.12　程序语句

```
void FFVideoPlyer::slotOpenFile()
{
    QString fname = QFileDialog::getOpenFileName(this, QString::fromLocal8Bit("打开视频文件"));
    if (fname.isEmpty())
    {
        return;
    }

    ui.lineEdit_VideoName->setText(fname);

    MyFFmpeg::GetObj()->OpenVideo(fname.toLocal8Bit());

    MyFFmpeg::GetObj()->m_isPlay = true;
    ui.btn_Play->setText(QString::fromLocal8Bit("暂停"));
}
```

图 6.13　加载视频文件

媒体文件,该多媒体文件包含视频流和音频流,根据视频文件的格式,查找相应的解码器进行解码操作。视频打开后进行读帧、解码、显示等操作,这个过程比较耗时,如果放在程序主线程中会出现主线程阻塞,所以将其放入子线程中,添加 QT 的线程类 PlayThread,重写run()函数,如图 6.15 所示。

第6章　流媒体播放器 ◀◀

```
void MyFFmpeg::OpenVideo(const char *path)
{
    mtx.lock();
    int nRet = avformat_open_input(&m_afc, path, 0, 0);

    for (int i = 0; i < m_afc->nb_streams; i++) //nb_streams打开的视频文件中流的数量，一般nb_streams = 2，音频流和视频流
    {
        AVCodecContext *acc = m_afc->streams[i]->codec; //分别获取音频流和视频流的解码器

        if (acc->codec_type == AVMEDIA_TYPE_VIDEO)    //如果是视频
        {
            m_videoStream = i;
            AVCodec *codec = avcodec_find_decoder(acc->codec_id);    //解码器

            //"没有该类型的解码器"
            if (!codec)
            {
                mtx.unlock();
                return;
            }

            int err = avcodec_open2(acc, codec, NULL); //打开解码器

            if (err != 0)
            {
                //解码器打开失败
            }
        }
    }
    mtx.unlock();
}
```

图 6.14　解码视频和音频流

```
void PlayThread::run()
{
    //在子线程里做什么，当然是读视频帧、解码视频了
    //何时读，何时解码呢？在视频打开之后读帧解码，读帧解码线程要一直运行
    //视频没打开之前线程要阻塞，run,while(1)这是基本套路
    while (1)
    {
        if (!(MyFFmpeg::GetObj()->m_isPlay))
        {
            msleep(5); //调试方便，5微秒后窗口又关闭了，线程继续阻塞，此时可以单击"打开视频"按钮选择视频
            continue;
        }

        while (g_videos.size() > 0)
        {
            AVPacket pack = g_videos.front();

            MyFFmpeg::GetObj()->DecodeFrame(&pack);
            av_packet_unref(&pack);
            g_videos.pop_front(); //解码完成的帧从list前面弹出
        }

        AVPacket pkt = MyFFmpeg::GetObj()->ReadFrame();

        if (pkt.size <= 0)
        {
            msleep(10);
        }

        g_videos.push_back(pkt);
    }
}
```

图 6.15　子线程后台操作

　　为了防止堵塞主线程,读帧操作 ReadFrame()放入子线程中进行,在后台进行操作,不会影响主线程的运行,进行读帧操作的实现如图 6.16 所示。

```
AVPacket MyFFmpeg::ReadFrame()
{
    AVPacket pkt;
    memset(&pkt, 0, sizeof(AVPacket));

    mtx.lock();
    if (!m_afc)
    {
        mtx.unlock();
        return pkt;
    }

    int err = av_read_frame(m_afc, &pkt);
    if (err != 0)
    {
        //失败
    }
    mtx.unlock();

    return pkt;
}
```

图 6.16　读帧操作

　　读帧操作完成后，子线程释放，进行下一个操作重新开线程，依然是为了不堵塞主线程。子线程中进行解码操作，如图 6.17 所示。

```
void MyFFmpeg::DecodeFrame(const AVPacket *pkt)
{
    mtx.lock();
    if (!m_afc)
    {
        mtx.unlock();
        return;
    }

    if (m_yuv == NULL)
    {
        m_yuv = av_frame_alloc();
    }

    AVFrame *frame = m_yuv;   //指针传值

    int re = avcodec_send_packet(m_afc->streams[pkt->stream_index]->codec, pkt);
    if (re != 0)
    {
        mtx.unlock();
        return;
    }

    re = avcodec_receive_frame(m_afc->streams[pkt->stream_index]->codec, frame);
    if (re != 0)
    {
        //失败
        mtx.unlock();
        return;
    }
    mtx.unlock();
}
```

图 6.17　解码操作

　　如图 6.18 所示，解码转码处理以后的视频是 YUV,RGB 和色度的四通道，需要将其转换为 RGB 显示。在显示的时候，对视频进行像素转换操作。

　　视频显示中每一帧会被当作图片来处理，一般情况下为每秒 30 张图片，也就是以 30fps 进行显示，如图 6.19 所示。

　　上述是视频播放器的部分关键代码，经过正确编译以后，可以正常播放 path 路径指定的音视频文件。

161

```
bool MyFFmpeg::YuvToRGB(char *out, int outweight, int outheight)
{
    mtx.lock();
    if (!m_afc || !m_yuv) //像素转换的前提是视频已经打开
    {
        mtx.unlock();
        return false;
    }
    AVCodecContext *videoCtx = m_afc->streams[this->m_videoStream]->codec;
    m_cCtx = sws_getCachedContext(m_cCtx, videoCtx->width, videoCtx->height,
        videoCtx->pix_fmt,   //像素点的格式
        outweight, outheight,  //目标宽度与高度
        AV_PIX_FMT_BGRA,   //输出的格式
        SWS_BICUBIC,   //算法标记
        NULL, NULL, NULL
        );
    if (m_cCtx)
    {
        //sws_getCachedContext 成功"
    }
    else
    {
        //"sws_getCachedContext 失败"
    }
    uint8_t *data[AV_NUM_DATA_POINTERS] = { 0 };
    data[0] = (uint8_t *)out;
    int linesize[AV_NUM_DATA_POINTERS] = { 0 };
    linesize[0] = outweight * 4;   //每一行转码的宽度

    //返回转码后的高度
    int h = sws_scale(m_cCtx, m_yuv->data, m_yuv->linesize, 0, videoCtx->height,
        data,
        linesize
        );
    mtx.unlock();
}
```

图 6.18　像素转换

```
void VideoViewWidget::paintEvent(QPaintEvent *e)
{
    static QImage *image;

    if (image == NULL)
    {
        uchar *buf = new uchar[width() * height() * 4];
        image = new QImage(buf, width(), height(), QImage::Format_ARGB32);
    }

    bool ret = MyFFmpeg::GetObj()->YuvToRGB((char *)(image->bits()), width(), height());

    QPainter painter;
    painter.begin(this);
    painter.drawImage(QPoint(0, 0), *image);
    painter.end();
}
```

图 6.19　显示视频播放

习　　题

1. 请在迅雷、腾讯视频、暴风影音等软件的安装目录中找到 FFmpeg 的库文件。
2. 请详述多媒体播放器的主要组成部分。

7.1 网络协议分析软件 Wireshark

1997 年年底,Gerald Combs 需要一个能够追踪网络流量的工具软件作为其工作上的辅助,因此他开始编写 Ethereal 软件。Ethereal 在经过几次中断开发的事件过后,终于在 1998 年 7 月发布了第一个版本 v0.2.0。自此之后,Combs 收到了来自全世界的修补程序、错误回报与鼓励信件,Ethereal 的发展就此开始。不久之后,Gilbert Ramirez 看到了这套软件的开发潜力并开始参与低阶程序开发。1998 年 10 月,来自 Network Appliance 公司的 Guy Harris 在寻找一套比 TCPView(另外一套网络数据报截取程序)更好的软件。于是他也开始参与 Ethereal 的开发工作。1998 年年底,一位在讲授 TCP/IP 课程的讲师 Richard Sharpe,关注到这个软件在课程教学中的作用,开始研究该软件是否有他所需要的协议,因此他开始在 Ethereal 上开发新增网络协议的数据报截取功能,几乎包含当时所有网络协议。自此之后,数以千计的人开始参与 Ethereal 的开发,多半是因为希望能让 Ethereal 截取特定的、尚未包含在 Ethereal 默认网络协议中的数据报。2006 年 6 月,Ethereal 更名为 Wireshark。

Wireshark 是一个网络数据报分析软件。网络数据报分析软件的功能是截取网络数据报,并尽可能显示出最为详细的网络数据报资料。Wireshark 使用 WinPCAP 作为接口,直接与网卡进行数据报文交换。在过去,网络数据报分析软件是非常昂贵的,或是专门属于盈利用的软件,Ethereal 的出现改变了这一切。在 GNU、GPL 通用许可证的保障范围下,使用者可以免费取得软件与其源代码,并拥有针对其源代码修改及定制化的权利。Ethereal 是全世界最广泛的网络数据报分析软件之一。

网络管理员使用 Wireshark 来检测网络问题,网络安全工程师使用 Wireshark 来检查资讯安全相关问题,开发者使用 Wireshark 来为新的网络协议除错,普通使用者使用 Wireshark 来学习网络协议的相关知识。Wireshark 不是入侵侦测系统(Intrusion Detection System,IDS),对于网络上的异常流量行为,Wireshark 不会产生警示或是任何提示。然而,仔细分析 Wireshark 截取的数据报能够帮助使用者对于网络行为有更清楚的了解。Wireshark 不会对网络数据报产生内容的修改,它只会反映出流通的数据报信息,Wireshark 本身也不会送出数据报至网络上。

7.2 Wireshark 系统结构

当用户的计算机连接到一个网络时,它依赖一个网络适配器(如以太网卡)和链路层驱动(如 PCI-E 网卡驱动)来发送和接收数据报。本节将介绍使用 Wireshark 捕获数据的工作流程,Wireshark 的系统结构如图 7.1 所示。

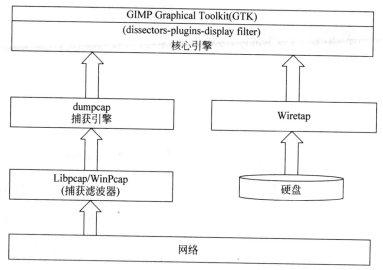

图 7.1 Wireshark 系统结构

在 Wireshark 系统结构中,各模块的功能如下。

(1) GTK:图形窗口工具,控制所有的用户输入/输出界面。

(2) 核心引擎:将其他模块连接起来,起到综合调度的作用。

(3) 捕获引擎:依赖于底层库 Libpcap/WinPcap,进行数据捕获。

(4) Wiretap 用来读取和保存来自 WinPcap 的捕获文件和一些其他的格式文件。

在图 7.1 中,Libpcap(WinPcap 是其 Windows 版本)可以提供与平台无关的接口,而且操作简单。它是基于改进的 BPF 开发的,Linux 用户使用 Libpcap,Windows 用户使用 WinPcap。

7.3 流媒体传输协议分析

流媒体应用数据需要在有线或者无线网络上传输,所以流媒体应用的开发离不开流媒体传输协议的分析。流媒体应用的开发者需要分析流媒体在传输时采用何种传输协议能够满足流媒体实时性的需求;同时,流媒体服务出现故障时,也需要采用网络协议分析软件 Wireshark 进行故障的分析。因此,本节将介绍流媒体应用环境的搭建与用网络协议分析软件 Wireshark 对流媒体传输协议 RTSP/RTP/RTCP 分析的基本方法。

如图 7.2 所示,RTSP(Real Time Streaming Protocol,实时流协议)是由 Real Networks 和 Netscape 共同提出的,该协议定义了一对多应用程序如何有效地通过 IP 网络传送多媒体数据。RTSP 在体系结构上位于 RTP 和 RTCP 之上,它使用 TCP 或 RTP 完成数据传输。这些流媒体协议支撑着流媒体在网络中实时地传输,因此通过本实验深入分析 RTSP/RTP/RTCP 的工作过程。

7.3.1 搭建流媒体播放环境

VLC(多媒体播放器,最初命名为 VideoLAN 客户端)是 VideoLAN 计划的多媒体播放

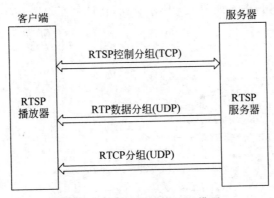

图 7.2 RTSP 流媒体 C/S 模型

器,此软件开发项目是由法国学生所发起的,参与者来自世界各地,设计了多平台的支持。它支持众多音频与视频解码器及文件格式,并支持 DVD 影音光盘及各类流式协议。它也能作为 Unicast 或 Multicast 的流式服务器在 IPv4 或 IPv6 的高速网络连接下使用。它融合了 FFmpeg 的解码器与 libdvdcss 程序库,使其有播放多媒体文件及加密 DVD 影音光盘的功能。

VLC 是一款优秀的开源播放器,可以播放 MPEG-1、MPEG-2、MPEG-4、DivX、DVD/VCD、数字卫星频道、数字地球电视频道,在许多平台下通过 IPv4、IPv6 网络播放线上影片。

本节用 VLC 软件搭建流媒体播放器的服务器和客户机,首先下载 VLC 多媒体播放器软件,下载地址是 www. video. org,下载适合本机操作系统的最新版本(注意区分 32 位/64 位)。

1. 安装 VLC 多媒体播放器软件

(1) 下载合适的 VLC 多媒体播放器软件,本例中使用的操作系统是 Windows 7 64 位,因此下载了 vlc-3. 0. 5-streamer_2019924298. exe 软件。双击该软件,出现如图 7.3 所示界面,表明开始安装软件。

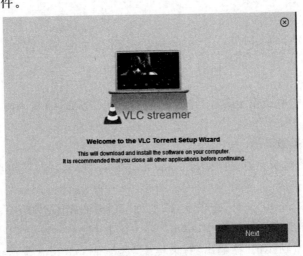

图 7.3 安装 VLC 软件(Ⅰ)

（2）单击 Next 按钮，进入如图 7.4 所示页面，在该页面勾选 Install VLC client 复选框，单击 Accept 按钮。

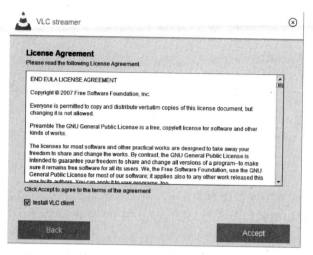

图 7.4 安装 VLC 软件(Ⅱ)

（3）出现如图 7.5 所示页面，表示正在安装。

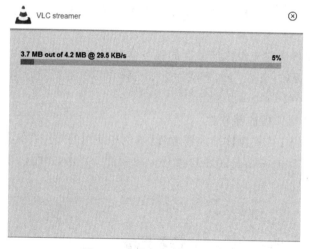

图 7.5 安装 VLC 软件(Ⅲ)

（4）进程结束后，双击帽子图标，弹出如图 7.6 所示界面，播放一段视频，查看播放器是否正常。

2. 测试流媒体播放环境

（1）建立媒体播放服务器，打开 VLC media player，在"媒体"菜单中选择"流"选项，如图 7.7 所示。

（2）在图 7.8 中，选择"文件"选项卡，添加可以播放的媒体文件，单击"串流"按钮。

（3）出现如图 7.9 所示对话框中，单击"下一个"按钮。

（4）在如图 7.10 所示的"流输出"对话框中，选择基于 RTSP 发送流媒体文件，之后单击"添加"按钮。

图 7.6　安装 VLC 软件（IV）

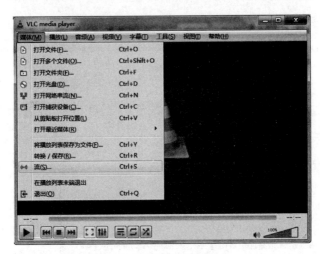

图 7.7　流媒体播放服务器

图 7.8　添加媒体文件

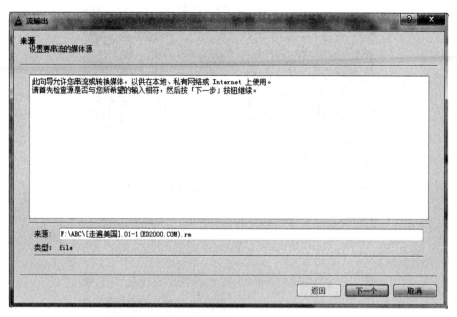

图 7.9   选择媒体文件

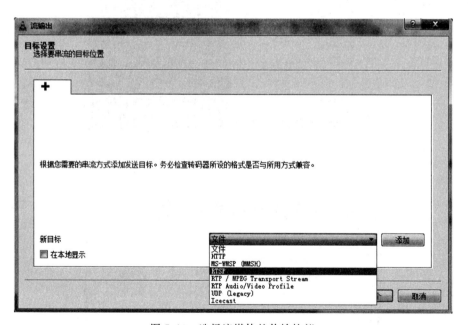

图 7.10   选择流媒体的传输协议

（5）弹出如图 7.11 所示对话框，设置流输出的端口号为 8554，路径为/TEST，将转码后文件的流放在/TEST 目录下，单击"下一个"按钮。

（6）弹出如图 7.12 所示对话框，选择播放文件的格式，单击"下一个"按钮。

（7）弹出如图 7.13 所示对话框，单击"流"按钮，就会跳出服务器播放页面。

（8）如图 7.14 所示，媒体播放服务器正在播放选择的媒体文件。

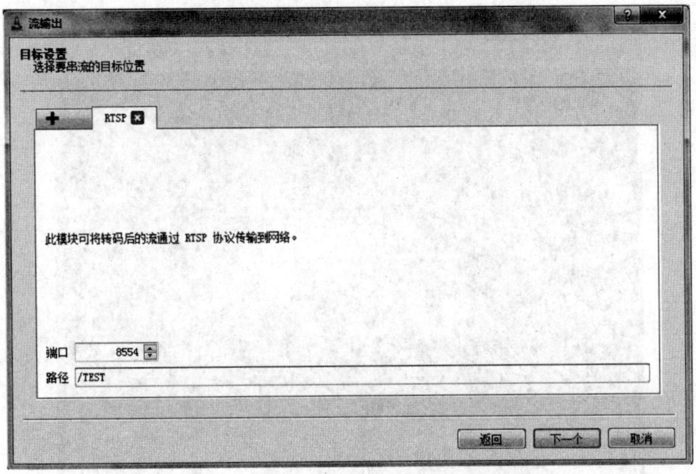

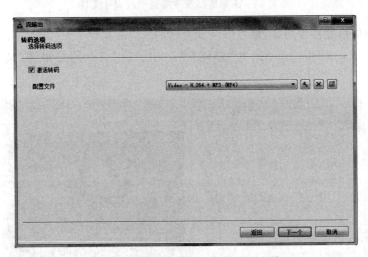

图 7.11　设置流媒体播放器的端口号

图 7.12　选择流媒体文件的编码方式

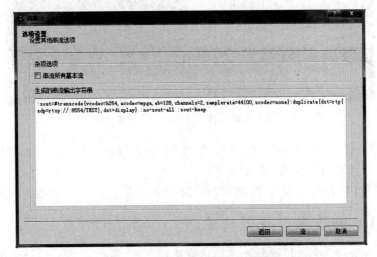

图 7.13　流媒体播放器的选项设置

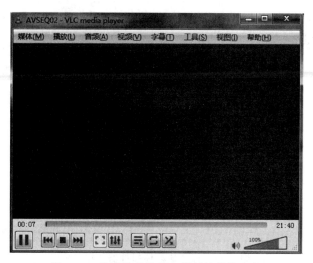

图 7.14 流媒体播放服务器播放媒体文件

3. 建立媒体播放器客户端,接收服务器发送的 ∗.rm 文件

(1) 双击 VLC media player,在"媒体"菜单中选择"打开网络串流"选项,如图 7.15 所示。

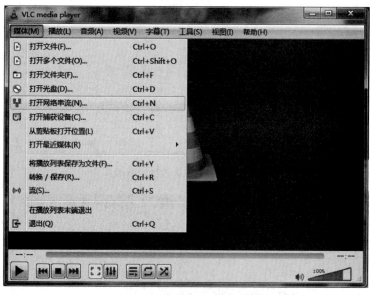

图 7.15 流媒体客户端播放服务器端的文件

(2) 打开"网络"选项卡,如图 7.16 所示,在"请输入网络 URL"输入框中输入"rtsp:// 127.0.0.1:8554/TEST",单击"播放"按钮。

(3) 如图 7.17 所示,在 VLC 播放器客户端正在播放 VLC 服务器播放的内容。

7.3.2 Wireshark 软件使用方法

本节采用 Wireshark 软件进行流媒体传输协议分析,所以本节简要介绍 Wireshark 软件的基本使用方法。安装步骤如下。

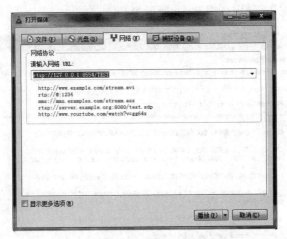

图 7.16　设置流媒体服务器的地址

图 7.17　流媒体播放环境测试

(1) 双击安装程序,显示如图 7.18 所示窗口。

图 7.18　安装 Wireshark 软件(Ⅰ)

（2）单击 Next 按钮，弹出如图 7.19 所示窗口。

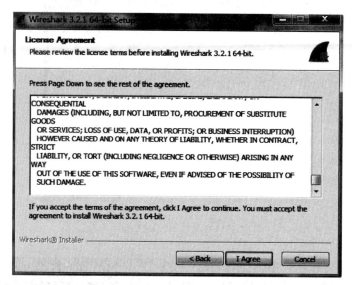

图 7.19　安装 Wireshark 软件(Ⅱ)

（3）单击 I Agree 按钮，弹出如图 7.20 所示窗口，下面按照默认选择即可，单击 Next 按钮。

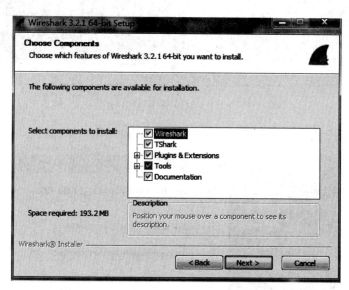

图 7.20　安装 Wireshark 软件(Ⅲ)

（4）按照图 7.21 选择即可，单击 Next 按钮。

（5）弹出如图 7.22 所示窗口，选择程序安装的位置，单击 Next 按钮。

（6）弹出如图 7.23 所示窗口，选择是否安装 Npcap 或者 WinPcap，单击 Next 按钮。

（7）弹出如图 7.24 所示窗口，选择是否安装 USBPcap，单击 Install 按钮。

（8）出现图 7.25，表示正在安装。

（9）按照图 7.26 设置，单击 Install 按钮。

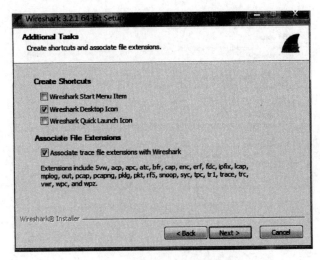

图 7.21 安装 Wireshark 软件(Ⅳ)

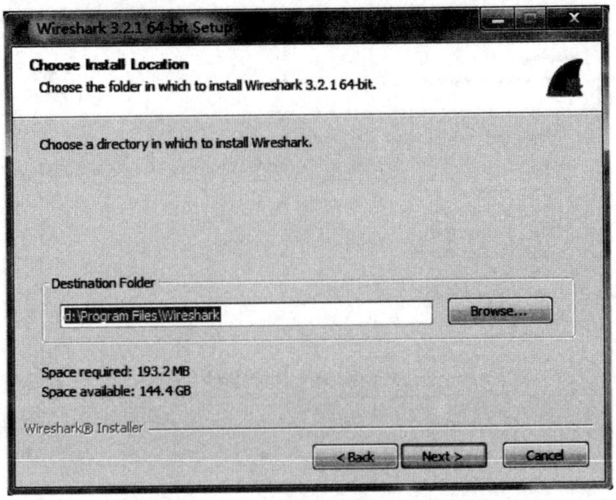

图 7.22 安装 Wireshark 软件(Ⅴ)

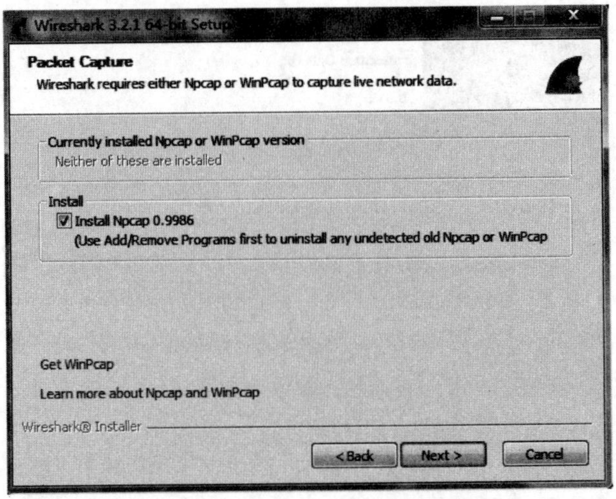

图 7.23 安装 Wireshark 软件(Ⅵ)

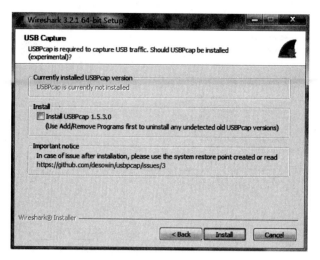

图 7.24　安装 Wireshark 软件(Ⅶ)

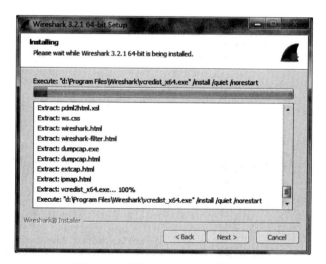

图 7.25　安装 Wireshark 软件(Ⅷ)

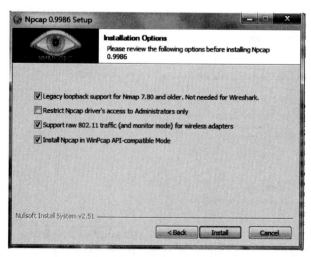

图 7.26　安装 Wireshark 软件(Ⅸ)

(10) 出现如图 7.27 所示窗口,表示安装完成。

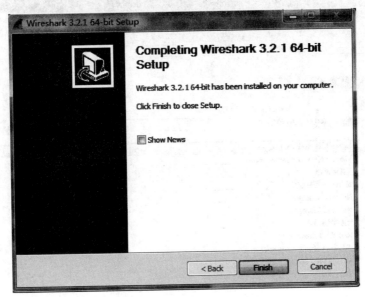

图 7.27　安装 Wireshark 软件(X)

4. Wireshark 软件使用方法

(1) 双击 Wireshark 软件,软件界面如图 7.28 所示。

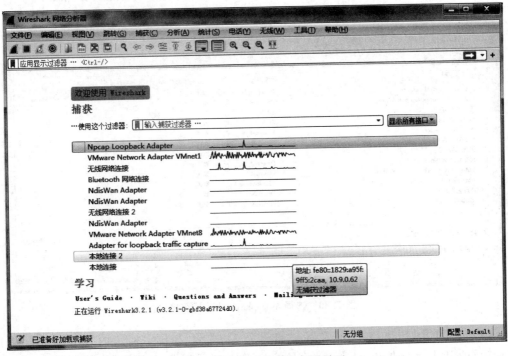

图 7.28　Wireshark 软件打开界面

(2) 打开"捕获"菜单,如图 7.29 所示,可以选择需要捕获的接口。

第7章　流媒体传输协议分析 ◀◀

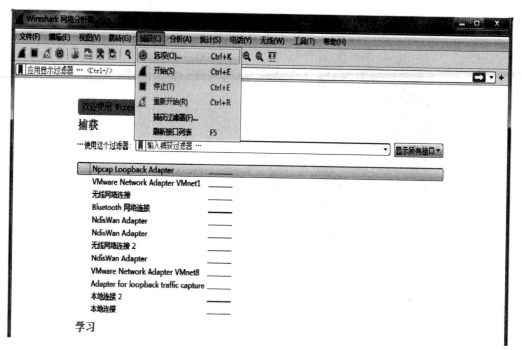

图 7.29 "捕获"菜单

（3）选择"选项"，弹出如图 7.30 所示对话框，出现捕获接口，勾选需要捕捉的网卡，在本节选择的是无线网卡连接（可根据网络连接的情况，进行合适的选择）。

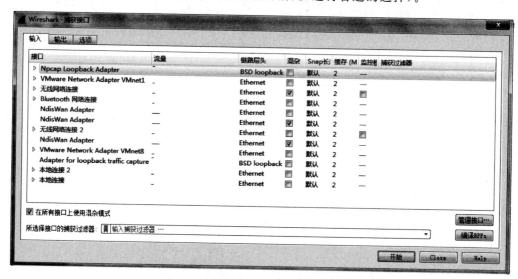

图 7.30 选择 Wireshark 软件捕获接口

（4）单击"开始"按钮，下面文本框如图 7.31 所示，会显示捕获的报文（时间，源 IP 地址，目的 IP 地址，协议，报文长度，信息），第二栏是对报文的解析，第三栏是原始数据报。

（5）单击"停止"按钮，停止对报文的捕获，如图 7.32 所示。

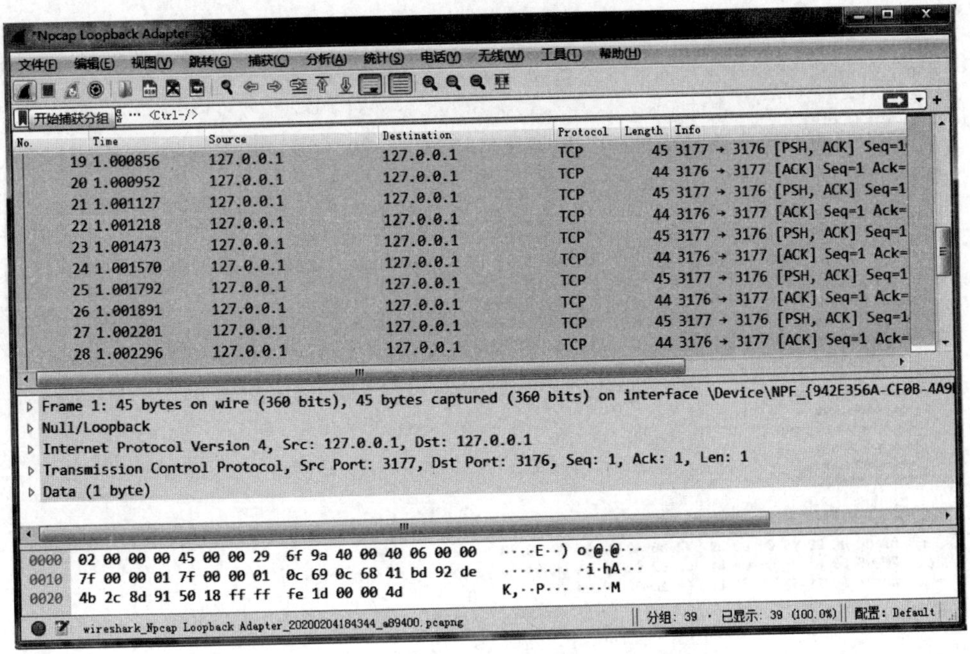

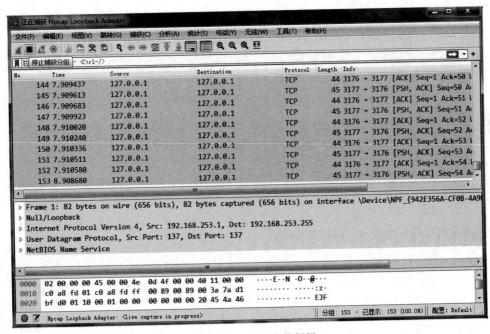

图 7.31　用 Wireshark 软件捕获数据报

图 7.32　停止捕获数据报

（6）在过滤器中设置 tcp，表示对捕获的报文进行协议过滤，原来捕获的报文中，包括多种协议的报文。出现的下拉框中显示出过滤器的属性设置，如图 7.33 所示的是 TCP 的各种属性。单击→按钮，开始过滤。

（7）过滤后的报文如图 7.34 所示，只有 TCP 的报文。

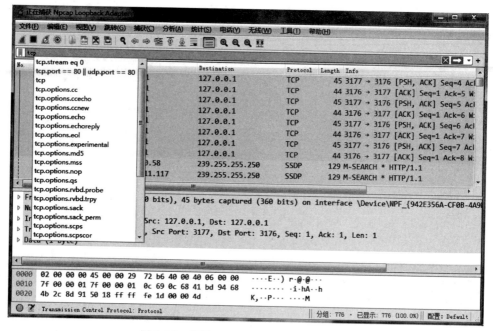

图 7.33　使用 Wireshark 软件设置过滤器

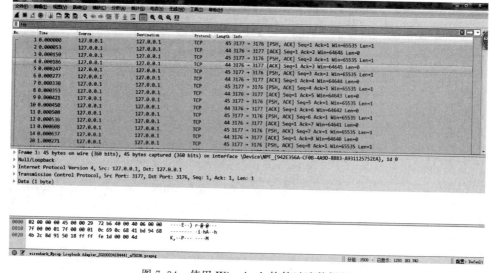

图 7.34　使用 Wireshark 软件过滤数据报

（8）如图 7.35 所示,选择序号 31 的报文,在第二栏可以看到报文的内容,包括网卡接口 ID、数据包的长度、序号等。

（9）如图 7.36 所示,在第二栏下拉,可以看到封装在 IPv4 中的数据报文,其中包括 IP 的内容、IP 版本号、报头长度、数据报文总长度、源端口和目的端口 IP 等信息。

（10）如图 7.37 所示,在第二栏下拉,可以看到封装在 TCP 中的数据报文,其中包括 TCP 协议的源端口号和目的端口号、TCP 的序列号、报文头部长度和报文类型等信息。

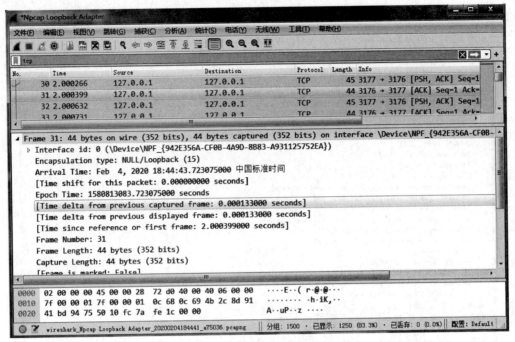

图 7.35　31 号数据报分析

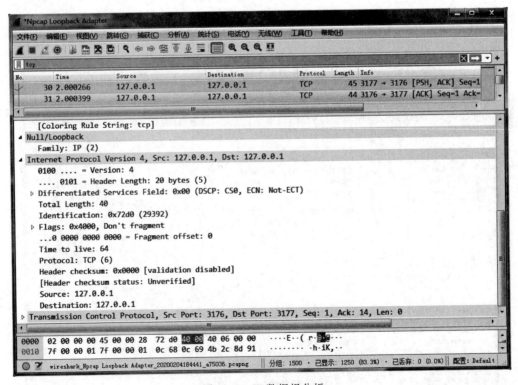

图 7.36　IP 数据报分析

179

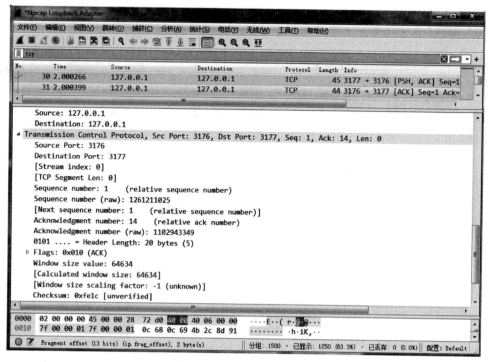

图 7.37 TCP 数据报分析

（11）单击数据报文，弹出如图 7.38 所示菜单，然后右击，在弹出的快捷菜单中，选择"跟踪流"→"TCP 流"命令。

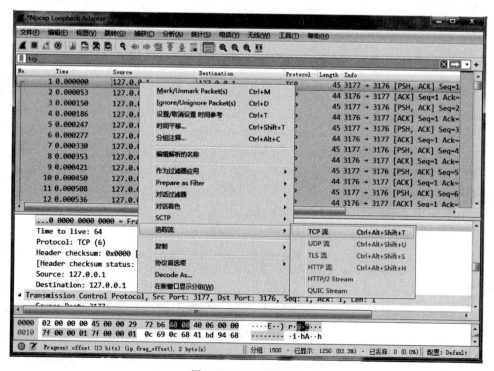

图 7.38 TCP 流追踪

（12）如图 7.39 所示是对数据报文中内容的解析。

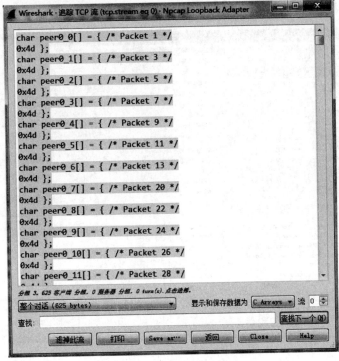

图 7.39 TCP 流追踪结果

（13）在"电话"菜单中可以看到有对 RTP/RTSP 的分析选项，如图 7.40 所示。

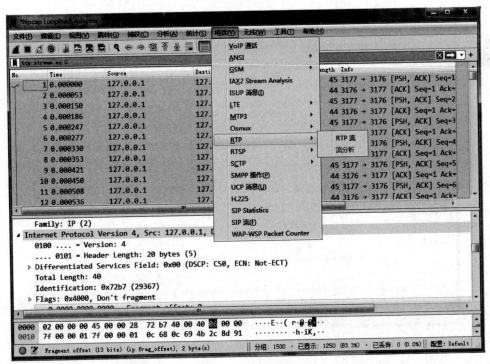

图 7.40 "电话"菜单

（14）在"统计"菜单中比较常用的选项是协议分级、Conversations、Endpoints 和分组长度等，如图 7.41 所示，下面会简单介绍一下。

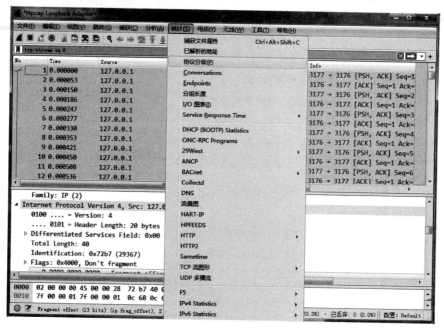

图 7.41　"统计"菜单

（15）在"统计"菜单中选择"协议分级"，出现如图 7.42 所示窗口，可以看到 IPv4 的报文占 100%。

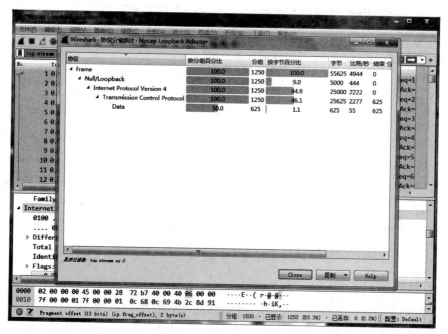

图 7.42　协议分级统计

（16）在"统计"菜单中选择"分组长度"，出现如图 7.43 所示窗口，按照数据报的长度，可以发现数据报文的长度在 159B 以内，因为在过滤器中设置了 TCP，所以捕获的大多是控制数据报文。

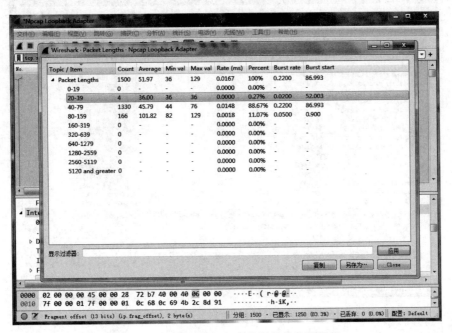

图 7.43　根据数据报长度分析捕获的数据报

（17）在"统计"菜单中选择 Conversations，弹出如图 7.44 所示窗口，可以看到 IPv4 有 16 个数据报文，按照协议分类。

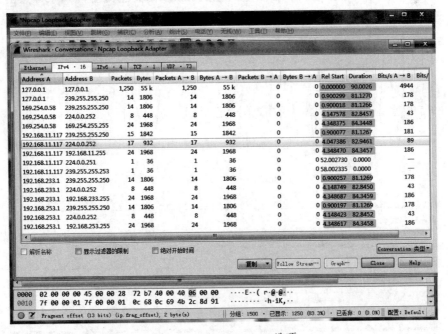

图 7.44　Conversations 选项

（18）在图 7.44 所示窗口中，单击 Bytes，就可以把数据报文按照大小进行排序，如图 7.45 所示。

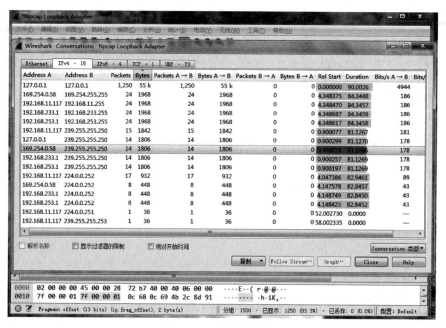

图 7.45　数据报排序

（19）在"统计"菜单中选择"I/O 图表"，弹出如图 7.46 所示窗口，可以看到按照不同的时间点，经过网卡的不同的数据报文数量。

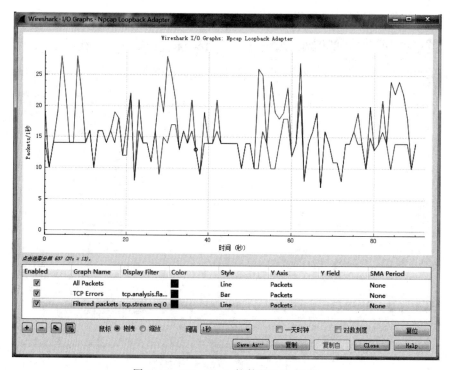

图 7.46　Wireshark 软件的 I/O 图表

（20）在"统计"菜单中选择"流量图"，弹出如图7.47所示窗口，可以看到按照不同的时间点，网络中数据报文的流向。

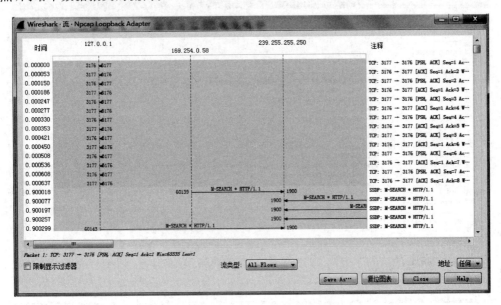

图 7.47 Wireshark 软件的流量图

（21）如图7.48所示，选择"分析"菜单中的"启用的协议"，可以选择分析报文时采用的协议。

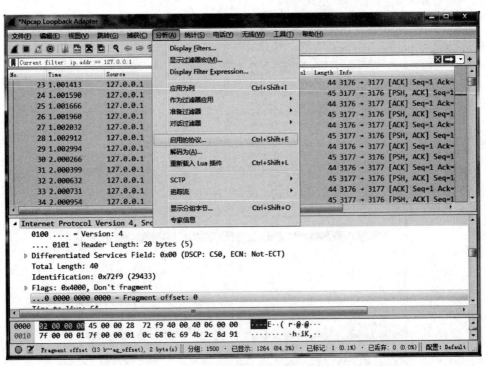

图 7.48 "分析"菜单

（22）在如图 7.49 所示对话框中的"搜索"栏中填入"rtp"，勾选 RTP 复选框。

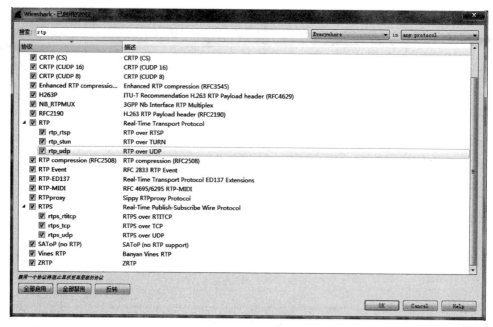

图 7.49　选择 Wireshark 软件中的 RTP

（23）在"分析"菜单中，选择"专家信息"，弹出如图 7.50 所示窗口，在分析网络拥塞情况时，一般需要关注"警告"和"错误"等。

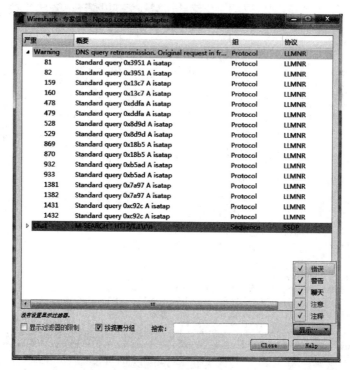

图 7.50　Wireshark 软件的专家信息

（24）如图 7.51 所示，主窗口和弹出窗口是关联的，如果选中"警告"中的数据报文，在主窗口中可以分析其报文的内容。

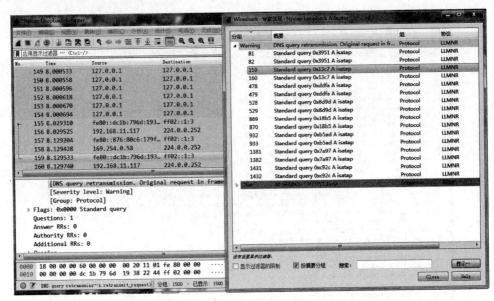

图 7.51　分析"警告"中的数据报文

（25）如图 7.52 所示为过滤器的高级设置，在过滤器中可以设置 ip. addr＝＝127.0.0.1（可以按照自己的需求设置）。

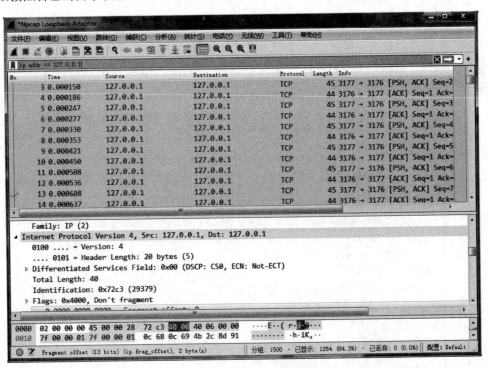

图 7.52　Wireshark 软件的过滤器高级设置（Ⅰ）

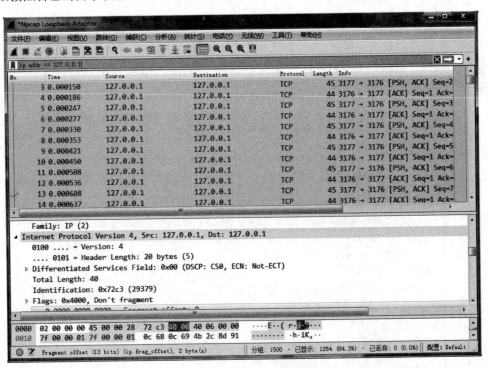

187

（26）如图 7.53 所示，在过滤器中可以用 and，or，! ＝等表示逻辑与，或，不等，将条件设置得更具体，比如设置 ip.addr eq 192.168.233.1 and ip.addr eq 192.168.233.255。

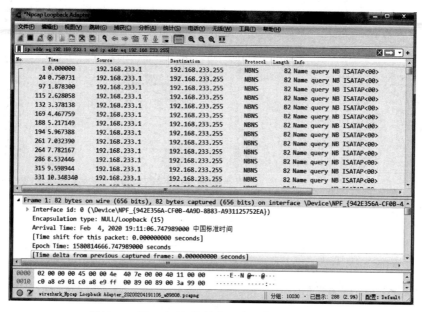

图 7.53　Wireshark 软件的过滤器高级设置（Ⅱ）

7.3.3　流媒体传输协议分析

在前面两节的基础上，本节用 Wireshark 软件进行 RTP/RTSP/RTCP 分析。首先打开 Wireshark 软件进行数据报捕获，之后搭建好流媒体传输的环境，进行流媒体传输协议分析。

（1）先打开 Wireshark 软件，在过滤器中设置 rtsp，进入报文捕获状态，将之前搭建的网络流媒体服务器开启，之后将网络流媒体客户端开启，如图 7.54 和图 7.55 所示。

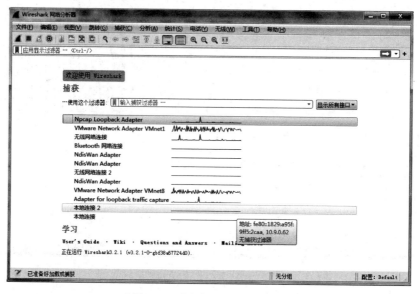

图 7.54　打开 Wireshark 软件

图 7.55　搭建流媒体播放环境

（2）捕获的数据报文如图 7.56 所示,可以看到 RTSP 控制流媒体的整个过程。在这一步中需要对捕获的报文进行逐个分析。举例来说,1198 号报文是 OPTIONS 报文。

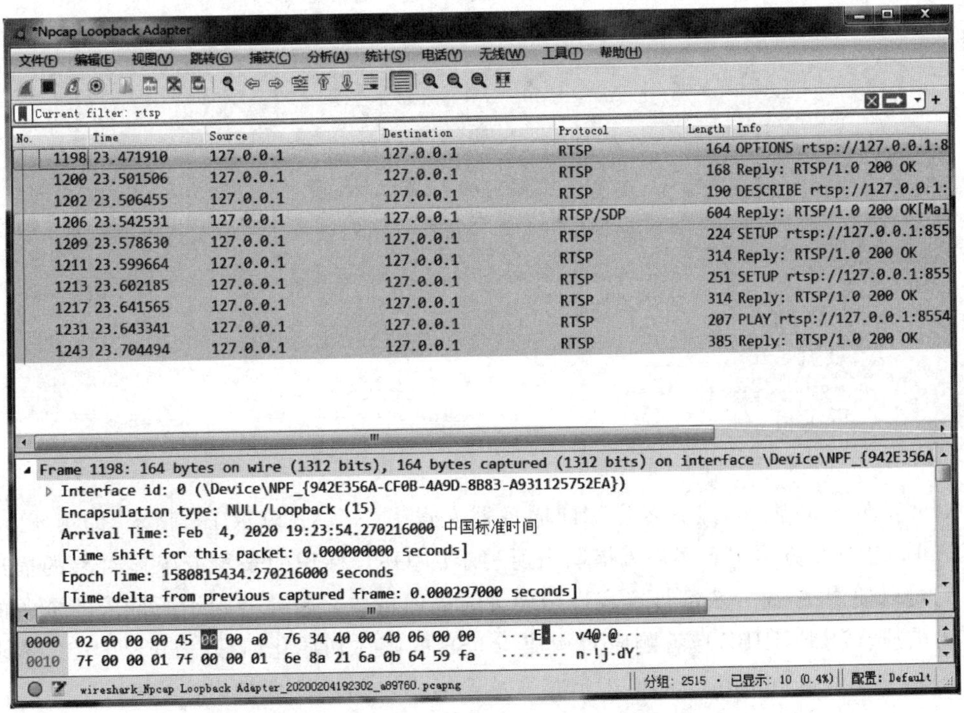

图 7.56　捕获 RTSP 流媒体建立过程的报文

（3）客户端首先向服务器发送了一个方法为 OPTIONS 的请求,如第 1198 号报文,请求内容如图 7.57 所示,包括 URL、RTSP 版本号、User-Agent 等信息。客户端通过这个方法了解服务器为 URL 提供了哪些方法的支持。可以看到使用的 User-Agent 是 VLC/3.0.6 等。

（4）之后服务器回复客户端一个 REPLY 应答 1200 报文,服务器应答了媒体服务器信息、内容长度、序列号和支持的方法等信息。如图 7.58 所示,服务器支持的方法包括DESCRIBE、SETUP、TEARDOWN、PLAY、GET_PARAMETER。

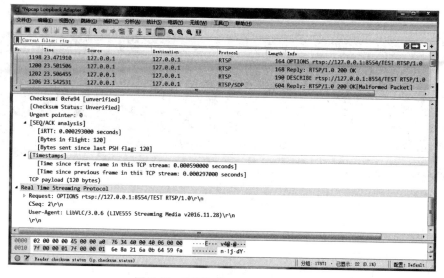

图 7.57　RTSP 的 OPTIONS 报文

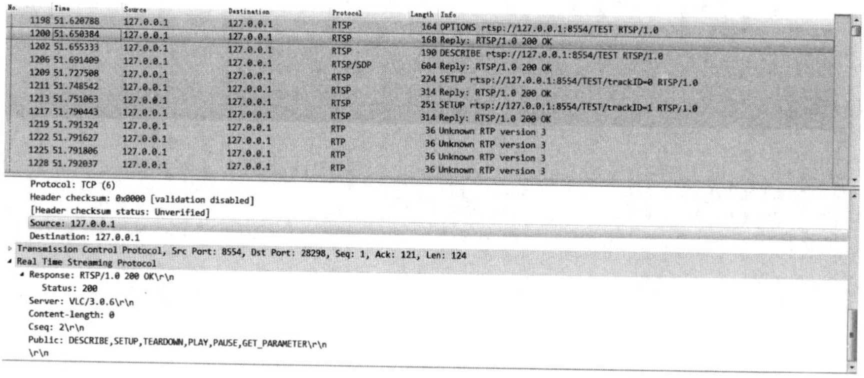

图 7.58　RTSP 的 REPLY 报文

（5）如图 7.59 所示,然后客户端向服务器发送了一个 DESCRIBE 请求,即第 1202 号报文,DESCRIBE 方法用于客户端提取由所请求的 URL 标识的表示或媒体对象的描述信息。它可以使用 Accept 头部指定客户端理解的描述格式。服务器则用所请求的资源的描述作为响应。DESCRIBE 应答响应对构成 RTSP 的媒体初始化阶段。DESCRIBE 请求的 Accept 头部值为 application/sdp,表示客户端希望收到 SDP 格式的媒体格式。

（6）然后服务器向客户端回复了一个 DESCRIBE 请求的应答帧,即第 1206 号报文。RSTP/SDP 的报文内容如图 7.60 所示。

如图 7.61 所示,服务器通过 SDP 包,告知流媒体数据传输所用的协议,以及流媒体本身的一些信息,这里所用的协议为 RTP/RTCP。通常的 SDP 文件中,"Media Description"选项,即以"m"开头的那一行中会指定客户端接收 RTP 包所需要监听的端口,这里端口为 0。传输中客户端和服务器所选择的用于 RTP/RTCP 报文收发的端口将在后面的 RTSP 请求中交换。客户端在收到服务器发来的 SDP 报文之后,会选择两个端口,分别用于 RTP 和 RTCP 包的收发,并发送了一个 SETUP 请求用于建立媒体会话,如 1209 报文。

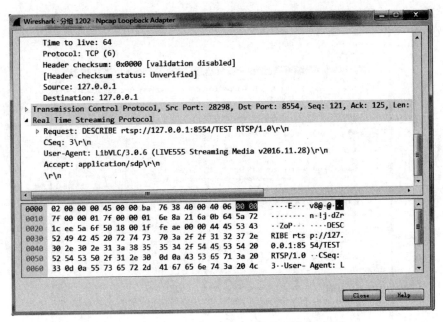

图 7.59　RTSP 的 DESCRIBE 请求

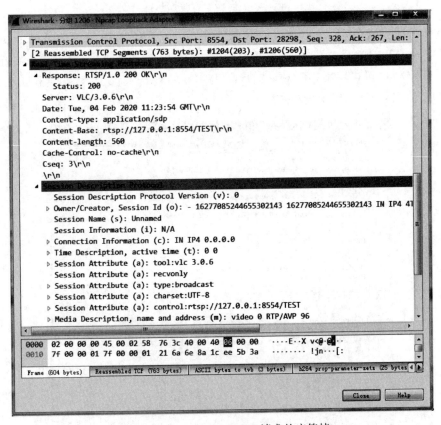

图 7.60　RTSP DESCRIBE 请求的应答帧

图 7.61　RTSP 的 SDP 报文

（7）客户端向服务器端发送 1209 SETUP 报文，通过 SETUP 请求的 Transport 头部，将为 RTP 和 RTCP 选择的端口、协议及通信方式（UDP 单播还是多播）发送给客户端。从图 7.62 和图 7.63 可以看出，客户端选择了 58342 号和 58343 号两个端口来进行 RTP 和 RTCP 包的收发，收发方式是单播。

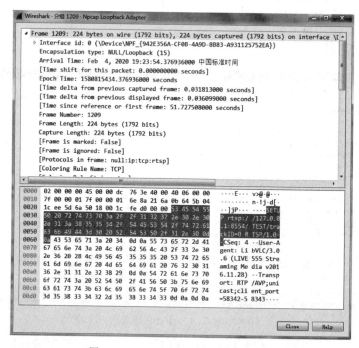

图 7.62　RTSP 的 SETUP 报文（Ⅰ）

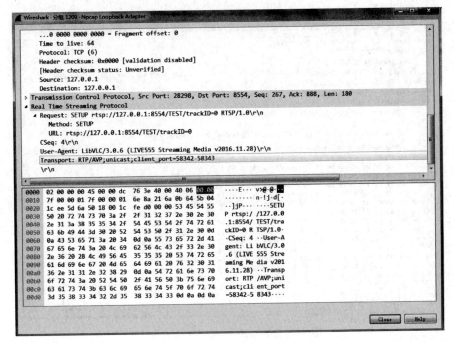

图 7.63　RTSP 的 SETUP 报文(Ⅱ)

(8) 如图 7.64 所示,服务器对 SETUP 请求做出了响应,如第 1211 号报文,报文中给出了会话号 Session、超时时间、服务器端口号、客户端口号等信息。

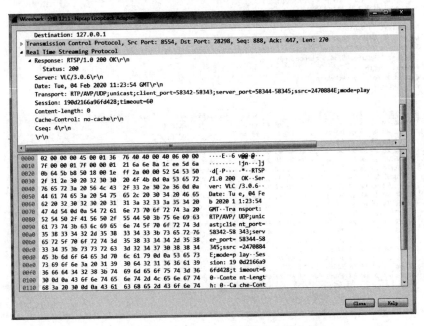

图 7.64　RTSP 的 SETUP 响应报文

(9) 客户端和服务器用 SETUP 和 REPLY。这里的 trackID=1 与上面的 trackID=0 的报文不同,报文内容如图 7.65 和图 7.66 所示。

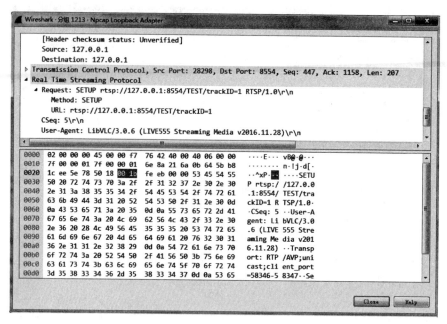

图 7.65　trackID=1 的 SETUP 报文

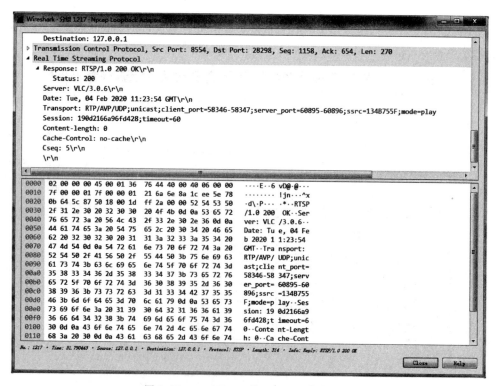

图 7.66　trackID=1 的 SETUP 响应报文

（10）如图 7.67 所示，随后客户端向服务器发送了一个 PLAY 请求，来启动播放，如第 1231 号报文，该报文中将指明会话号、方法和 URL 等信息。

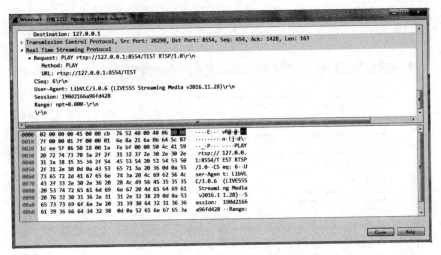

图 7.67　RTSP 的 PLAY 报文

（11）如图 7.68 所示，随后服务器向客户端发送一个 PLAY 请求的应答，服务器发送 trackID＝0 的序列号是 55747、发送 trackID＝1 的序列号是 53862、会话号等信息应答给客户端。之后，客户端接收到两个 RTP 报文，序列号分别是 55747、53862。

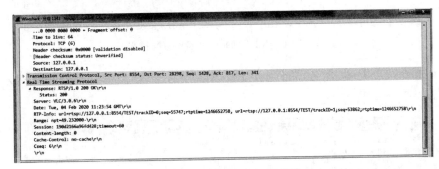

图 7.68　RTSP 的 PLAY 应答报文

（12）如图 7.69 所示，之后服务器和客户端媒体会话最终建立完成，后面就可以开始通过 RTP 传输音频视频数据了。

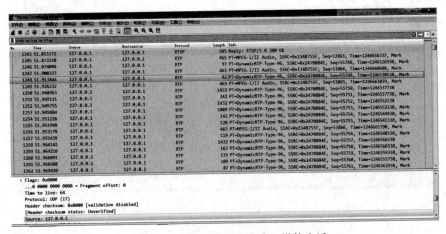

图 7.69　服务器和客户端建立媒体会话

195

（13）当按服务器播放暂停时，客户端将请求暂停，这时将发送 TEARDOWN 报文，如图 7.70 所示。报文中包含会话号、User-Agent 等信息。

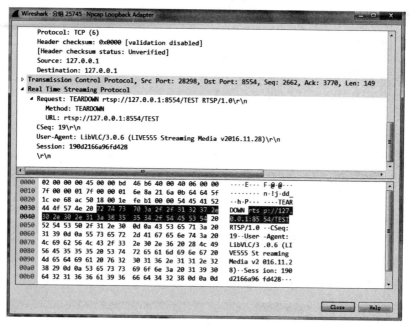

图 7.70　RTSP 的 TEARDOWN 报文

（14）如图 7.71 所示，服务器将应答 TEARDOWN 报文，返回状态号 200，表示同意暂停发送流。

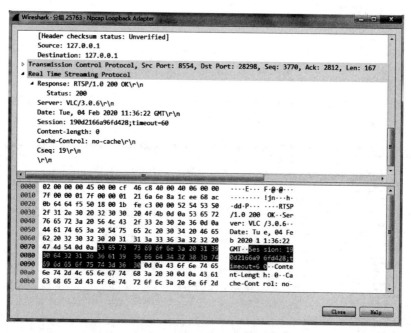

图 7.71　RTSP 的 TEARDOWN 应答报文

本节介绍了如何搭建流媒体播放环境,再用 Wireshark 软件捕获通过无线或有线连接发送或接收的数据报。通过捕获的数据报文,分析流媒体传输协议 RTSP、RTP、RTCP,理解 RTSP 如何有效地通过 IP 网络传送多媒体数据,使用 TCP 或 RTP 完成数据传输。

习　题

1. 请使用 Wireshark 软件对 TCP/IP 进行分析。
2. 搭建流媒体播放环境,并采用 Wireshark 软件对音频文件进行捕获。
3. 搭建流媒体播放环境,并采用 Wireshark 软件对 RTSP 进行分析。

8.1 视频编辑软件概述

Premiere作为一款优秀的视频处理软件,通过简单易上手的操作就可以展现出多种多样的视频效果,或是虚拟出各式充满氛围感的元素。Premiere的应用范围很广,目前社会上的多个领域以及学校中的很多学科都在使用Premiere。无论是视频编辑的新手还是视频剪辑的专业人士,都可以使用Premiere制作出满足相应要求的作品。对于新手或是初入视频剪辑相关行业的人来说,Premiere是易于上手、简单高效、细节精确的视频剪辑软件,它提供了视频编辑、画面色彩处理、音频调节与音频特效的增加、形形色色字幕元素的创建、各类充满创意感的特效转场与过渡、操作简单的输入输出等一整套公式化操作流程。对于视频剪辑专业人士来说,Premiere不仅可以提升自我创作能力、视频创作的新颖度和自由度,还可以和其他Adobe软件高效集成,完成更高质量的视频作品。Premiere在需要对素材进行编辑处理时,提供了对其裁剪、拼接整合、音视频分离等操作。当需要合成多段短片时,可以利用Premiere自带的可直接搜索出的"效果"进行衔接,实现令观看者眼前一亮的转场过渡,让编辑完的视频作品呈现出的效果能够更加流畅和富有体验感。在视频画面处理方面,Premiere中的"Lumetri颜色"提供了对视频画面诸如色调曝光之类的基本校正,对色轮、曲线类的高级调色。同时,Premiere还可以引入第三方插件,使画面调整到最理想的效果。在视频素材合成设计方面,Premiere可以实现在动态视频中同时出现静态图片或是动态、静态字幕的效果,即多重格式不同的文件出现在同一画面中的重叠功能,这个功能在各类后期中都有着令人眼前一亮的效果,结合这些功能可以呈现出较为精彩的观看体验。它们在当下可以吸引到更多人对短视频的兴趣,色调柔和、配乐婉转再加上拍摄者潜心的编排,能够让拍摄者受到一定关注的同时吸引观看者去研究使用,以此促进一个良性循环。

当下多数视频编辑爱好者追求视频完成的高质量,不仅于己或于他人,成品完成度越高就越会有欣赏价值和成就感。Premiere作为剪辑类软件,主要侧重的方向是对成品的大体处理,即雏形的构造和局部的丰富,相对来说在精细度方面肯定就会有所下降,想要使特效或其他方面都有着更令人眼前一亮的效果可尝试搭配专业的特效处理类软件。

8.2 视频的编辑处理

视频的编辑处理可以简单分成线性编辑和非线性编辑两个模块。过去传统的视频是存储于磁带或者是胶片上的,一种方法是采用手工操作对胶片进行裁剪及黏合,另一种方法是使用相关电子设备将保存在胶片上的内容以一种新的顺序重新编辑排序成全新的连续画面，一旦记录生成保存了则不能在此基础上进行其他的编辑，这种方式是线性编辑。与之相对的非线性编辑对于素材的加工则是在计算机硬盘上进行的。利用非线性编辑软件，例如Premiere 可以处理视频音频、编辑特效、字幕合成等，并导出最终完整的视频作品。在视频编辑时操作灵活，不受导入顺序影响，可以随心所欲地排序编辑或操作。

非线性编辑系统的操作流程是：各种模拟视频信号经由视频卡和声卡输入后转换为数字信号，采用数字压缩技术存储到计算机的硬盘中，再使用传统电视节目后期制作系统（如录像机、录音机等设备）中的计算机功能完成对数据的编辑，再将处理完成后的数据传送到图像卡、声卡进行数字解压及 D/A 或 A/D 转换，最后将所得到的模拟视音频信号转换成视频录制。

非线性编辑系统是以现代多媒体计算机为操作基础组成的专用于视音频后期处理的设备，它具有将导入信号进行数字化处理、线性处理及任意存储或取出素材文件三大特点。非线性编辑过程通常是在多媒体计算机中实现的，主要由导入素材的数字化存储和压缩编码模块组成。它既可以完成普通多媒体计算机具有的常规功能，又集成了视音频压缩编辑卡和输入输出接口设备，从而完成影视后期制作中各种传统设备可以完成的功能。通常来说，非线性编辑软件可以实现视音频信号的捕捉、规整存储并随时回播，视音频信号的编辑，视音频信号的合成处理，字幕、元素和动画的制作，音频信号的生成，视音频信号的导出这六个功能。

将非线性编辑系统构建在 Windows 系统中，操作非常简便，界面简单清晰，操作者可以仅使用鼠标和键盘完成视频的制作。Premiere 的界面可以分为源窗口、节目窗口、素材/效果/信息库窗口及时间轴序列窗口，基于时间轴的编辑轨道上构成了无限的创意空间。在视频处理操作中，Premiere 提供了素材的整理调和与处理编辑功能，通过 Premiere 可以对视频制版本提升进一步优化，并融合更多富有创造性的操作，包含"移动编辑""音频智能清理""有选择地色彩分级""数据驱动的信息图动态模板""端到端 VR 180""沉浸式媒体的空间标记""Adobe Stock 增强功能"等一系列性能改进。与过往影视节目相比，非线性编辑系统具有 6 个特点：多种特效与多层图像的合成，一体化集成字幕图形的环境，清晰简明的操作界面，完善的音视频接口，质量、容量与压缩比，较强的网络功能。

8.3 Premiere Pro CC 2020 的基本操作

本节简单地讲述 Premiere 的界面分布，每个分块的工作内容及使用方式。同时阐述了在 Premiere 中从新建工程文件开始到导出工程文件的流程。

8.3.1 新建工程文件

双击 Premiere Pro CC 2020 图标后屏幕上会出现 Premiere 的欢迎界面，在这个界面上单击"新建项目"后创建新的工程文件，如图 8.1 所示；或者选择原先输出过的工程文件并打开。

在"新建项目"对话框的"名称"文本框中编辑制作的工程文件名称。单击"位置"旁的"浏览"按钮，选择制作完成后工程文件的保存文件夹。新建项目还可以改变"常规"内容，都按预期设置完成后,单击"确定"按钮后就可以开始素材编辑了。

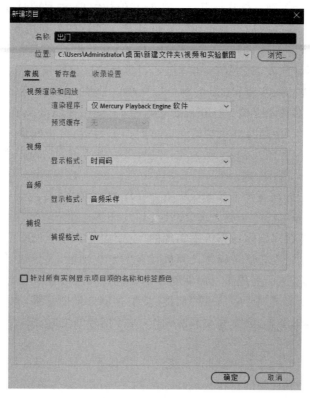

图 8.1 "新建项目"对话框

进入 Premiere Pro CC 2020 的编辑页面。

8.3.2 导入素材文件

提前准备好的素材在导入到 Premiere 软件中后即可使用。单击最上排菜单"文件"→"导入"进行导入素材的操作。

可以选择在"项目"区域内新建一个素材箱,进入素材箱右击,在弹出的快捷菜单中,选择"导入"命令导入准备好的素材,如图 8.2 所示;也可以把准备好的素材直接拖入素材箱。

导入完毕后从素材窗口中拖曳素材进入序列面板的轨道中,将所有素材按视频的推进顺序排列在轨道中。

8.3.3 对素材完成编辑

Premiere 操作界面如图 8.3 所示。在 Premiere 的时间轴上可以进行特效的添加,以此将视频素材细腻地连接在一起。时间轴上有很多轨道,可以把多个素材组合在一个轨道上。用鼠标左键拖曳可以直接把素材拖到时间轴上,接着就可以对素材进行一系列处理。若视频轨道和音频轨道素材不等长,可在轨道中选择较长的素材向前拖动,便于调整整个视频素材的时间长度。时间轴上素材播放的先后顺序也可以按照个人想法随意改变,沿着轨道拖曳移动到想要的位置即可。

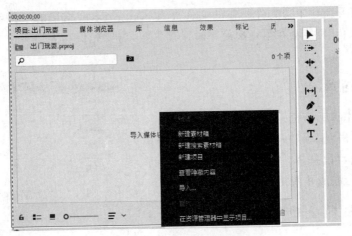

图 8.2 选择"新建素材箱"选项

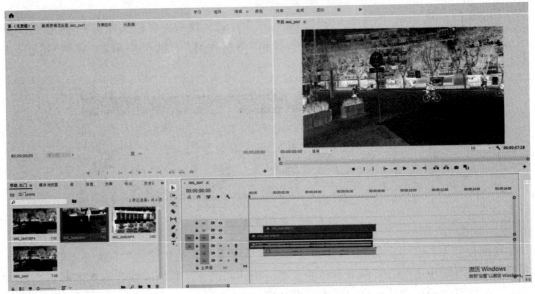

图 8.3 Premiere 操作界面

8.3.4 设置自动保存

在 Premiere 页面上单击"编辑"→"首选项"→"自动保存"选项,然后设置"自动保存"的间隔时间以防止软件使用时突然的系统崩溃,如图 8.4 所示。如果没有更改自动保存所在

图 8.4 选择"自动保存"命令

201

的目录,可以打开新建工程文件所在的文件夹,以"auto-Save"结尾的项目就是自动保存的文件。"自动保存"可能会在第一次使用时保存失败,需要先保存导出一份工程文件才能激活"自动保存"功能。

8.3.5 撤消操作

若是在操作时不慎出现了失误或想返回上一步操作,可以单击"编辑"→"撤消"命令,如图8.5所示。同样,也可以选择"重做"命令对上一步的"撤消"操作进行取消并恢复。

撤消(U)	Ctrl+Z
重做(R)	Ctrl+Shift+Z
剪切(T)	Ctrl+X
复制(Y)	Ctrl+C
粘贴(P)	Ctrl+V
粘贴插入(I)	Ctrl+Shift+V
粘贴属性(B)...	Ctrl+Alt+V

图8.5 "撤消""重做"命令

8.3.6 模板的使用

通过网络搜索可以搜索出各式各样的 Premiere 模板,下载保存完成后可以直接在 Premiere 中打开使用。

打开 Premiere 后单击"文件"→"打开项目"命令进入模板保存的文件夹中,选中文件弹出"转换项目"对话框则单击"确定"按钮,弹出"解析字体"对话框则单击"取消"按钮,如图8.6所示。

图8.6 "转换项目"对话框

再配合导入自己喜欢的素材,并拖曳素材到轨道上。若是预览时发现大小不合适,可以通过"效果控件"中的"缩放"调节素材的大小。用相同的方法将所有图片和文本都更改掉并且单击文件下的导出媒体将修改好的模板导出。

8.3.7 原视频音轨的删除

将素材视频拖曳到轨道中后选中该条素材右键单击选中"取消链接"命令,就能将视频与音频分割开,如图8.7所示。接着右键选中音频轨道并单击"清除"命令,就可以删除原视频的音频。也可以用同样的方式清除视频而保留音频。

8.3.8 剃刀工具

剃刀工具是 Premiere 中最常用的小工具之一,如图8.8所示第四排图标,单击"剃刀工具"后可以在某一段视频的任意区域将其切割分为多个小段,便于删减无用的片段或移动插入新的视频。一个长视频段可以被切分成任意段数,黑色的分割线就表明了已使用剃刀工具分割过,如图8.9所示。

图 8.7 选择"取消链接"命令

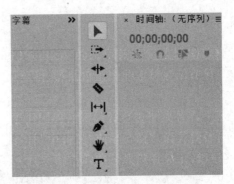

图 8.8 单击"剃刀工具"按钮

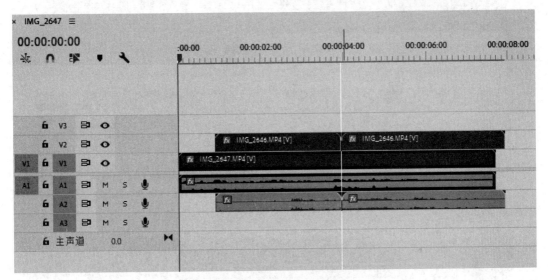

图 8.9 使用"剃刀工具"

　　如果想要删除其中一小段,两边分割完成后单击中间选取该段后直接删除即可。

　　若是出现了误删之类的操作失误,单击选择工具栏里最上面的"箭头"后将鼠标指针移到被删除部分的左边或右边的一段视频上,就着左边或者右边的视频直接往后拖就可以恢复被误删的视频片段。

8.3.9　设置标记

　　给视频设置标记前首先要确定好标记的起始位置,将鼠标移动到想要开始标记的位置后右击,鼠标指针的上方显示出一个绿色标记,开始设置需要标记的区域范围,添加标记起始点如图 8.10 所示。按住 Alt 键,单击出现的绿色标记一直往右边拖曳直至想要标记的结束位置,这样操作下来就完成了一段简单的标记片段,如图 8.11 所示。

　　如果想要对这个标记的区域增添文字注释,双击标记的区域后会出现一个标记的操作面板,可以在"名称"或者是"注释"文本框中任意一个输入需要标注的文字或符号。单击"确定"按钮后绿色的标记带里会显示刚才输入的文字,如图 8.12 和图 8.13 所示。

203

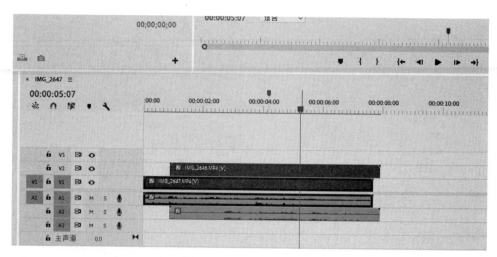

图 8.10　添加标记起始点

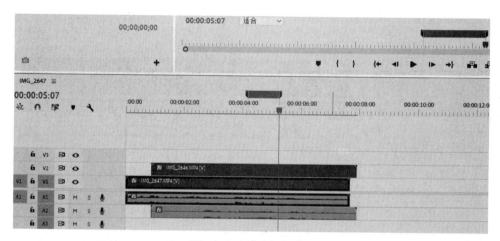

图 8.11　添加标记片段

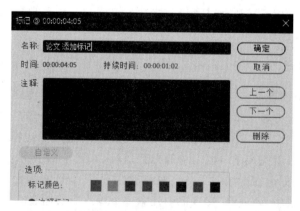

图 8.12　添加文字注释

图 8.13　成功添加注释

另外,标记带的颜色也可以进行修改。同样是打开操作面板后,在"标记颜色"一行中单击想要更改的颜色。如果想要删除所做的标记,单击添加标记的区域后选择"清除所选的标记"或"清除所有标记"就可以。

8.3.10　锁定轨道

单击时间轴前面的小锁头标志,可以锁定这条轨道,"切换轨道锁定"按钮如图 8.14 所示。锁定完轨道后就只可以对视频预览查看,而无法进行编辑类的操作,可以避免在编辑其他轨道信息时误操作到已经锁定的轨道中。

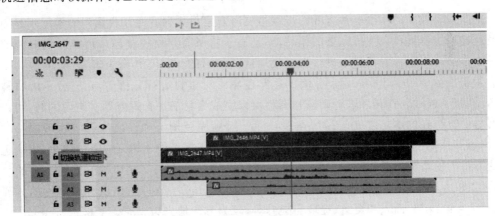

图 8.14　"切换轨道锁定"按钮

8.3.11　完成输出

完成全部编辑操作后,选择菜单"文件"→"导出"→"媒体"命令后会在屏幕上出现如图 8.15 所示的"导出设置"面板。选择"输出名称"后的文字序列,在"另存为"界面中可以更改视频作品的名称和存储文件夹,单击"保存"按钮后就完成了输出。

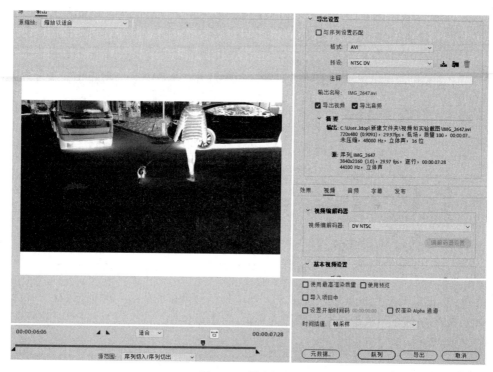

图 8.15　导出视频

8.4　Premiere 处理素材

提高编辑效率的一个非常有效的步骤是将所有素材排列有序。收集到的素材不是简单地通过转场拼凑就可以变成完整的作品,不是靠着将所有素材连接起来播放顺畅就能够成为一个作品。对获得的素材不进行加工处理就制作出的作品不具有灵魂,视频的设计处理是靠着场景运动的变化来展示制作者的思路逻辑。对素材进行分析时,在充分了解材料内容的基础上,通过创作灵感进行筛选和调整可以完成素材的最合理应用。与此同时,可以发现素材中所存在的不足之处,及时"查缺补漏",对画面色调不和谐之类的问题可以及时发现,可通过补拍视频片段弥补此类不足。所有素材都需尽可能地达到应有的效果,以避免出现遗漏镜头的情况。对素材的分析处理有利于视频框架的完整性和各项比例之间的合理性,可以较大程度上提高作品的质量和制作效率。Premiere 软件可以执行对素材的分离切割、标记点的添加、插入和覆盖、提取与提升等,较为方便地去编辑原始素材。

8.4.1　剪辑素材

图 8.8 中有各式各样可以使用的工具,最上面一个鼠标图形的工具,可以进行拖曳类的操作,左键选中后可以拖动轨道中的视频音频,或者把鼠标指针移到视频边缘改变被裁剪调整过的视频长度。单击处在轨道中的素材时,最常用的选项有取消链接,将视频和音频轨道分离或者重新链接起来,可以单独拖动或者删除对应的视频或者音频;改变播放时间的长短来改变视频播放的速率,也就是快放和慢放;调整旋转角度,将视频旋转。从上往下正数

第四个是剃刀工具,也是最常用的一个工具,选择剃刀工具后可以在指定位置将视频一切为二,也就是常说的"剪视频",剪完一次的视频分成两部分,可以分别选中后移动所在位置或者删除。利用好这些简单的功能,确保视频之间的连贯性和视觉分类合理性就完成了视频最基本的剪辑。

8.4.2 调节素材速率

想要把视频本身制作出各种效果或者更贴合背景音乐的话经常会使用到速率调节,可以将素材拖曳到轨道后右键单击素材视频,选择"速度/持续时间"命令来调节视频播放速度的百分比。弹出的对话框如图 8.16 所示。视频需要加速则在"速度"文本框中输入大于 100 的数字;视频需要放慢则在"速度"文本框中输入小于 100 的数字,并可以按照想要的效果相应改变数值的大小。

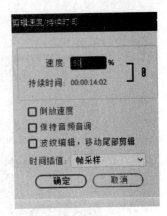

图 8.16 调节速度

8.4.3 源窗口编辑视频

在源窗口中可以对素材视频进行编辑。源窗口在界面中的位置如图 8.17 所示。若导入的是静态图片,默认每张图片展示 5s,可以单击"编辑"→"首选项"→"常规"→"时间轴"编辑时间。

图 8.17 "源窗口"在界面中的位置

源窗口界面如图 8.18 所示。其中,如图最下面一排左一的符号为"入点",是素材的起始点;同样,此符号也为"出点",可以标记素材的结束点。可以在"素材预览"对话框里选择相应的起始点和结束点进行编辑。右三的符号为"插入",可以插入视频或图片,也可以在预览对话框中进行编辑。插入之后会增加视频总体时间。右二的符号为"覆盖",和"插入"的方法相同,把其他素材进行插入操作,之后可以选中再进行覆盖操作,然后编辑所需要的效果。覆盖后是不会增加时间的。

图 8.18 "源窗口"界面

当素材基本编辑完成后可以导入音频,编辑处理并渲染音频能够丰富视频呈现出的效果。

8.5 Premiere 的视频剪辑技法

制作一段影视作品的整个过程比大众想象的要复杂得多,并不是简单随意地使用电子设备拍摄一段视频就可以称为作品。实际上,设计一段作品需要耐心细致的前期策划、素材处理采集和后期处理,整个过程中都要求制作者富有创意的设计及缜密的加工处理。后期处理中,背景音乐、特效及应用字幕等都是必不可缺的,经过一系列繁复的处理视频才会初步成型。

8.5.1 视频的制作思路

如何整理和改进零碎的素材是视频制作初期较为令人困扰的事情,开头的吸引点、视频简述、主体内容和总结是一个较为成型的视频所不可或缺的。接着要确定的是自己将要制作的视频类型,通常会分为生活记录类、展示分享类和主题内容类,其中,脚本思维是全程贯穿在初期准备和后期编辑过程中的。以生活记录类为例,这类视频的内容通常包括日常、旅行、看展、听音乐会等,通常需要设想几个转场过渡,并且在剪辑时边整理素材边重新构思去不断调整和完善最初确定的脚本。

需要提前确定必拍场景。在前期设计视频时,列出几个不可或缺的场景及运镜方式,并且确定如何连接这些素材。假设预先能够构思一些例如开场镜头或转场镜头,那即使实际拍摄出的素材可能平平无奇,也能够增加视频自身的节奏感。例如,视频倒放作为开场,会比较容易吸引到观众的观看兴趣,这需要以脚本思维为中心在生活中去积累一些可以作为衔接的镜头,而且在拍摄中多多少少会发生一些有趣的事情,可以记录一些精彩瞬间补充进素材,可能会有令人意想不到的效果,如镜头前一晃而过的绿化或路牌、一闪而过散步的小动物等,这些镜头相当于文章里过渡句的作用。一些必要的过渡场景,例如走路或骑车的镜头,虽然看起来没有实质的意义,但是会有效避免观看者突然看到转场时产生的不连贯感。在实际拍摄前提前预演一遍大致流程,以及在拍摄期间需要记录的时间节点,拍摄当时只需要对照这些时间节点去拍下相应的镜头,即可提高效率。

剪辑可以给予视频作品二次生命,如何将自己拍摄的素材以最佳的形式呈现给观看者是需要思考的第二个问题,素材的合理组织也是重构脚本中的一个重要过程。叙事线需要简单明朗,可以搭配字幕来阐述视频内的故事,避免由于诸多外在因素使观看者一头雾水,可以让观众的视觉效果更为清晰。除了通过推进时间线的叙事方式外,也可以改变事件的叙事方式,把视频的主要篇幅着重放在当天最有记录意义的一件事上。日常叙事如果选择的是碎碎念的字幕加打字机音效作为视频开头,比较容易将心情以比较自然的方式展示出来。如果只是单纯的时间线叙事可能会显得平淡无奇,简单基础的 Premiere 操作不一定能带来视觉上的感官盛宴,想要完成眼前一亮的作品就需要借助视频特效和关键帧技术。

Premiere 作为一款视频剪辑制作软件能够通过对时间的压缩、拉伸,画面与字体的放大缩小、移动或是局部编辑,表现出很多节奏明快个性鲜明的效果。当下,酷炫的特效比比皆是,可是要运用到实际中那些再酷炫、有创意的特效也需要拍摄意图和剪辑思路的统一,不然剩下的只有"炫技"的成分,那就和意境、流畅这些制作视频的必备因素背道而驰了。为了有效提升观看者的观看体验,接下来介绍 Premiere 视频编辑中的重要技法"关键帧"及"特效",以及画面色调、字幕音频、虚拟叠加元素等方法。

8.5.2 关键帧与简单动画

关键帧一词最早出现在早期的动画片中。在最初 Walt Disney 的工作室,动画绘制师会制作出一部动画中比较关键的画面,这就是最早的"关键帧",再交由其他动画师去绘制该动画中间帧的部分。现在,中间帧的部分是通过计算机生成的,即取代了那些原先设计中间帧动画师的位置。视频中任一帧的参数都可以通过调整关键帧的参数去改变,无论是位置、大小比例或是旋转角度等。

关键帧是 Premiere 里常用的很关键的概念,夸大了说有了关键帧就可以做到"想完成什么就完成什么"的效果。每个关键帧的设置都包括各种参数值,通过这些参数值可以编辑时间轴完成编辑视频效果。无论是缩放、位移还是关乎音量变化之类的改变都可以通过关键帧去完成。在 Premiere 中设置关键帧可以在不一样的时间段设置不同的效果参数值,以实现不一样的特殊效果,从而达到在播放过程中视频一直处在效果变化的目的。调节素材的运动效果时比较多运用到关键帧,即让一个静止的画面通过添加关键帧让它在画面内动起来,但必须是打两个或两个以上关键帧才可以生成动画。

使用 Premiere Pro CC 2020 新建完项目后开始使用关键帧的步骤如下。

(1) 在"源"窗口中可以找到"效果控件"。"效果控件"界面如图 8.19 所示,其中,"位置"是用来调整选中素材画面所在的位置;"缩放"是调整该素材在画面内的大小;"旋转"可以完成旋转效果,还有"锚点""防闪烁滤镜"选项。

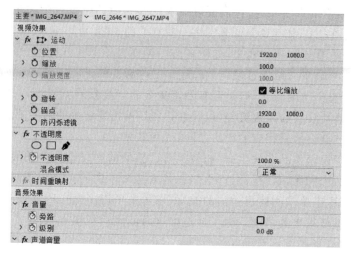

图 8.19 "效果控件"界面

（2）双击选择导入的素材并在源窗口中显示后，单击"效果控件"后根据想要的效果把素材缩小并移动到相应位置。

（3）在需要素材移动的起始点和结束点各单击一次关键帧，关键帧位置确定，此时如果单击"旋转"就会成功在这个位置添加旋转效果。

（4）把第二个素材拖到第二条轨道上，第三个拖到第三条轨道上，第四个拖到第四条轨道上，用同样的方法编辑素材视频。

（5）还可以增加字幕表达，添加完的字幕同样可以使用关键帧调整出入位置等效果。

（6）如果在结尾处想要呈现出"淡出"效果，调整"透明度"就可以实现。选中视频后在"效果控件"中打开"不透明度"，在视频结尾处打一个关键帧，前进大概 20 帧再打一个关键帧，调节结尾处的关键帧参数即可。

调整关键帧的操作界面如图 8.20 所示。

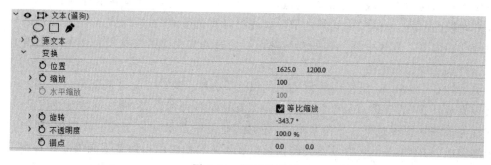

图 8.20 调整关键帧

8.5.3 转场等特殊效果

视频转场指的是视频中一个画面与后续的一个画面之间最后几帧进行流畅切换，目的是防止视频与视频之间因切换而产生突兀停顿，也可以使视频画面表现得更为连续。镜头与镜头间的连接和过渡想要平稳，过渡的衔接力度也要根据镜头间的关联度调整。视频的过渡效果有"溶解为黑色""溶解为白色""交叉溶解"等。一般视频常用黑场作为开场,再用黑场作为结尾,有需要一些特殊视觉效果时也会用白场作为结尾。"交叉溶解"也就是叠化,具体意为将前一段素材视频最后几帧与后一段素材视频的开头几帧叠加,前一段素材的最后几帧根据需要的效果在画面中逐渐隐开散去,后一段素材的开头几帧紧接着隐去而逐渐呈现的过程。通过叠化操作的转场过渡效果非常流畅细腻,不太会造成画面衔接间的生硬感。当两个片段间由于镜头不稳定性导致连接不流畅、画面质量不佳时,可以使用叠化效果去削弱不够精致的观看影响。

  Premiere 自带的转场过渡效果可以满足不一样素材之间的各种需求,如"门上折叠""立方旋转""抖动叠化""黑场过渡"等众多特效。然而两个视频间的转场过渡不仅是素材与素材之间的衔接,也要有所遵循,避免过于繁复而引起审美疲劳。处理视频素材间的切换也要符合大众可接受的表现规律,同时也需要有一些"循序渐进"的变化。为了避免观看时可能出现的突兀感,应尽量少出现景象画面过大的跳动或者是"越轴"的现象,这也是使用特效时需要考虑到的。视频素材之间的组接规律大致包括"动接动的规律""静接静的规律""循序渐进式镜别变化"等,这种规律可以使素材之间的改变按照所想要的方式正确合理地连接起来。简而言之,视频素材的编辑组接需以 Premiere 的编辑处理作为基础,展现出的形式与表达手段需要被大众所接受,再通过剪辑、组接相关的规律进行体现和升华。

  在运用 Premiere 编辑视频时,两个素材之间的组合是能够将视频片段变成完整作品的重要操作。同时通过各种参数值的变更,可以演变出更多特效,展现出丰富的艺术手段。想制作一个酷炫的转场效果,而不选择 Premiere 中自带的"效果"的话,较为简单快捷的方法是使用一些转场素材,如光晕光斑、带有黑白的水墨转场素材,或者可以安装第三方的转场插件。

  接下来以简单实例讲述在 Premiere 中如何利用好转场素材。

  (1) 将两段要衔接做转场效果的素材上下两层放置,然后再将转场素材放置在两个素材上面的轨道中,此时转场素材会将下面同一时间段的素材遮挡住,如图 8.21 所示。

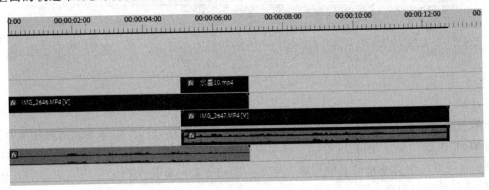

图 8.21　将素材视频按指示拖入序列

  (2) 在"效果"面板中,搜索"轨道遮罩键",如图 8.22 所示,拖曳到第二个素材视频上。

  (3) 然后回到效果控件面板,设置遮罩选择转场素材的位置,合成方式选择"亮度遮罩",即用转场素材的亮度遮罩显示下方素材。如果素材自身就有一定透明度,就需要选择"Alpha 遮罩"。调整遮罩界面如图 8.23 所示。

211

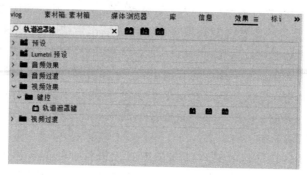

图 8.22　在"效果"面板中搜索"轨道遮罩键"

图 8.23　调整遮罩

（4）由于第二段素材加了轨道遮罩键，可能会出现播放时画面没有内容的情况。所以在即将转场处裁剪一下，并按住 Alt 键拖曳复制一层，去掉它的轨道遮罩键的效果，这样就不容易出现问题了。"避免画面无内容"的操作如图 8.24 所示。

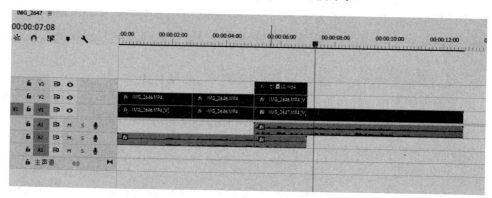

图 8.24　"避免画面无内容"操作

使用 Premiere 还可以制作出很多特殊效果，使画面不会单一无趣。Premiere 的时间轴轨道有覆盖的功能，不同种类的素材可以放在上下不同轨道的同一位置进行同时播放，调整关键帧内"缩放""位置"的相应参数能够实现画面分屏的效果，即在一个画面里呈现出多个视频；也可以在想要编辑的素材视频上增加一条动态素材重叠在画面上以完成各种其他的效果，让画面看起来更丰富。

8.5.4　对于原视频的调色

一般情况下，自己拍摄的视频素材的画面色彩会受到各种外界因素影响而达不到预想的效果，需要判断素材是否为想要的色温或是曝光等。对于一个视频来说，画面质量是一个非常重要的因素，可以说呈现出色彩的好坏程度，能够直接决定这个视频的画质。Premiere

自带一个很实用的调色选项"Lumetri",在"窗口"→"Lumetri 颜色"中,就可以为视频整体开始调色,如图 8.25 所示。

选中后在 Premiere 最右边会出现"Lumetri 颜色"界面,有很多可以调整的参数,包括较常用到的色温、色彩、曝光、对比度等,如图 8.26 所示。色温可以调节画面的冷暖温度,色彩可以调节画面色彩的鲜艳度或者多侧重于哪个色系。

图 8.25 选择"Lumetri 颜色"选项

图 8.26 "Lumetri 颜色"界面

色温通常为白色,除非特殊场景需要其他的色温。如果素材画面偏暗,调整曝光可以让画面显得明亮一些。使用曲线调色是非常关键有效的,单击"创意"→"曲线"可以看到如图 8.27 所示的色温曲线。例如,调动白色后画面的白光会增加,以达到一个较好的补光效果,对于暗色调的图片也就不需要调整曝光避免过曝了。

色轮也是一个很关键的功能。如果说简单调色没有能够达到预想中的效果,那么还可以使用色轮来调色。色轮调色界面如图 8.28 所示。将光标移动到圆的中心,会看到图中有一个十字,鼠标可以拉动这个十字来进行调节。运用色轮之前要有一个关于互补色的概念,比如黄色和蓝色,通常是通过双向拉伸来着色。一般来说,这两个方向的调整不会使画面失真,能够让画面更真实,体现得更细腻。其他参数也一样,可以根据画面来相应地做出调整。

这样一套流程下来常规的色彩校正即可完成,基本上能满足使用者对一个素材画面颜色的基本调整。

213

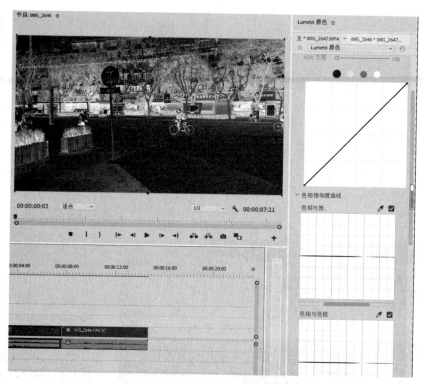

图 8.27 "Lumetri 颜色"曲线调色

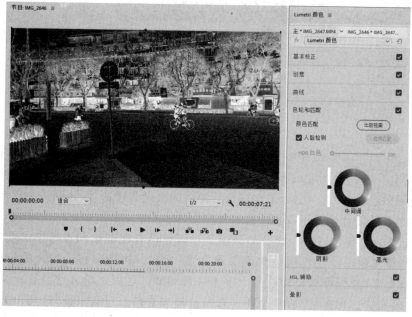

图 8.28 "Lumetri 颜色"色轮调色

8.5.5 抠像与重叠

所谓的抠像技术,指的是从素材背景中提取需要的画面图像后,将其叠加合成在准备好的其他背景上，以完成相应合成的技术。抠像最重要的就是基于原本的素材，结合各种调整方式使差异最小化。抠像的对象如果是人像，鉴于人像一般不包含绿色的元素所以最好选择绿色的背景，与其他颜色相比较能显得更为靓丽。

把导入的视频首先拖到轨道上，在"效果"面板中直接搜索可以找到"超级键"，如图 8.29 所示。

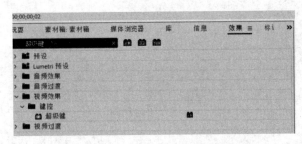

图 8.29　在"效果"面板中搜索"超级键"

单击"效果控件"后左键选中并拖曳"超级键"放置在"效果控件"的区域。在"效果控件"区域中单击"超级键"，选择"主要颜色"一行中最右边的"拾色器"，如图 8.30 所示。

图 8.30　"超级键"拾色器

单击"拾色器"后，在素材视频的背景上拾色，视频中的图像就被抠出了。"拾色器"操作如图 8.31 所示，拾色器抠像效果如图 8.32 所示。

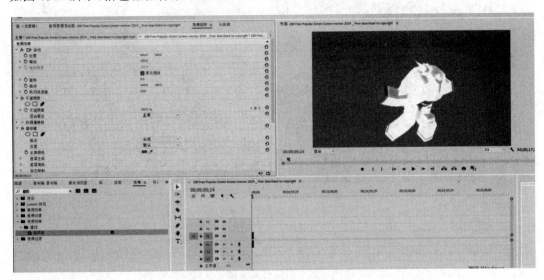

图 8.31　"拾色器"操作

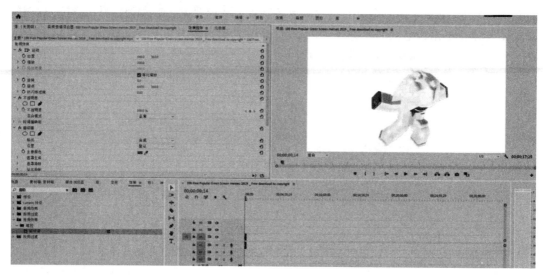

图 8.32　拾色后的效果图

若是想将这个抠出的图像与其他视频素材叠加就需要先导入一段背景素材，将抠出图像的轨道置于背景素材轨道的上面，选中抠出图像的轨道并打开"效果控件"。在"效果控件"中找到"不透明度"并将数值设置为 30%～70%，回车确认后就可以看到这两个视频出现重叠效果，如图 8.33 所示。再根据这个效果调整最适合的透明度。

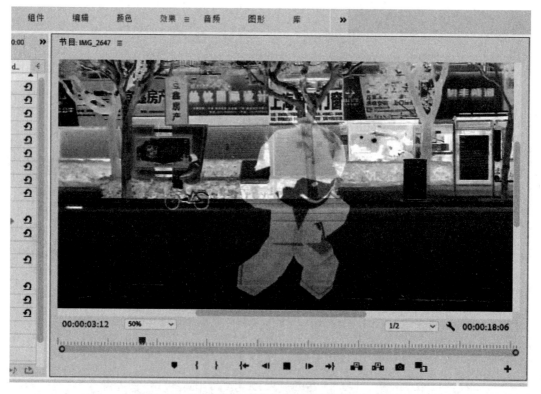

图 8.33　拾色后抠出图像与其他视频素材叠加效果

8.5.6 遮罩技术

在越来越多的电影或是商业广告中会使用 Premiere 的遮罩技术完成后期编辑。遮罩技术是利用了特殊的蒙版,大多是用钢笔工具所绘制,将低轨道中的素材展示在另一高轨道的素材上,以产生合成的效果。

首先在 Premiere 中导入两个视频片段,处于上层的视频最好有边框或者有一个闭合形状的物体在画面中。选中第一个视频,在"效果控件"中找到"钢笔蒙版",沿着物体边框绘制一个钢笔路径,如图 8.34 所示。如果通过钢笔工具绘制出的路径线没有显示,矩形、椭圆形圈出的区域也没有显示,可以选择在时间轴上"添加标记"。

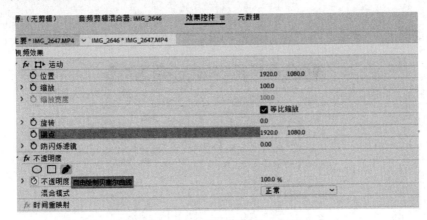

图 8.34 "效果控件"中选中钢笔

选中轨道中的素材视频,单击"效果"→"视频效果"→"通道"→"设置遮罩",如图 8.35 所示。

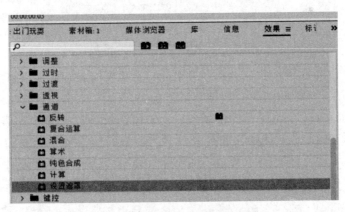

图 8.35 "设置遮罩"路径示意图

在"效果控件"中,设置为下一层的视频获取"反转遮罩",如图 8.36 所示,钢笔路径范围内的图像就会被清除。接着将上层视频轨道的素材移动至另一条轨道上,将要取代其的素材再导入 Premiere,并拖曳至原先上层的视频轨道中,对好时间位置后就完成了。

8.5.7 添加与编辑字幕

新建项目后在"项目面板"区域单击鼠标右键,选择"新建项目"→"字幕"→"开放式字

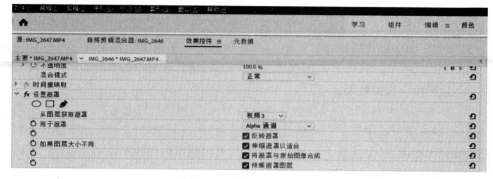

图 8.36　设置"反转遮罩"

幕",界面如图 8.37 所示,可以配合视频素材相应调整字幕的大小及像素长宽比。

图 8.37　选择"开放式字幕"选项

　　将开放式字幕拖入时间轴后,双击项目中的字幕或者时间轴中的字幕层可以改变字幕的内容和出现顺序。"设置字幕内容"界面如图 8.38 所示。双击项目单击底部的"＋"即可添加新的字幕,同样可以设置字幕时间和内容。添加背景层时,会发现字幕可能会有底色,想要去掉字幕原有的底色或是修改字体、给字体加描边的操作等,就需要运用到项目中第一条字幕上方的几个选项,如图 8.39 所示,从左往右分别是"字幕底""字体""字轮廓""颜色选择"以及"透明度比例"。去底色只需要选择底色的那个方块,然后把透明度调成 0 即可。

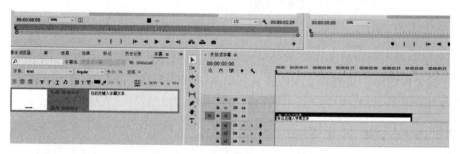

图 8.38　"设置字幕内容"界面

图 8.39 "调整字幕"按钮

8.5.8 编辑音频效果

Premiere 不仅可以编辑视频,还可以在视频素材与其背景音乐有所不相符的时候,取消两者的连接后编辑该段音频或是选择新的音频。

若是使用新的音频,首先要将音频拖曳到时间轴上,对比需要搭配的视频时长将多余的音频用剃刀工具剪切掉。在源窗口中有一个"音频剪辑混合器",选中后可以看到音频的属性,可以通过滑块整体减小对应音频层的大小,如图 8.40 所示。当音频处于播放状态时就可以看见有动态的框,如图中的音频 1 即为播放状态,可以设置显示音量后调整音频的声音大小。

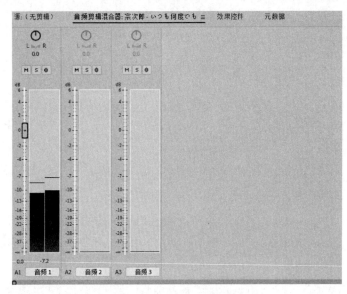

图 8.40 "音频剪辑混合器"界面

选择项目设置中的"效果"→"音频效果",可以选择想要的音频效果拖曳至音频的相应位置,设置音频效果界面如图 8.41 所示。双击导入的音频过渡效果,可以设置该过渡效果的持续时间;选择"更改时间"即可调整拖入音频中的过渡效果所持续的时间。

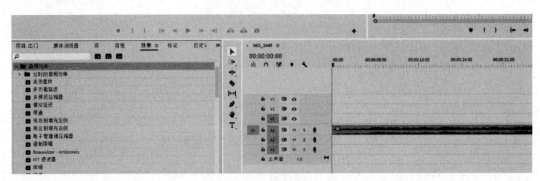

图 8.41 设置"音频效果"

　　Premiere 作为专业功能全面强大的一款视频编辑软件,它的主界面清晰、分块明确、自带功能操作简便,配合插件或模板等优点可以更高效地提升视频作品的完成度。Premiere 的基础操作可以帮助初学者在初期摸索中制作出一个较为完整流畅的视频作品,各类标记、设置更有效提高了初学者们在初期的制作效率。同时,对于不满足于基础视频的专业从业者来说,Premiere 提供了元素虚拟、关键帧动画、特效转场之类的"润色"操作,完善了操作者对细节衔接类的处理,能够给予观看者更丰富的视觉效果。

习　　题

1. 简述 Premiere Pro CC 2020 的基本特点。
2. 使用 Premiere Pro CC 2020 制作小视频。

参 考 文 献

[1] 瘳勇,周德松,麻信洛,等.流媒体技术入门与提高[M].北京:国防工业出版社,2009.

[2] 宫承波,庄捷.流媒体原理与应用[M].北京:中国广播电视出版社,2013.

[3] Lee,Mo,Jin,et al. Price of Simplicity under Congestion[J]. IEEE Journal on Selected Areas in Communications (JSAC),2012,30(11):2158-2168.

[4] 高兴鹏.音视频信号采集压缩及传输系统的设计与实现[D].西安:西安电子科技大学,2019.

[5] 席铮.基于FFmpeg和SDL的智能录屏及播放系统[D].大连:大连理工大学,2018.

[6] 代文姣.基于FFmpeg的稳定应用层组播流媒体直播系统研究[D].武汉:华中师范大学,2018.

[7] 王文帅.基于Android平台腾讯视频播放软件的设计与实现[D].哈尔滨:哈尔滨工业大学,2016.

[8] 冷晴.具有社交功能的网易多媒体播放软件客户端设计与实现[D].南京:东南大学,2016.

[9] 李伟滨.基于广域网的高清IPC监控系统的研究与设计[D].福州:福州大学,2016.

[10] 杨士霄,高月红,张欣,等.5G新空口下eMBB与URLLC业务复用技术的研究[J].电信工程技术与标准化,2018,31(251):28-33.

[11] Sama M R,An X,Wei Q,et al. Reshaping the Mobile Core Network via Function Decomposition and Network Slicing for the 5G Era[C]//IEEE Wireless Communications and Networking Conference workshop. IEEE,2016.

[12] Boccardi,Federico,Heath Jr., et al. Five Disruptive Technology Directions for 5G[J]. IEEE Communications Magazine,2013,52(2):74-80.

[13] Li S,Xu L D,Zhao S S. 5G Internet of Things:A survey[J]. Journal of Industrial Information Integration,2018.

[14] 赵睿,喻国明.5G大视频时代广电媒体未来发展的行动路线图[J].新闻界,2020.

[15] 焦小斌.基于P2P的移动流媒体系统设计及实现[D].北京:中国科学院大学(工程管理与信息技术学院),2014.

[16] 王胡成,徐晖,程志密,等.5G网络技术研究现状和发展趋势[J].电信科学,2015,(9):149-155.

[17] 申镇,许斌锋,张俊,等.关于移动流媒体编码和传输技术研究[J].数字通信世界,2018,165(9):90.

图书资源支持

感谢您一直以来对清华版图书的支持和爱护。为了配合本书的使用,本书提供配套的资源,有需求的读者请扫描下方的"书圈"微信公众号二维码,在图书专区下载,也可以拨打电话或发送电子邮件咨询。

如果您在使用本书的过程中遇到了什么问题,或者有相关图书出版计划,也请您发邮件告诉我们,以便我们更好地为您服务。

我们的联系方式:

地　　址:北京市海淀区双清路学研大厦 A 座 714

邮　　编:100084

电　　话:010-83470236　010-83470237

客服邮箱:2301891038@qq.com

QQ:2301891038(请写明您的单位和姓名)

资源下载:关注公众号"书圈"下载配套资源。

资源下载、样书申请

书圈

获取最新书目

观看课程直播